思考力を磨く

信号処理基礎の仕組み

陶良【著】

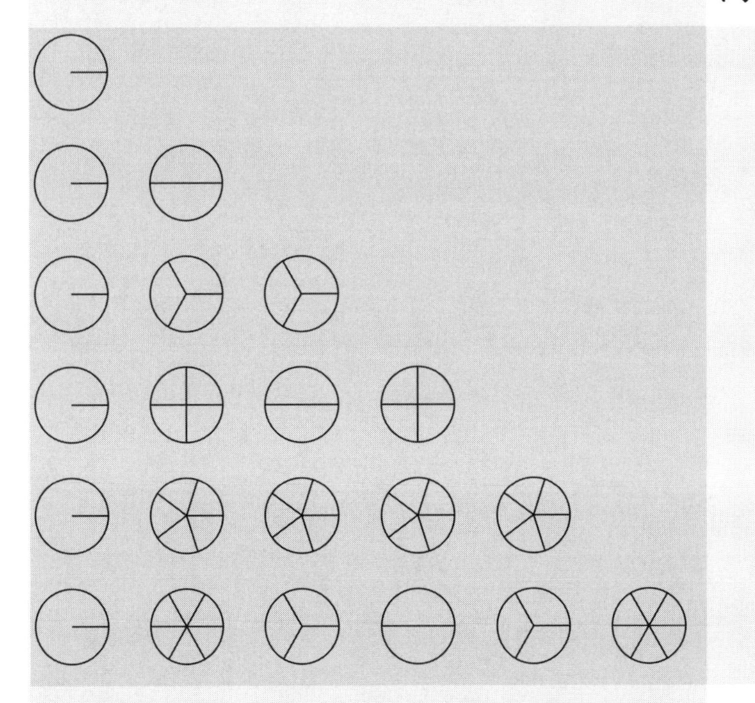

コロナ社

ま え が き

物理学の学問分野は具体的な対象によって，熱力学，力学，音響と振動，電磁気学，光，量子力学などに分かれるが，ほとんどの原理規則は微分方程式によって記述されている。特に線形微分方程式が適用できる場合，逆問題は基本解との畳み込み積分によって解かれる。ここでの基本解は，時間領域ではインパルス応答，空間領域ではグリーン関数として知られている。

信号処理の出発点では，線形微分方程式を線形システムの操作として捉え，さらにシステムの固有関数を基底関数とする考え方を導入する。これにより，微分方程式を代数方程式に変換でき，諸特性をより深く理解し，効果的に利用できる。また，固有関数と基底関数の概念は，応用数学から派生し，計測，制御，通信，情報処理などの技術分野の基盤として重要な役割を果たしている。

信号処理は，数・理・工学の幅広い分野領域の架け橋の 1 つであると言える。したがって，信号処理への探求は，定理・証明や問題・計算の繰返しを超え，諸概念の物理的意義を理解する洞察力を高めることが望まれる。

本書は，「どうして」を「どのように」に結びつけ，信号処理の既存スキルの習得よりも，今後の発展や周辺学問分野への展開に対する考え方を重視した。例えば，信号処理の中核となるフーリエ変換について，固有・直交基底の観点から導き出すように説明した。また，各要所において，概念や数式の物理的意味を多面的に解読し，信号処理の分野にて省略しがちの物理単位についても考察した。このような考えのもとに，本書を以下の要旨で構成した。

まず，第 1 章と第 2 章では，信号とシステムの基本概念と特性を解説する。学生諸君がこれまで数の計算を中心とし，関数の計算になじんでいないことを考慮した。具体的には，関数の横軸変形，奇偶分解，畳み込み積分などの演算，信号処理の要素関数である δ 関数と正弦波の振る舞い，線形時不変システムの基本特性などについて，数式のみならず図形的な見方も用いてかみくだいて解説した。ここからの信号処理への探求の旅をスムーズに楽しむために，パズルゲームの感覚で必要な基礎概念を身につけてほしい。

第3章では，システムの固有関数と信号の基底関数，ならびに関数の内積，直交とノルムの概念を解説する。これらの概念は信号処理の本質を理解するための出発点であり，イメージしやすい2次元ベクトルを切り口としてグラフ例を用いて説明した。なお，直交基底関数に基づいた関数の分解は，データ圧縮，成分解析，パターン認識，機械学習など，信号処理と隣接するデータサイエンス分野の基盤にもなっているため，その領域の入り口である最小二乗法も紹介した。これらの概念に基づき，最後にフーリエ級数展開の基底関数を導いた。

第4〜6章では，フーリエ級数展開，フーリエ変換，離散時間フーリエ変換，離散フーリエ変換の順に，信号処理入門の中核である各種フーリエ変換の概念，特性を解説する。特に，これらの相互関係の説明に留意した。応用例としては，原則それぞれの基本概念の理解に関係の強いものに絞った。

第7章は，時間と周波数の両方の情報を取り入れた展開として，ウェーブレット変換，ラプラス変換，z変換を紹介する。これらは，データ解析，制御工学やデジタルフィルタなど，一見異なる応用先の基礎となっている。ここでは，仕組み重視の主旨から，どのように計算するかやどこに使うかよりも，フーリエ変換の制限に着眼し，諸概念を解剖して，それぞれの意義の洞察を優先した。

本書は，信号処理の入門教材として，理工系大学2，3年次の学生を対象と想定している。複素数，微分積分，線形代数など大学基礎数学の知識があれば内容を理解できる。信号処理の基礎知識の習得のみならず，他の数理関連分野とのつながりに対する思考の啓発によって，学問の楽しさを味わい，初学者以外も新しい見方がひらめくことを期待したい。本書の至らない点については，ご意見とご指摘をいただければ幸いである。

本書の執筆と出版にお世話になったコロナ社の方々に感謝を申し上げる。

2024年2月

著　者

章末問題詳細解説は以下よりダウンロード可能
https://www.coronasha.co.jp/np/isbn/9784339009903/

目　　　次

1.　信号の表現と基本特性

2.　システムの概念と基本特性

3.　線形時不変システムの固有関数と直交基底関数

4. フーリエ級数展開

5. 連続フーリエ変換

6.　離散時間信号のフーリエ変換

7.　非定常信号処理への拡張

本書で使用する記号

定数	j：虚数単位，e：自然対数の底，π：円周率
集合	$\mathbb{C}$：複素数，$\mathbb{R}$：実数，$\mathbb{Q}$：有理数，$\mathbb{Z}$：整数 $\in$ 集合の元（要素）である $\notin$ 集合の元（要素）でない
論理記号	$:=$ 定義（～として定義される） $\Longrightarrow$ 十分（含む，もし～ならば） $\Longleftrightarrow$ 同意（～のとき） $\exists$ 存在（～が存在する） $\forall$ 任意（任意の，すべての） 例：$\lim_{x \to \infty} \frac{1}{x} = 0 \Longleftrightarrow \forall \varepsilon > 0, \exists M > 0\colon \forall x > M, \left\lvert \frac{1}{x} \right\rvert < \varepsilon$
複素数関係	$\mathrm{Re}(\cdot)$：複素数の実部，$\mathrm{Im}(\cdot)$：複素数の虚部， $\lvert\cdot\rvert$：大きさ，$\arg(\cdot)$：偏角，$\cdot^*$：複素共役
ベクトル・ 行列関係	小文字・太字・斜体　例：$\boldsymbol{x}$　ベクトル 大文字・太字・斜体　例：$\boldsymbol{A}$　行列 $\cdot^{\mathrm{T}}$，$\cdot^{\mathrm{H}}$ それぞれ：転置，共役転置。例：$\boldsymbol{A}^{\mathrm{H}} = \boldsymbol{A}^{*\mathrm{T}}$
特定変数	T_s，f_s それぞれ：サンプリング間隔，サンプリングレート 関連して，$\omega_s = 2\pi f_s = 2\pi/T_s$
	ω_0 離散角周波数間隔。関連して，$T_0 = 2\pi/\omega_0$
連続関数・信号	一般：$f(\cdot)$　例：$y(x)$, $x(t)$, $h(t)$
離散分布関数 離散時間信号	一般例：$x[n]$, $c[k]$　$(n, k \in \mathbb{Z})$ 特例：${}_{\mathrm{s}}x[n]$　　${}_{\mathrm{s}}x[n] = x(nT_s)$ $x(t)$ をサンプリングした離散時間信号
特定関数	$u(\cdot)$：単位ステップ関数 $p(\cdot)$：単位パルス関数 $\delta(\cdot)$：δ 関数 $\delta_T(\cdot)$：インパルス列 $\mathrm{sinc}(\cdot)$：sinc 関数
	$h(t)$：インパルス応答 $H(\omega)$：周波数応答 $H(s)$：伝達関数（連続時間） $H(z)$：伝達関数（離散時間）

特殊2項演算	$\langle\cdot,\cdot\rangle$ 内積。例：$\langle x(t), y(t)\rangle$
	$\cdot * \cdot$：畳み込み積分，　$\cdot\star\cdot$：相関 例：$f(t) * g(t) = f * g(\tau) = \mathrm{conv}(f(t), g(t))(\tau)$ 　$x(t) \star y(t) = R_{xy}(\tau) = \mathrm{corr}(x(t), y(t))(\tau)$
システム操作	一般：$S\{\cdot\}(\cdot)$　例：$y(t) = S\{x(t)\}(t)$
特定変換・スペクトル	$\mathrm{FS}[\cdot][\cdot]$：フーリエ級数展開 $\mathrm{F}[\cdot](\cdot)$：フーリエ変換 $\mathrm{DTFT}[\cdot](\cdot)$：離散時間フーリエ変換 $\mathrm{DFT}[\cdot][\cdot]$：離散フーリエ変換 $\mathcal{L}[\cdot](\cdot)$：ラプラス変換 $\mathcal{Z}[\cdot](\cdot)$：$z$ 変換 スペクトル表記例： ${}_{\mathrm{FS}}X[k] = \mathrm{FS}[x(t)][k]$ $X(\omega) = \mathrm{F}[x(t)](\omega)$ ${}_{\mathrm{DT}}X(\omega) = \mathrm{DTFT}[x[n]](\omega)$ ${}_{\mathrm{D}}X[m] = \mathrm{DFT}[x[n]][m]$ $X(s) = \mathcal{L}[x(t)](s)$ $X(z) = \mathcal{Z}[x(t)](z)$ 逆変換例：$\mathrm{F}^{-1}[X(\omega)](t) = x(t)$

第 1 章

信号の表現と基本特性

信号（signal）は幅広い分野領域に使われ，表す物理量もさまざまある。信号の本質は「データ」の「分布」と理解してよい。**信号処理**（signal processing）は，音響，画像，計測，制御，通信，人工知能など挙げきれないほどの応用先があるが，本質的には興味のある情報の加工や解読にすぎない。これを議論するために，信号を数学的に抽象化し，**関数**（function）を用いて表現すれば都合がよい。これによって信号の処理は関数の計算問題に帰すことができる。本章では信号の表現，変形，基本演算と特性を説明し，さらに信号処理の仕組みを理解するために重要な特殊信号を紹介する。

1.1 信号の表現

1.1.1 一般関数表現

関数とは，ある量と別のある量との対応関係である。ここで，「分布を示す量」は**独立変数**（independent variable），「データを示す量」は**従属変数**（dependent variable）と呼ぶ。なお，一般的に，独立変数や従属変数は必ずしもそれぞれ 1 つの物理量に限らない。例えば画像の場合では，独立変数は 2 つの数値より表す平面上の位置であり，従属変数はその位置での画像値となり，3 原色で表せば，3 つの数値より構成される。これら 1 組（複数個）の量から構成される変数は，**ベクトル**（vector）を用いて表現できる。独立変数をベクトル $\boldsymbol{x}$，従属変数をベクトル $\boldsymbol{y}$ とすれば，信号は $\boldsymbol{y}(\boldsymbol{x})$ と表記できる。また，ベクトルに含まれる量の個数を**次元**（dimension）と呼ぶ。画像の場合では，独立変数と従属変数はそれぞれ 2 次元と 3 次元となる。なお，独立変数の数値範囲は**定義域**（domain），従属変数の数値範囲は**値域**（codomain）と呼ぶ。変数の種類とその次元を示すには，例えば画像の場合では 2 次元平面座標と 3 原色成分ともに実数なので，$\boldsymbol{x} \in \mathbb{R}^2$，$\boldsymbol{y} \in \mathbb{R}^3$ と記すことができる。

本書は，おもに独立変数と従属変数ともに 1 次元の量からなる関数を扱う。独立変数，従属変数，その対応関係を別々に示す場合，信号 $y(x)$ を式 (1.1) より表現することになる。

$$y = f(x) \tag{1.1}$$

ここで，関数 $f(\cdot)$ は独立変数 x と従属変数 y との対応関係を意味する。**図 1.1** に示すように，入力数値 x が $f(\cdot)$ を通して，出力数値 y になると理解してよい。なお，関数とは，三角関数や指数関数など数式で表せるものもあるが，一般的な信号は，簡単な数式より記述できない場合が多い。

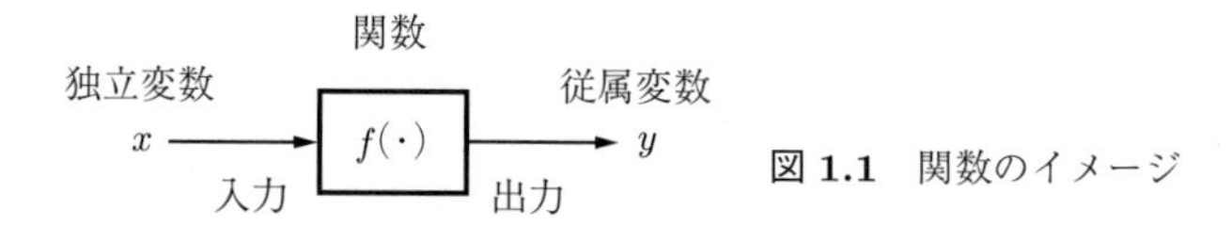

図 1.1　関数のイメージ

独立変数を横軸，従属変数を縦軸にすれば，たがいに対応する特定な x と y を平面上の 1 点より表せる。具体的な信号が定めた対応関係を満たすすべての点をプロットすると，信号をグラフとしてわかりやすく表すことができる。**図 1.2** に一例を示す。信号処理の分野では便利上，変数物理量の単位を省略し，数値として扱うことが多い。例えば，独立変数を時間 t，従属変数を電圧値 v とした場合，図 1.2 は電圧信号 $v(t)$ の波形となる。

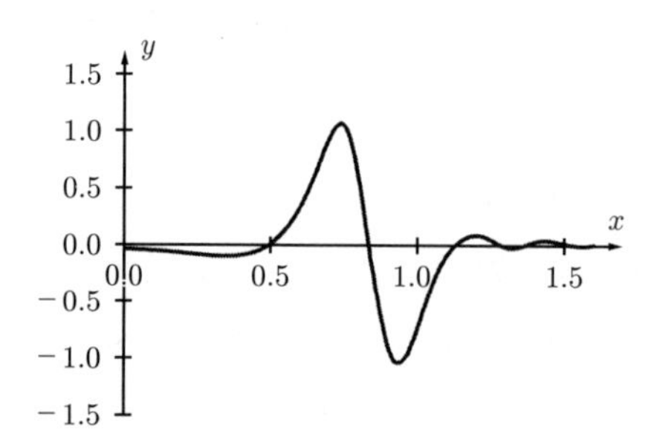

図 1.2　信号を表す関数のグラフ例

2 つの変数の対応関係は，例えば $x^2 + y^2 = 1$ のような陰関数も考えられるが，信号を示す関数 $y(x)$ とは言えない。$x = 0$ に，$y = 1$ と $y = -1$ の 2 つの従属変数が対応していることに問題がある。信号を示す関数は，以下のことを原則とする。

定義域内における1つの独立変数に，1つだけの従属変数が対応する。

ただし，この条件は対応関係の逆方向に必須とされない。すなわち，1つの従属変数（例えば図1.2の $y = 0.5$）に複数個の独立変数が対応する場合がある。このような従属変数の一意性の制約条件は集合論の**写像**（mapping）に相当する。

1.1.2 区分関数と継続区間

一般的な信号のほとんどは，簡単な数式より表すことができないが，信号の特性を分析や理解するために，簡単な数式を利用できれば便利となる。**図1.3**に例示したように，信号全体を1つの数式に表現することが困難であるが，独立変数の定義域を部分部分に分けて，各区分にそれぞれの数式より表すことができる。このような関数は，**区分関数**（piecewise function）という。区分関数の数式表現にはいくつかの方式があるが，本書では式(1.2)のように表現する。

$$f(x) = \begin{cases} x+2, & -2 \leq x < 0 \\ -2x+2, & 0 \leq x \leq 1 \\ 0, & \text{その他} \end{cases} \tag{1.2}$$

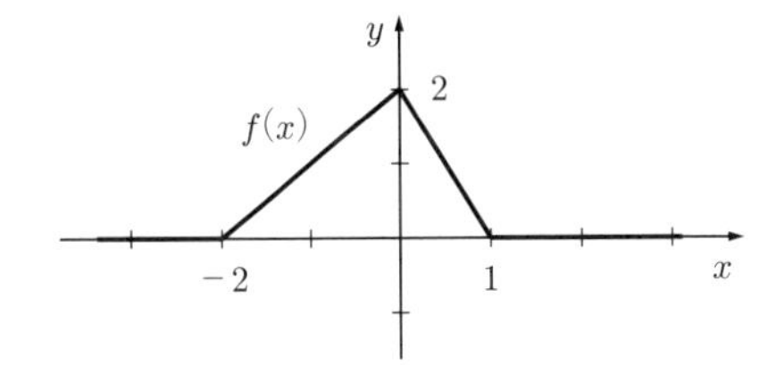

図1.3 区分関数グラフ例

図1.3に示す関数は，$x \in (-2, 1)$ を除いた，$x < -2$ と $x > 1$ の区間において，すべての関数値が0である。$x \in (-2, 1)$ の区間をこの関数の**継続区間**（duration）と呼ぶ。ただし，一般的に，「継続区間内に関数値が0ではない」ことを必要条件としない。継続区間は，「この区間外に関数値が0である」ことより定められる。すなわち，継続区間内であっても，例えば関数値が正負振動するか，一部だけ0となっても構わない。継続区間が有限の関数は，**有限区間**（finite duration）関数という。数学では，関数の継続区間と有限区間を，それぞれ関数の**台**（support）と**コンパクトな台**（finite support）と呼ぶ。

1.1.3 離散分布信号

物理世界のほとんどの信号は，独立変数と従属変数とも連続的に変化する**アナログ信号**（analog signal）である。一方，データの記録や伝送を含むコンピュータによる処理のため，**デジタル信号**（digital signal）が用いられる。両者の違いは簡単に言えば変数を定量化評価する尺度の粗さにある。アナログ信号の変数の連続値は，デジタル信号に有限幅の刻みで離散化される。従属変数の離散化処理は**量子化**（quantizing）といい，独立変数の離散化処理は**標本化**，または**サンプリング**（sampling）と呼ぶ。本書は，おもにサンプリングについて議論する。

独立変数が時間である場合，アナログ信号を**連続時間**（CT, continuous time）**信号**，サンプリング後の信号を**離散時間**（DT, discrete time）**信号**と呼ぶ。ただし，このDT信号の従属変数はまだ連続値を取るので，デジタル信号ではない。すなわち，DT信号は，とびとびの時刻にてCT信号の信号値をサンプルとして抽出し，これらの信号値の数値列から構成される。一般的に，DT信号の独立変数はサンプルの番号（整数）とし，CT信号との関係は次式となる。

$$ {}_{\mathrm{s}}x[i] = x(t_{[i]}) \quad (i \in \mathbb{Z}) $$

ここで ${}_{\mathrm{s}}x[i]$ はDT信号，$x(t)$ はCT信号である。整数 i はDT信号の独立変数であり，**インデックス**（index）と呼ぶ。$t_{[i]}$ は i 番目のサンプルの時刻である。

本書は，独立変数は連続か離散かを明記するために，関数に引用される括弧として，DT信号では $[\cdot]$，CT信号では $(\cdot)$ を使い分ける。すなわち，$x[m]$，$y[k]$ はDT信号，$x(t)$，$y(\tau)$ はCT信号を意味する。また，関数の本質は独立変数と従属変数との対応関係であり，上式の i と $t_{[i]}$ とは数値が異なるため，関数記号として同じ x を用いると混乱しやすい。そのため，特に上式のようなCT信号から離散化したDT信号を記すため，CT信号の関数記号の左下にsを付ける。

応用上では，等間隔サンプリング（$t_{[i+1]} - t_{[i]} = T_s$），かつ初期シフト $t_{[0]} = 0$ とする場合が多いので，本書もこれ以降，この条件に従う。この場合の信号値関係は式 (1.3) に示される。

$$ {}_{\mathrm{s}}x[k] = x(kT_s) \quad (k \in \mathbb{Z}) \tag{1.3} $$

ここで T_s は定数であり，**サンプリング間隔**（sampling interval）または**サンプリ**

ング周期（sampling period）という。その逆数 $f_s = 1/T_s$ は**サンプリングレート**（sampling rate）または**サンプリング周波数**（sampling frequency）と呼ぶ。

CT 信号を示すにはグラフを用いる場合が多い。これに対し，DT 信号は数値列により構成されているため，次式の数列によって表すことができる。

$$x[n] = \{\cdots, x[-2], x[-1], \underline{x[0]}, x[1], x[2], \cdots\} \tag{1.4}$$

ここで，具体的な信号値を並べる際に，インデックスの情報が読み取れないので，0 番の DT 信号値 $x[0]$ にアンダーラインを付けて表記するとわかりやすい。**図 1.4** に $T_s = 0.5$ の一例を示す。

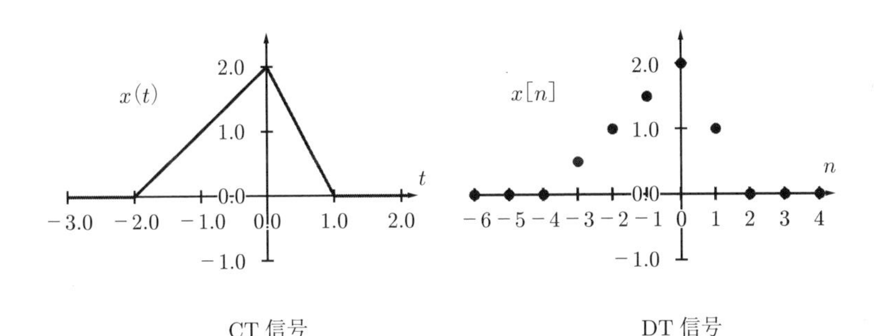

図 1.4 CT 信号と DT 信号例

1.1.4 ベクトル表記

図 1.4 に示す DT 信号例において，$n = 0, 1$ の 2 点だけなら信号は $\{2, 1\}$ となり，2 次元平面上のベクトルより表現できる。$n = -1, 0, 1$ の 3 点だけなら $\{1.5, 2, 1\}$ となり，3 次元空間のベクトルより表現できる。点数を増やしても，式 (1.4) に示す数列を，式 (1.5) のように，点数と同じ次元の空間ベクトルより表現できる。

$$\boldsymbol{x} = (\cdots \quad x[-2] \quad x[-1] \quad x[0] \quad x[1] \quad x[2] \quad \cdots)^{\mathrm{T}} \tag{1.5}$$

ここで，T は転置であり，信号 $\boldsymbol{x}$ は列ベクトルであることを意味する。さらに，サンプリング間隔を小さくすれば，この信号ベクトルの次元（要素の数）が増えるだけで，本質は変わらない。時刻の並べ順さえ決まれば，CT 信号であっても，無限次元空間のベクトル $\boldsymbol{x} \in \mathbb{R}^\infty$ より表現できる。

4 次元以上の空間ならイメージしにくくなるが，ベクトルの概念を用いれば，信号の強さ，信号間の差異や類似度などの議論は，2，3 次元空間での幾何学的な直感より拡張でき，信号と信号処理の理解に大変役に立つ。また，コンピュータ技術の飛躍的な発展に伴い，近年の信号処理の理論や応用において，線形代数の活用と併せて，信号をベクトルとして扱うことが主流になりつつある。

1.2 信号の横軸変形

ここで紹介する横軸変形とは，独立変数の部分を，1 次関数によって置き換える**アフィン**（affine）**変換**に限る。これ以降便利上，独立変数を時間 t とし，$f(t)$ が与えられ，$f(at+b)$ の波形（a, b：定数）はどのように変わるかを考えよう。

この場合，関数の本質は独立変数と従属変数との対応関係であることをしっかり理解する必要がある。$f(\cdot)$ が与えられることは，独立変数 $\rightarrow$ 従属変数の対応関係が決まっていることを意味し，$f(t)$ も $f(at+b)$ も同じ対応関係に従う。すなわち，$(at+b)$ を横軸とした場合の $f(at+b)$ の波形と，t を横軸とした場合の $f(t)$ の波形と同じである。このイメージを**図 1.5** に示す。

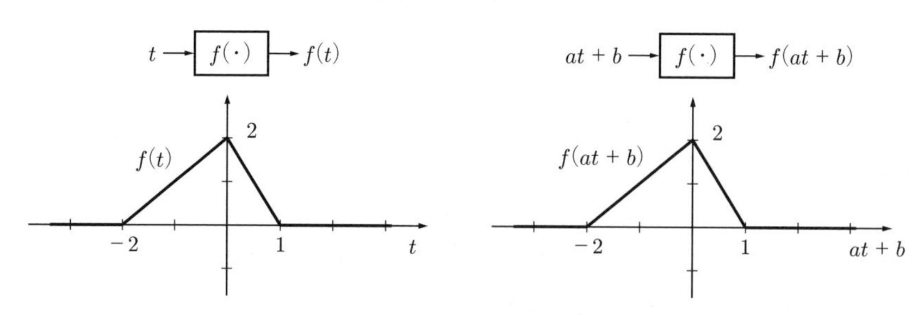

図 1.5　同じ関数における独立変数の変化

横軸 t とする場合 $f(at+b)$ はどのように変形するかを考えたい。まずは，a と b の具体的な数値によって，代表的な変形を場合に分けて述べる。

（1）　時間シフト　　**時間シフト**（time shift）は，波形が横軸方向にシフトすることで，$a=1$ の特例である。**図 1.6**(a) に例を示す。$b>0$ の場合，$f(t)$ に比べ，$f(t+b)$ に同じ事象の起こるタイミングが b だけ早まることになるので，信号の前

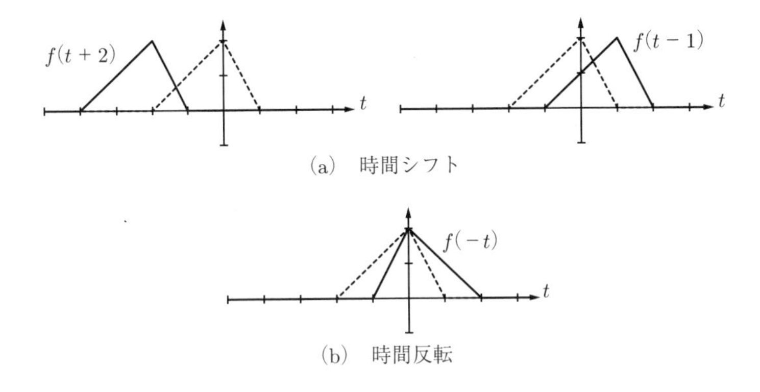

(a) 時間シフト

(b) 時間反転

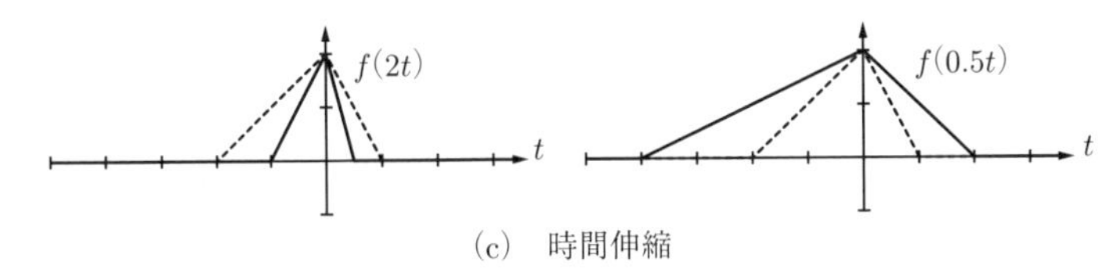

(c) 時間伸縮

図 1.6 信号の横軸変形例（点線は元信号 $f(t)$）

進（advance）という。$b < 0$ の場合では波形が右へのシフトになるので，信号の**遅延**（delay）という。

（2）時 間 反 転　**時間反転**（time reversal）は，$a = -1$，$b = 0$ の特例で，信号 $f(-t)$ の波形が，$f(t)$ を縦軸（$t = 0$）中心に左右反転する。図 (b) に示す。

（3）時 間 伸 縮　**時間伸縮**（time scaling）は，$b = 0$ の特例で，$a < 0$ 場合では時間反転の変形も含まれている。図 (c) に示すように，縦軸を中心に波形が横に a 倍だけ縮む。$|a| < 1$ の場合では，見かけ上 $|a|^{-1}$ 倍に広がることになる。

一般変形 $f(at + b)$ については，図 1.5 に示す主旨によって，元の信号 $f(t)$ の独立変数を別記号 ξ にし，新しい信号 $f(at + b)$ において，$at + b = \xi$ となる t を求めることを考えればよい。$t = (\xi - b)/a$ は求まり，この時刻での $f(at + b)$ の信号値は $f(\xi)$ と同じである。したがって，次のことが理解できる。

> $f(at + b)$ の波形は，$f(t)$ を左に b だけシフトした後，原点中心に横に a 倍だけ縮む。

ここで，前述同様，具体的な a，b の数値により，次のことを留意しよう。

- $b < 0$ の場合，実質上右へのシフトになる
- $a < 0$ の場合，時間反転を含む
- $|a| < 1$ の場合，実質上波形の広がりとなる

なお，$at + b = a(t + b/a)$ なので，この変形は，$f(t)$ を縦軸中心に横 a 倍縮めた後，左に b/a だけシフトすると同等である。

例題 1.1　図 1.5 に示す信号 $f(t)$ を変形し，$g(t) = f(2t - 1)$ の波形を描け。

【解答】　時間シフトと伸縮の 2 種類の変形があるため，中継関数を介して，変形を 2 段階に分けて考えるとわかりやすい。

$f(t)$ を時間シフトのみ変形する場合は $x(t)$ とし，式 (1.6) に示す。

$$x(t) = f(t - 1) \tag{1.6}$$

$f(2t - 1)$ の表現式を得るため，式 (1.6) の t を $2t$ に置き換えればいい。

$$g(t) = x(2t) = f(2t - 1) \tag{1.7}$$

これより，$g(t)$ は，$f(t)$ を右に 1 だけシフトする（$x(t)$ になる）後，（$x(t)$ を）原点中心に横 2 倍縮めることがわかる。

$f(t)$ の時間伸縮を先に施し，式 (1.8) に示す中継関数 $y(t)$ とする考え方もある。

$$y(t) = f(2t) \tag{1.8}$$

$$g(t) = y\left(t - \frac{1}{2}\right) = f\left(2\left(t - \frac{1}{2}\right)\right) = f(2t - 1) \tag{1.9}$$

これより，$g(t)$ は，$f(t)$ を横 2 倍縮める（$y(t)$ となる）後，右に 1/2 だけシフトすることがわかる。**図 1.7** にこれらの結果を示す。

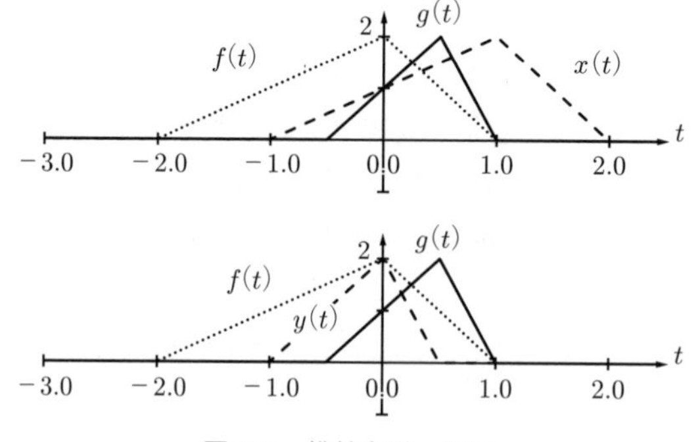

図 1.7　横軸変形一般例

◇

1.3 信号の基本演算

広い意味で，すべての信号処理の過程は，信号の**演算**（operation）である。**図 1.8**(a) にそのイメージを示す。一般的に，入力側のすべての信号の独立変数は同じ物理量であるが，演算結果はこれに限られない。本節では，演算結果の独立変数は入力信号と同じ物理量である場合に限り，いくつかの基本的な演算を紹介する。なお，ここでは便利上，独立変数を時間 t とし，図 (b) に示す。

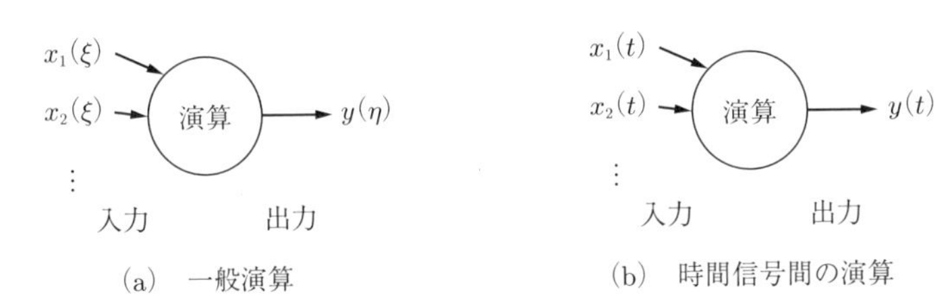

(a)　一般演算　　(b)　時間信号間の演算

図 1.8　信号の演算

ただし，入力側の信号どうしでも，出力側の信号でも，それぞれの従属変数（信号値）は必ずしも同じ物理量ではない。特に，入出力信号の独立変数は同じ物理量であるが，常に同じ数値を取るとは限らないことは，留意すべき点である。例えば，時刻 $t = 3$ での出力信号値 $y(3)$ は，$x_1(3), x_2(3), \cdots$ のみに依存するとは限らない。すべての入出力信号の独立変数が常に同じ数値を取る場合，時刻ごとの瞬時値の演算となるため，**無記憶**（memoryless）**演算**という。

1.3.1 基本2項演算

入力側の信号が2つの場合は2項演算となる。信号処理において，基本的な2項演算はおもに乗算と加算である。それぞれの数式表現を式 (1.10) と式 (1.11) に示す。

$$\text{乗算}\quad y(t) = x_1(t) \cdot x_2(t) \tag{1.10}$$

$$\text{加算}\quad y(t) = x_1(t) + x_2(t) \tag{1.11}$$

この数式表現をブロック図で表した場合を**図 1.9**(a) と (b) に示す。なお，これらの演算は無記憶演算となる。**図 1.10** に演算例を示す。

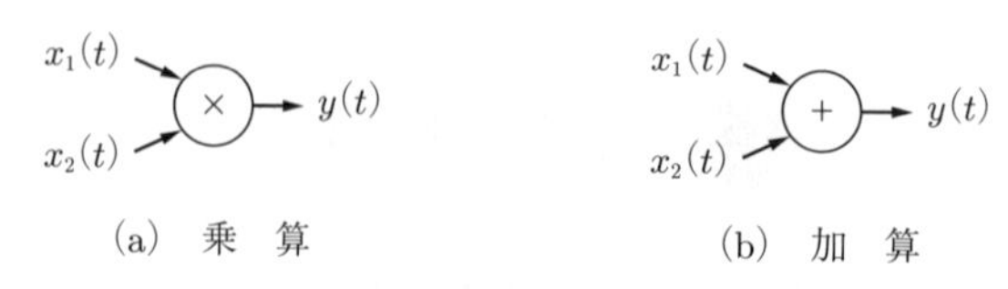

図 1.9　信号の乗算と加算のブロック図

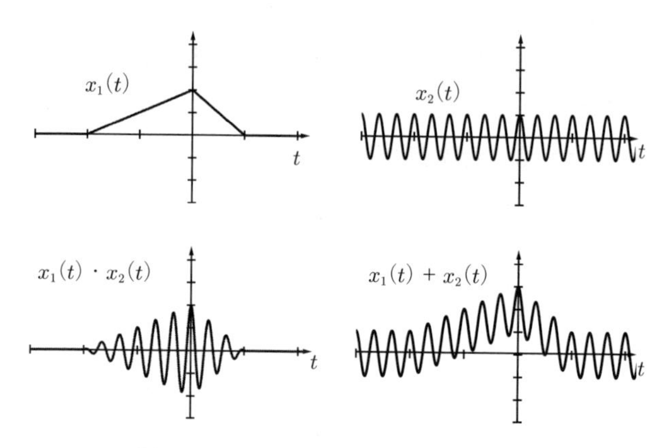

図 1.10　信号の乗算と加算のグラフ例

信号の減算は，$x_1(t) - x_2(t) = x_1(t) + (-x_2(t))$ のように，減数信号の極性反転信号との加算に同等するため，2 項演算の加算に帰する。一方，信号の除算は，除数信号の信号値が 0 となる時刻において演算結果が発散してしまうため，原則行わず，目的に応じて別の手法で処理する。

独立変数によらず関数値が常に一定となる関数は**定数関数**（constant function）と呼ぶ。またこのような信号を，**直流**（DC）**信号**とも呼ぶ。特例として 2 つの信号のうち 1 つは定数である場合での乗算と加算をそれぞれ，**定数倍増幅**や**直流バイアス**ともいい，それぞれ以下に示す。

$$y(t) = c \cdot x(t), \quad y(t) = x(t) + c$$

信号処理の分野では変数の単位を無視する場合が多いが，信号の物理単位を考察することによって，しばしば演算の本質に対する理解を深めることができる。ここで，同じ物理単位しか加算できない原則より，信号の加算において，入出力のすべての信号は同じ物理単位をもつことがわかる。一方，乗算の場合，[$y(t)$ の物理単位] = [$x_1(t)$ の物理単位] × [$x_2(t)$ の物理単位] となるので，一般的にこの 3 つの信号の物理単位はそれぞれ異なる。

1.3.2 線形結合

定数倍増幅と加算を組み合わせて，式 (1.12) に示す演算を，**線形結合**（linear combination）と呼ぶ。

$$y(t) = c_1x_1(t) + c_2x_2(t) + \cdots + c_Nx_N(t) = \sum_{i=1}^{N} c_ix_i(t) \tag{1.12}$$

線形結合の概念は，信号の解析を理解するために非常に重要である。各加算項の物理単位は出力信号 $y(t)$ と同じであるが，各係数 c は必ずしも無名数ではないので，すべての信号の物理単位は同じとは限らない。

信号ベクトルを用いて表現すれば，線形結合は式 (1.13) のように，複数個のベクトルのスカラー倍を足し合わせて別のベクトルを合成することになる。

$$\boldsymbol{y} = c_1\boldsymbol{x}_1 + c_2\boldsymbol{x}_2 + \cdots + c_N\boldsymbol{x}_N = \boldsymbol{Xc} \tag{1.13}$$

ここで，$\boldsymbol{X} = (\boldsymbol{x}_1 \quad \boldsymbol{x}_2 \quad \cdots \quad \boldsymbol{x}_N)$ は，各列がそれぞれの信号ベクトルより構成される行列であり，$\boldsymbol{c} = (c_1 \quad c_2 \quad \cdots \quad c_N)^{\mathrm{T}}$ は係数ベクトルである。

1.3.3 微分

信号の微分演算は，演算の入力側が 1 つの信号になり，出力信号は入力信号の時間微分となる。前述のように，信号は必ずしも数式で表せるとは限らないので，原則，式 (1.14) に示す微分の定義式で考えたい。

$$y(t) = \frac{dx(t)}{dt} = \lim_{h \to 0} \frac{x(t+h) - x(t)}{h} \tag{1.14}$$

図 1.11 に例示したように，微分演算の結果 $y(t)$ は，当該時刻での $x(t)$ 波形の接線の傾きである。また，式 (1.14) の右辺より，微分演算は，信号と時間シフトされた信号との線形結合（それぞれの係数は $-1/h$ と $1/h$）であるという見方もできる。ここの h は微小時間幅（0 に限りなく近いが，0 ではない）であり，時刻によって変化しない定数である。

ここで，微小時間幅 h を dt と読み替えると，次式のように微分記号を用いた表現式の解読に役に立つ。

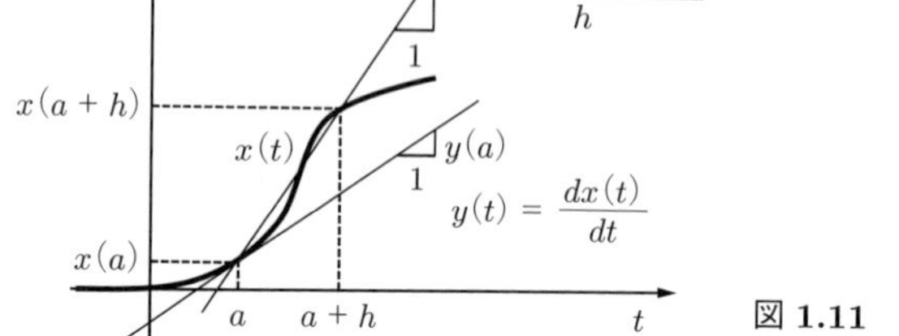

図 **1.11**　微分のイメージ

$$\frac{dx(t)}{dt} = \frac{x(t+dt)-x(t)}{dt} = \frac{\text{時刻}\ t\ \text{における}\ dt\ \text{による信号値の変化量}}{\text{微小時間幅}\ dt} \tag{1.14$'$}$$

微分演算の場合，信号値の物理単位は以下となる。

$$\frac{dx(t)}{dt}\ \text{の物理単位} = \frac{x(t)\ \text{の物理単位}}{t\ \text{の物理単位}}$$

なお，微分演算は無記憶演算ではないことを留意したい。例えば，$L(t)$ は時刻 t での走行距離，$v(t)$ は時刻 t での瞬時速度とすれば，$v(t) = \dfrac{dL(t)}{dt}$ が成り立つ。しかし $t = 1$ の時刻での距離 $L(1)$ だけが与えられても，$v(1)$ は求められない。瞬時速度 $v(1)$ を得るために，$t = 1$ の前後にも何らかの距離の情報が必要となる。

例題 1.2　図 1.5 に示す信号 $f(t)$ の時間微分，$g(t) = \dfrac{df(t)}{dt}$ の波形を描け。

【解答】　$g(t)$ は時刻 t での $f(t)$ 波形の傾きであるため，区分関数 $f(t)$ を区分別に考えると，式 (1.15) の結果が得られる。図 **1.12** にそのグラフを示す。

$$g(t) = \begin{cases} 1, & -2 < t < 0 \\ -2, & 0 < t < 1 \\ 0, & t < -2 \text{ or } t > 1 \end{cases} \tag{1.15}$$

式 (1.15) には，$t = -2, 0, 1$ の 3 点において，信号値が定義されていない。図 1.12 にも示すように，これらの時刻において，前後の信号値が不連続となっている。$f(t)$ の傾きがこれらの点にて急激に変化しているので，数学上では微分不可能とされている。物理世界には，$g(t)$ のような不連続信号がほとんど存在しないと考えてもいいが，信号処理を議論する数学手法としてこのような不連続関数を利用すると便利となる場合がある。なお，図 1.12 に示す $g(t)$ の波形では，不連続点に縦線でつながっているが，これらの縦線は数値的な意味がなく，波形全体のイメージを表すためである。ま

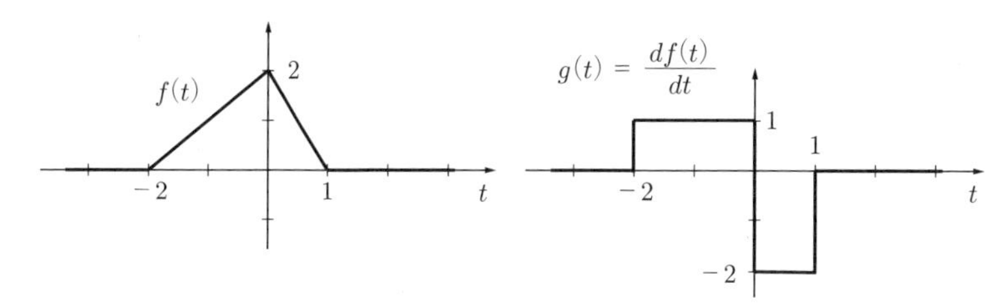

図 1.12 微分の信号例

た，$f(t)$ と $g(t)$ の信号値の物理単位は異なるため，横軸は同じであるが，原則的に同じ座標系で描くことができない。 ◇

1.3.4 積 分

まずは定積分の定義式から，積分演算の本質を確認しよう。積分演算は数学上多種な方法があるが，本書では一般的な**リーマン**（Riemann）**積分**を考える。主旨は，被積分関数と横軸が囲んだ面積を，多くの微小横幅の矩形短冊に分解することである。式 (1.16) と図 **1.13** にそれぞれ数式とグラフのイメージを示す。

$$\int_a^b x(t)dt = \lim_{N\to\infty} \frac{b-a}{N} \sum_{n=0}^{N-1} x\left(a + n\frac{b-a}{N}\right) = \lim_{h\to 0} \sum_{k=a/h}^{b/h-1} x(kh) \cdot h \tag{1.16}$$

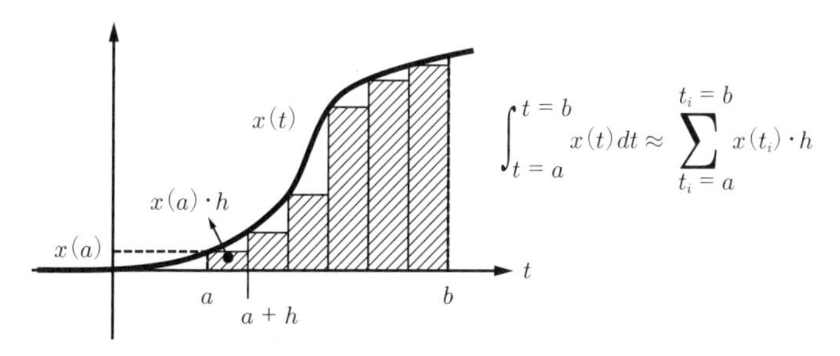

図 1.13 定積分のイメージ

積分を表現する微小幅の矩形短冊面積の総和は，**リーマン和**という。ここで図 1.13 中の $h = (b-a)/N$ は，微小時間幅であり，これを式 (1.16) 左辺の式中の dt に読み替えると，定積分の数式は以下に解読できる。

$$\int_a^b x(t)dt = dt \times \text{時刻 } a \text{ から } b \text{ まで } dt \text{ 刻みで取ったすべての } x(t) \text{ の総和} \tag{1.16'}$$

グラフ上でこの定積分とは，a と b の間に，$x(t)$ の波形と横軸と囲んだ面積になるが，積分の本質は区間内の関数値の総和であること，しっかり理解しておきたい。DT 信号の場合では，有限積分区間内のすべての信号値を合計することができるが，連続時間信号であれば，時刻の「数」が数えられなく無限となり，直接合計できない。微小時間幅の概念を導入すると，刻んだ信号値の数と刻み幅の積が一定となるので，信号値の総和を，積分によって定量評価できる。また，積分演算の物理単位は以下となる。

$$\int_a^b x(t)dt \text{ の物理単位} = x(t) \text{ の物理単位} \times t \text{ の物理単位}$$

関数 $x(t)$，および積分区間の a と b が決まれば，定積分の計算結果は 1 つの数値となり，時間変数 t は結果に現れない。このような結果に現れない演算過程上の変数を**ダミー変数**（dummy variable）と呼ぶ。積分結果に変数が残るには，以下 2 つのケース中少なくとも 1 つが必要となる。この場合，積分結果の変数と積分過程のダミー変数を区別して，別々の記号より表す。

1) 被積分関数には，積分ダミー変数のほか，積分結果の変数を含める。

$$\text{例 1}\quad y(t) = \int_a^b x(\tau + t)d\tau$$

2) 積分の上下限には，少なくとも 1 つが積分結果の変数を含める。

$$\text{例 2}\quad y(t) = \int_a^t x(\tau)d\tau$$

例 2 の具体例として，走行距離 $L(t)$ と瞬時速度 $v(t)$ の関係が挙げられる。

$$L(t) = L(a) + \int_a^t v(\tau)d\tau \tag{1.17}$$

ここに速度を距離の時間微分として，$v(\tau) = dL(\tau)/d\tau$ を代入すれば式 (1.17) を簡単に証明でき，微分演算と積分演算はたがいに逆演算であることが確認できる。

このような積分上限が積分結果の変数となる場合を，**ランニング積分**（running integral）と呼び，**図 1.14** にそのイメージを示す。式 (1.18) に変形できるため，ランニング積分演算は，遅延された入力信号の線形結合である（すべての係数は $h = dt$ となる）という見方ができる。

$$y(t) = \int_a^t x(\tau)d\tau = dt \sum_{m=1}^{(t-a)/dt} x(t - m \cdot dt) \tag{1.18}$$

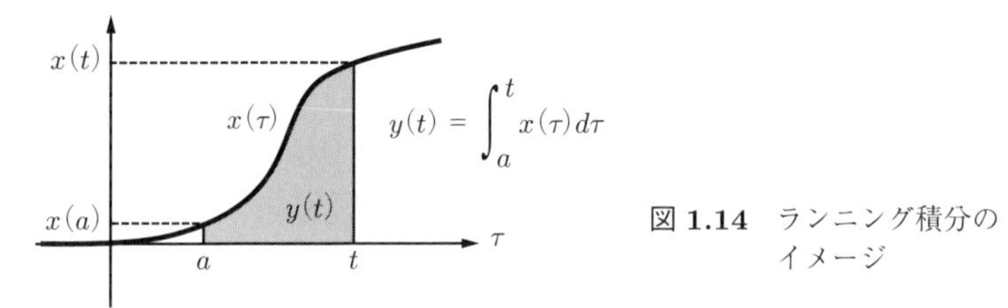

図 1.14 ランニング積分のイメージ

例題 1.3 図 1.5 に示す信号 $f(t)$ のランニング積分 $g(t) = \int_{-3}^{t} f(\tau)d\tau$ の波形を描け。

【解答】 $f(t)$ は区分関数であり，積分の計算を区間分割して，次式のように求められる。**図 1.15** に $g(t)$ のグラフを示す。

$$g(t) = \begin{cases} 0, & t < -2 \\ \frac{1}{2}(t+2)^2, & -2 \leq t < 0 \\ 3 - (t-1)^2, & 0 \leq t \leq 1 \\ 3, & 1 < t \end{cases}$$

ここでは，積分の概念に対する理解とグラフからの直感を養うために，数式に頼らずグラフより考察する。

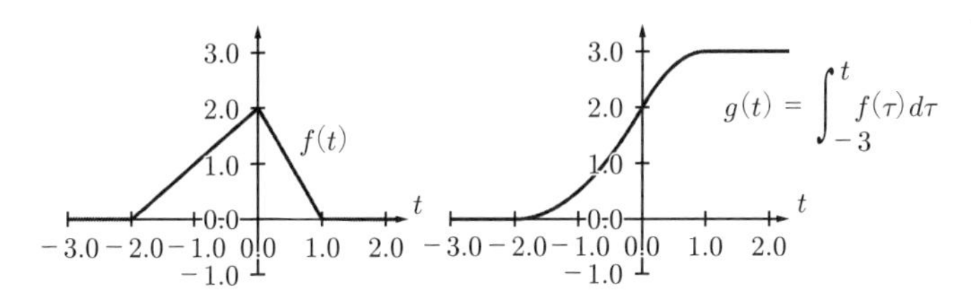

図 1.15 ランニング積分の信号例

① $t < -2$：この区間で被積分関数の高さが 0 であるため，面積結果は 0 となる。

② $-2 \leq t < 0$：この区間の被積分関数は高さが正の右肩上がりの三角形であり，以下の考え方により，面積結果は，上方向に発散する曲線の一部となる。

- t が増加すると，積分範囲内に入る三角形は高さと底辺と比例して増加し，その面積は t の 2 次関数として増加する。
- t が増加すると，積分に追加される短冊の高さも増加するので，積分結果の増加速度が速くなる（$g'(t) = f(t)$ なので，増加速度は $f(t)$ である）。

また，区間の始点 $t = -2$ と終点 $t = 0$ において，$g(t)$ の数値結果と傾き $g'(t) = f(t)$ は以下のように考えられる。

- $t = -2$ では三角形がまだ出ていないので，$g(-2) = 0$ となる。$g'(-2)$ は $f(-2)$ となるためここでの曲線の傾きは 0 となる。
- $t = 0$ では底辺 2 で高さ 2 の三角形の面積より，$g(0) = 2$ となる。$g'(0) = f(0) = 2$ なのでここの $g(t)$ の傾きは 2 となる。

③ $0 \leq t \leq 1$：この区間は ② と類似に考察できる。この場合，積分は累積なので，$g(t)$ 数値結果は前区間の終点から続けて変化することに留意しよう。

- t が増加すると，$g(t)$ の波形は増加速度が低下し，下方向に発散する曲線の一部となる。
- $t = 0$ では $g(0) = 2$，$g'(0) = 2$。$t = 1$ では $g(1) = 3$，$g'(1) = 0$

④ $1 < t$：この区間では被積分関数は 0 なので，t の増加による積分結果は変化しない。よって $g(t)$ は前区間の終点から一定値で続ける。

なお，数学的には，区間 ② と区間 ③ の曲線波形をそれぞれ**凸関数**（convex function）と**凹関数**（concave function）と呼び，区間内任意 2 点間の曲線はこの 2 点を結ぶ直線より下か上より判定できる。波形の形は漢字の凸と凹の上部の形状と逆になっているので気を付けたい。 ◇

1.4 信号の対称性と周期性

1.4.1 偶関数と奇関数

ここで対称性とは，独立変数の符号変化（時間反転）に対する波形の対称を指し，それぞれ**奇関数**（odd function）と**偶関数**（even function）に分ける。

図 1.16 に示すとおり，偶関数の波形は，原点中心に左右対称（縦軸に関して対称）となり，奇関数の波形は，原点中心に左右・上下両方の反転対称（原点に関して対称）となる。この性質は，式 (1.19) と式 (1.20) より表せる。

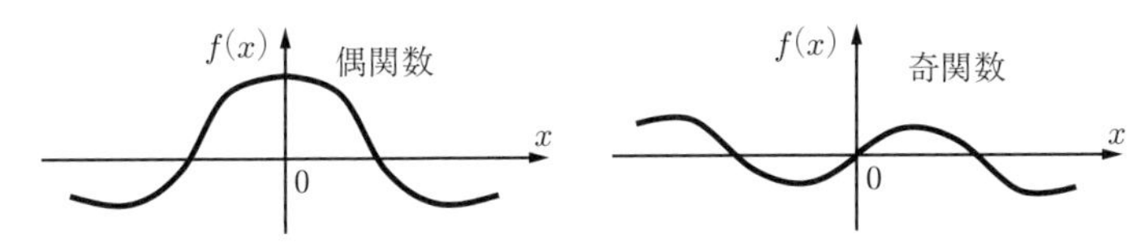

図 **1.16**　偶関数と奇関数のグラフ例

$$\text{偶関数}\quad f(x) = f(-x) \tag{1.19}$$

$$\text{奇関数}\quad f(x) = -f(-x) \tag{1.20}$$

すなわち，偶関数は，独立変数の符号が変えても関数値が同じであり，奇関数は独立変数の符号が変えると関数値の符号も変わる。特例として，定数関数である直流信号は，偶関数であることが自明である。

例題 1.4　偶関数信号 $x_1(t)$ と奇関数信号 $x_2(t)$ の乗算結果 $y(t) = x_1(t) \cdot x_2(t)$ の奇偶対称性を調べよ。

【解答】　$y(t)$ の対称性を調べるために，その時間反転信号 $y(-t) = x_1(-t) \cdot x_2(-t)$ を確認する必要がある。$x_1(t)$ と $x_2(t)$ のそれぞれの対称性より

$$x_1(-t) = x_1(t), \quad x_2(-t) = -x_2(t)$$

となるため，これらを $y(-t)$ に代入して，次の結果が得られる。

$$y(-t) = x_1(t) \cdot (-x_2(t)) = -x_1(t) \cdot x_2(t) = -y(t)$$

よって，$y(t) = -y(-t)$ のため，$y(t)$ は奇関数信号であることがわかる。　◇

奇関数と偶関数に対して，基本 2 項演算（加算や乗算）を行うと，演算結果は**表 1.1** に示す対称性となる。これらは，例題 1.4 のように，偶関数と奇関数の特性を表す式 (1.19) と式 (1.20) を用いれば，いずれも容易に証明できるが，奇関数と偶関数の波形の対称性によって理解しておきたい。

表 1.1　偶関数と奇関数の加算と乗算結果の対称性

	加算	乗算
偶関数と偶関数	偶関数	偶関数
奇関数と奇関数	奇関数	偶関数
偶関数と奇関数	任意関数	奇関数

ここで表の「偶関数＋奇関数＝任意関数」に注目しよう。任意の偶関数と任意の奇関数との加算結果は，対称性が保証できなくなると理解できる。実はこの等式の逆方向も成立する。すなわち，任意関数は，奇関数成分と偶関数成分に分解できる。ここで「成分」というのは，分解された奇関数と偶関数は，元の任意関数によって一意的に定められるためである。このことを式 (1.21) に示す。

$$\begin{cases} f_e(x) = \dfrac{f(x) + f(-x)}{2} \\ f_o(x) = \dfrac{f(x) - f(-x)}{2} \end{cases} \tag{1.21}$$

ここで，$f_e(x)$，$f_o(x)$ はそれぞれ $f(x)$ の偶関数成分と奇関数成分である。式 (1.21) より，任意関数 $f(x)$ に対して，次の諸関係が満たされていることが確認できる。

$$f(x) = f_e(x) + f_o(x), \quad f_e(x) = f_e(-x), \quad f_o(x) = -f_o(-x)$$

例題 1.5　図 1.5 の信号 $f(t)$ の偶関数成分 $f_e(t)$ と奇関数成分 $f_o(t)$ をそれぞれ図示せよ。

【解答】　この例題では，式 (1.21) に示すとおり，まず時間反転信号 $f(-t)$ を作成し，$f(t)$ と $f(-t)$ の 2 つの信号の加算と減算より求められる。**図 1.17** に結果を示す。

具体的な解き方は複数挙げられるが，以下に考え方の一例を述べる。

- 偶関数と奇関数の対称性により，計算は横軸の半分のみを行えばよい。

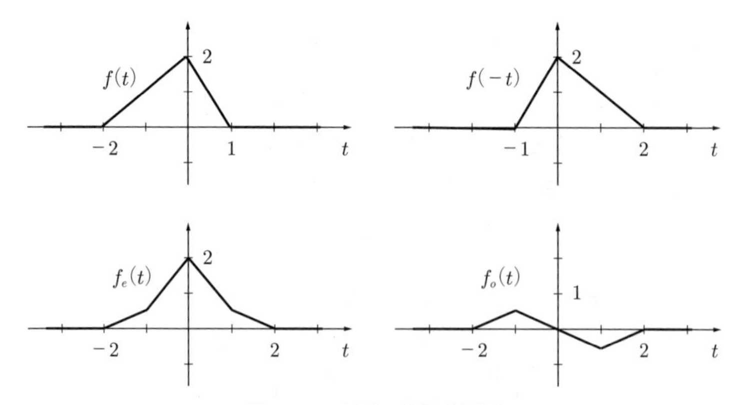

図 1.17　信号の奇偶分解例

- $t > 0$ の場合，$f(t)$ と $f(-t)$ はそれぞれ区分関数となるが，それぞれの区間が交差している。この場合，両方共通の区間別での計算が必要となる。
- $0 < t < 1$ の区間において，1 次関数と 1 次関数の加算・減算の結果も 1 次関数となるため，始点と終点のみを考えればよい。
- $1 < t < 2$ と $2 < t$ の 2 つの区間において，この例では $f(t) = 0$ なので，結果は $f(-t)$ もしくは $-f(-t)$ となるため，分けて考える必要がない。
- $t > 0$ の部分を完成すれば，$t < 0$ の部分は対称性によって作成できる。

以上の考えより，$f_e(t)$ と $f_o(t)$ をそれぞれ作成できるが，例えば $f_e(t)$ のみを作成して，$f_o(t)$ は $f(t) - f_e(t)$ で求めてもよい。最後の結果について，奇関数成分と偶関数成分のそれぞれの対称性，かつ加算結果は $f(t)$ であることは容易に確認できる。　◇

1.4.2　周期信号の特性

関数値が独立変数の一定の間隔ごとに繰り返す関数を**周期関数**（periodic function）と呼ぶ。また，この独立変数の間隔を**周期**（period）と呼ぶ。**図 1.18** のように，周期が T である周期信号 $f(t)$ では，式 (1.22) が成り立つ。時間 t の任意性によって，式 (1.22) を繰り返し適用すると，式 (1.23) が得られる。

$$f(t) = f(t + T) \tag{1.22}$$

$$f(t) = f(t + kT) \quad (k \in \mathbb{Z}) \tag{1.23}$$

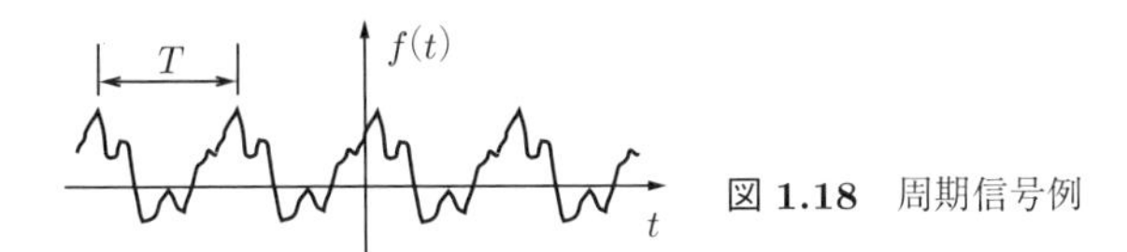

図 1.18　周期信号例

式 (1.23) は，周期信号の次の特性を示唆している。

1. 周期 T の周期信号は，$k \cdot T$ ($k \in \mathbb{Z}$, $k \neq 0$) も周期である。すなわち，時間間隔 T 毎に繰り返すものを，2 回の繰返しを 1 つにまとめ，時間間隔 $2T$ 毎に繰り返すものともいえる。また，数学的に式 (1.23) において k は整数であれば正負に関係なく成立する。用語のあいまいさを回避するため，周期関数の最小正周期を**基本周期**（fundamental period）と呼ぶ。

以下に，周期信号のほかの基本的な特性を紹介する。いずれも数式により容易に証明できるが，波形のイメージをもって理解しておきたい。

2. 直流信号は，任意周期の周期信号にみなすことができる。
3. 周期信号の時間微分，時間シフトや時間反転は，その周期に影響しない。
4. 周期信号 $f(t)$ の周期が T であれば，その時間伸縮 $g(t) = f(at)$ も周期信号であり，周期は $T/|a|$ $(a \neq 0)$ となる。
5. 2 つの周期信号 $x_1(t), x_2(t)$ の周期が同じ T であれば，その 2 項無記憶演算（加算または乗算）の結果 $y(t) = x_1(t) \circ x_2(t)$（$\circ$：加算または乗算）も周期 T の周期信号である。
6. 2 つの周期信号 $x_1(t), x_2(t)$ の周期がそれぞれ T_1, T_2 である場合，その 2 項無記憶演算の結果 $y(t) = x_1(t) \circ x_2(t)$ の周期性は以下となる。
   - $T_1/T_2 \notin \mathbb{Q}$ の場合，$y(t)$ は非周期信号である。
   - $T_1/T_2 \in \mathbb{Q}$ の場合，$y(t)$ は周期信号であり，周期 $T_o = \mathrm{LCM}(T_1, T_2)$ となる。

ここで $\mathbb{Q}$ は有理数集合，$\mathrm{LCM}(T_1, T_2)$ は T_1 と T_2 の**最小公倍数**（least common multiple）である。特性 6. は，特性 1. と特性 5. を合わせて適用するものである。例えば周期 0.3 の信号 A と周期 0.7 の信号 B を加算すれば，その結果は周期 2.1 の周期信号となる。ここの 2.1 は 0.3 と 0.7 の最小公倍数であるため，特性 1. によって，信号 A と信号 B の最小共通周期となる。一方，$T_1/T_2 \notin \mathbb{Q}$ の場合ではこのような「共通周期」が存在しないので，演算結果は周期信号にならない。

例題 1.6　信号 $x(t) = \sin(4\pi t) + \cos(3\pi t)$ の周期性を考察せよ。

【解答】　$\sin(t)$ と $\cos(t)$ は周期 2π であるため，特性 4. より，$\sin(4\pi t), \cos(3\pi t)$ はそれぞれ周期 $T_1 = 1/2$, $T_2 = 2/3$ の周期信号であることがわかる。また

$$\frac{T_1}{T_2} = \frac{1/2}{2/3} = \frac{3}{4}$$

は有理数であり，$x(t)$ も周期信号であると判断できる。さらに，3/4 は分子分母の整数がたがいに素（これ以上整数として約分できない）であるため，$T_o = 4T_1 = 3T_2 = 2$ は $x(t)$ の周期であると求められる。参考のため**図 1.19** にグラフを示す。

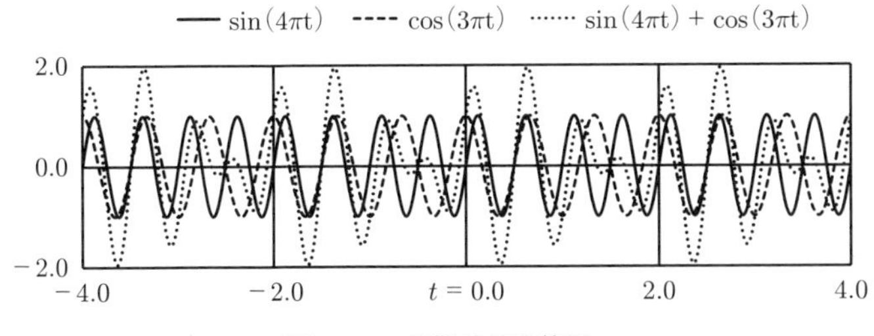

図 **1.19**　周期信号演算例

◇

最後に離散時間信号の周期性について考えよう。周期の条件は基本的に式 (1.22) となるが，DT 信号の独立変数が無名数の整数である制約に注意が必要である。ある CT 信号 $x(t)$ は周期 T の周期信号であっても，この信号を時間間隔 T_s でサンプリングした DT 信号 ${}_\mathrm{s}x[n]$ は，$T/T_s \notin \mathbb{Q}$ であれば周期信号にならない。$T/T_s \in \mathbb{Q}$ の場合，$\mathrm{LCM}(T, T_s)$ は T と T_s の最小公倍数であるため，周期信号特性 1. より $x(t) = x(t + \mathrm{LCM}(T, T_s))$ が成り立つ。よって，${}_\mathrm{s}x[n] = {}_\mathrm{s}x[n + \mathrm{LCM}(T, T_s)/T_s]$ が得られ，この場合 ${}_\mathrm{s}x[n]$ の周期は $\mathrm{LCM}(T, T_s)/T_s \in \mathbb{Z}$ であることがわかる。

1.5　特　殊　関　数

1.5.1　単位ステップ関数

単位ステップ関数（unit step function）は，式 (1.24) と図 **1.20** に示すように，物理世界で一瞬の「幕開け」や「スイッチ ON」をモデル化した数学ツールである。**ヘビサイド階段関数**（Heaviside step function）とも呼ばれ，関数記号とし $H(x)$ などより表す場合もあるが，本書は $u(\cdot)$ を採用する。

$$u(x) := \begin{cases} 1, & x > 0 \\ 0, & x < 0 \end{cases} \tag{1.24}$$

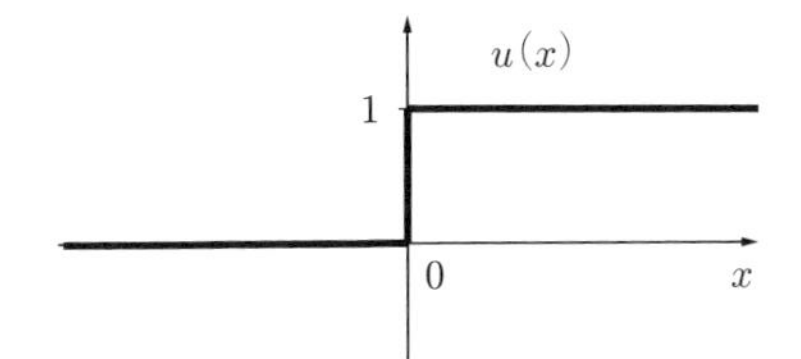

図 **1.20**　単位ステップ関数

式 (1.24) では，$u(0)$ の関数値が定義されていない。これを 0，1，または中間値の 1/2 と定義するなどあるが，実際にほとんどの応用場面では連続分布関数としてこの 1 点だけを除いても差支えがない。独立変数が離散の場合，$u[0]$ を 1/2 か 1 とするのもやはりケースバイケースである。本書はこの不連続点についての議論を避け，未定義とするが，中間値の 1/2 とイメージしてもよい。

なお，単位ステップ関数の「単位」とは，関数値の 1 を指し，規格化振幅の意味をもつため，物理単位のない無名数であると理解しておこう。具体的な物理量の挙動を表す場合では，この関数に掛ける係数に物理単位をもたせる。例えば 2〔A〕の電流が時刻 0 から流れ続けることを，$i(t) = 2u(t)$〔A〕と表現できる。

1.5.2　単位パルス関数

単位パルス関数（unit pulse function）は，式 (1.25) と**図 1.21** に示すように，波形としては，幅 1 高さ 1 の矩形が原点中心に横軸上に立っている形となり，物理世界での「期間限定イベント」をモデル化した規格化関数である。**矩形関数**（rectangle function）など多種の別名がある。

$$p(x) := \begin{cases} 1, & |x| < \dfrac{1}{2} \\ 0, & |x| > \dfrac{1}{2} \end{cases} \tag{1.25}$$

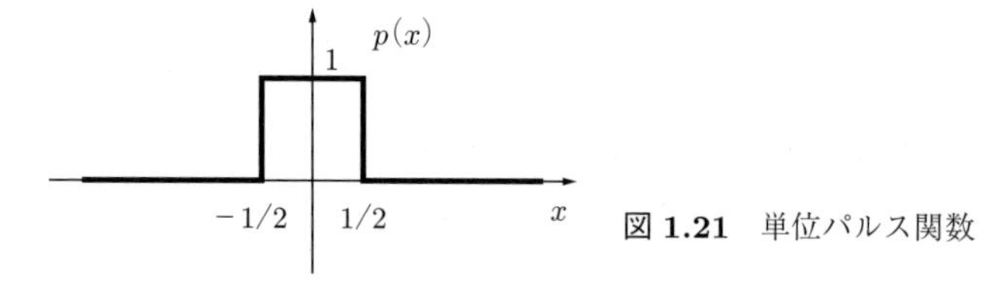

図 1.21　単位パルス関数

単位ステップ関数と同様，本書は関数値の不連続点において未定義としているが，$p(-1/2) = p(1/2) = 1/2$ と理解してもよい。単位ステップ関数との関係について，$p(x) = u(x + 1/2) - u(x - 1/2)$ が成り立つことは波形より理解できる。

単位パルス関数の振幅は 1 に規格化されていて，単位ステップ関数と同様に関数値は原則無名数である。加えてパルス幅も 1 に規格化されているため，応用上では注意を要する場合がある。例えば同じ $p(t)$ で表す単位パルス信号であっても，実際のパルス幅は，時間 t に用いる物理単位によって異なる。

1.5.3 δ　関　数

δ 関数（delta function）は，単位パルス関数の変形として，式 (1.26) で表すことができる。別種の δ 関数と区別するために，**ディラック**（Dirac）**のデルタ**とも呼ぶ。

$$\delta(x) = \lim_{a\to\infty} ap(ax) \tag{1.26}$$

幅 $1/|a|$ 高さ $|a|$ のパルスが原点中心に横軸の上に立っているものとイメージできるが，$a \to \infty$ の場合では幅が無限小，高さが無限大となるため，その「波形」を直接に示すことができない。ここで，a の値にかかわらず，このパルスの面積が 1 であることは δ 関数を定量化している。そのため，式 (1.27) より δ 関数を表現してもよい。**図 1.22** に示すように，δ 関数をグラフ化する場合，面積値を長さとした縦方向の矢印より表す。

$$\begin{cases} \delta(x) = \begin{cases} \infty, & x = 0 \\ 0, & x \neq 0 \end{cases} \\ \displaystyle\int_{-\infty}^{\infty} \delta(x)dx = 1 \end{cases} \tag{1.27}$$

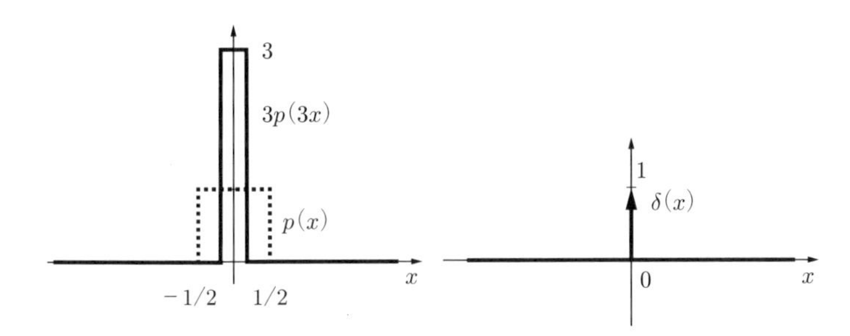

図 1.22　δ 関数のイメージとグラフ表記

関数値が不連続で，かつ不連続点での関数値が無限大となるため，数学上でも超関数と呼ばれるほど扱いにくい関数である。式 (1.27) のほか，δ 関数の定義として，数学上比較的に厳密的な式 (1.28)，または式 (1.29) が挙げられる。

$$\int_{-\varepsilon}^{\gamma} \delta(x)dx = 1 \quad (\forall\varepsilon,\ \gamma > 0) \tag{1.28}$$

$$\int_{-\infty}^{x} \delta(\xi)d\xi = u(x) = \begin{cases} 1, & x > 0 \\ 0, & x < 0 \end{cases} \tag{1.29}$$

式 (1.28) は，いかなる積分範囲であっても，$x = 0$ を含めていれば，積分結果は 1 であることを意味する。また，微分と積分の逆演算の関係より，式 (1.29) は，δ 関数と単位ステップ関数 $u(x)$ との関係式 (1.30) を暗示している。不連続点においての微分は，数学的に要注意箇所であるが，この 2 つの関数の関係をイメージするために問題がない。

$$\delta(x) = \frac{du(x)}{dx} \tag{1.30}$$

δ 関数は，物理世界での「単位物理量が 1 点に集中」をモデル化した規格化密度関数として，応用問題を簡略化する便利なツールである。ここの「密度関数」というのは，積分値が 1 と規格化されることからであり，物理単位の関係が以下となる。

$$\delta(x) \text{ の物理単位} = \frac{1}{x \text{ の物理単位}}$$

例えば，力学や電磁気学において，便利上，質点や点電荷の概念がしばしば使われているが，体積 0 の点に質量や電荷量をもたせることは人類の探知できる物理世界ではありえない。この場合，質量 m の質点，電荷量 q の点電荷の空間密度関数，空間電荷密度関数は，それぞれ $m\delta(\boldsymbol{r})$ と $q\delta(\boldsymbol{r})$ より表せる。ここで $\boldsymbol{r}$ は 3 次元空間独立変数であるので，$\delta(\boldsymbol{r})$ の単位は [長さ単位]$^{-3}$ となる。

独立変数が時間 t の場合，δ 関数は，その「一瞬に集中する」挙動を記述するため，**インパルス関数**（impulse function）とも呼ばれる。例えば，$t = 0$ での打撃によって，質量 m の静止ボールが速度 v で飛び出す場合，このボールに与えた力は $F(t) = mv\delta(t)$ より表せる。もちろん，静止状態から速度 v に達するまで，短くても時間が掛かるはずである。サッカー試合の観客から見れば 1 蹴りが「一瞬」として便利であるが，ボールの変形を研究するならばそれは「一瞬」と片付けられない。すなわち，インパルスを与える「一瞬」とは，興味のある事象は変化しないとみなせる十分短い時間間隔であること，理解しておきたい。

δ 関数は積分で定量化されていることに着目し，積分演算をリーマン和に読み替えれば，この「一瞬」は積分記号中の dt であると理解してよい。これによって，$\delta(t)$ の便利形として式 (1.31) が考えられる。

$$\delta(x) = \begin{cases} \dfrac{1}{|dx|}, & |x| < \left|\dfrac{dx}{2}\right| \\ 0, & |x| > \left|\dfrac{dx}{2}\right| \end{cases} \tag{1.31}$$

式 (1.31) を用いれば，以下に紹介する δ 関数の諸特性をより容易に理解できる。ただし，この式を横軸変形の場合に適用できるのは，独立変数の 1 次関数の変形に限る。

1. 時間反転対称　$\delta(t) = \delta(-t)$，$\delta(t-b) = \delta(b-t)$

   この対称性より，δ 関数を偶関数と解釈しても差し支えないが，そもそも δ 関数の「波形」はナンセンスである。例えば，1.5.2 項の $p(x)$ は図 1.21 より有限幅 b で横軸シフトされ，式 (1.26) は $\delta(x) = \lim_{a\to\infty} ap(ax+b)$ となるが，そのすべての特性が変わらない。

2. 時間伸縮　$\delta(at) = \delta(t)/|a|$　$(a \neq 0)$

   この関係式は，式 (1.26) に示す「波形」のイメージ，もしくは式 (1.31) より確認できる。$\delta(at)$ は，原点中心に $\delta(t)$ を横軸 a 倍縮めたものであるが，もともと 1 点の「幅」の伸縮は想像しにくい。ただし，$\delta(t)$ の高さが変わらない限り，積分面積は $1/|a|$ まで小さくなる。この「面積」が δ 関数の定量基準となっているため，原点であった足場の位置が変わらないが，高さ $1/|a|$ の変化に相当する。

3. 物差し特性

   δ 関数の定義として，数学上比較的に厳密な表現を式 (1.32) に示す。

$$\int_{-\infty}^{\infty} f(x)\delta(x-a)dx = f(a) \tag{1.32}$$

   ここで $f(x)$ は，$x = a$ において関数値が連続な任意関数であり，興味のある事象と理解しておこう。**図 1.23** に示すように，$x = a$ を除いて $\delta(x-a) = 0$

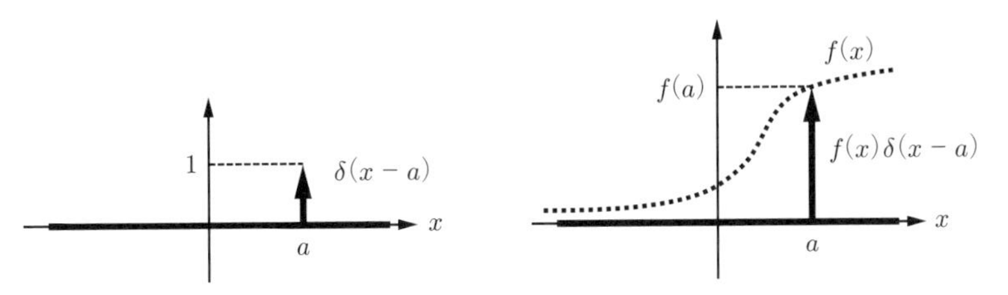

図 1.23　δ 関数の物差し特性イメージ

なので，$f(x)$ の関数値によらず $f(x)\delta(x-a)=0$ となる。$x=a$ において，$f(x)\delta(x-a)$ は，$\delta(x-a)$ の高さを $f(a)$ 倍増幅するものとなるため，$f(x)\delta(x-a)=f(a)\delta(x-a)$ と理解できる。これを積分した結果，$x=a$ での $f(x)$ の関数値 $f(a)$ となるため，δ 関数は，式 (1.32) の計算によって，あたかも立っている位置での $f(x)$ の関数値を測る物差しである。

δ 関数は密度関数であり，$f(x)$ の物理単位と $f(x)\delta(x-a)$ の物理単位が異なるため，本来はこの 2 つの関数を同じ縦軸の座標系に描くことができない。図 1.23 は数値的なイメージにすぎない。

4. 素粒子関数特性

特性 1. を適用し，式 (1.32) は式 (1.33) に書き換えられる。

$$x(t)=\int_{-\infty}^{\infty}x(\tau)\delta(t-\tau)d\tau \tag{1.33}$$

リーマン和を用いれば，次式に書き換えられる。

$$x(t)=\sum_{k=-\infty}^{\infty}x(k\cdot d\tau)d\tau\cdot\delta(t-k\cdot d\tau) \tag{1.33$'$}$$

すなわち，信号 $x(t)$ は，横幅 $d\tau$ で細かく刻まれた個々の短冊それぞれ，前後に関数値 0 で拡張した δ 関数の線形結合より表せる。δ 関数は，任意の信号を作り出せる素粒子関数である。**図 1.24** にこのイメージを示す。

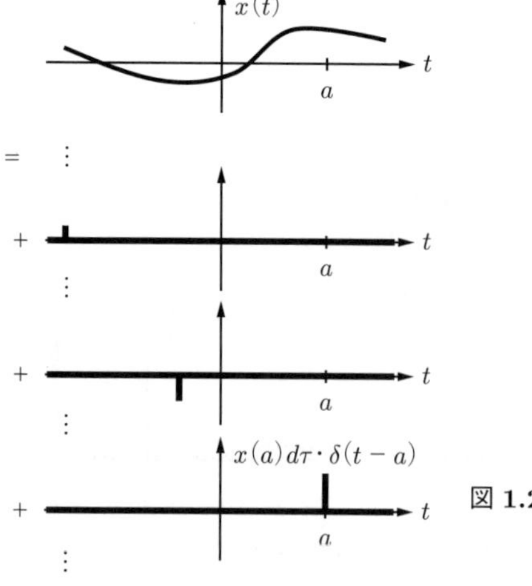

図 1.24　任意信号の δ 関数分解

1.5.4 インパルス列

インパルス列（impulse train）は，文字どおりインパルス関数（δ 関数）が並んでいる関数となり，式 (1.34) と**図 1.25** に示す。これより，インパルス列 $\delta_T(t)$ は，周期 T の δ 関数であることがわかる。

$$\delta_T(t) := \sum_{k=-\infty}^{\infty} \delta(t - kT) \tag{1.34}$$

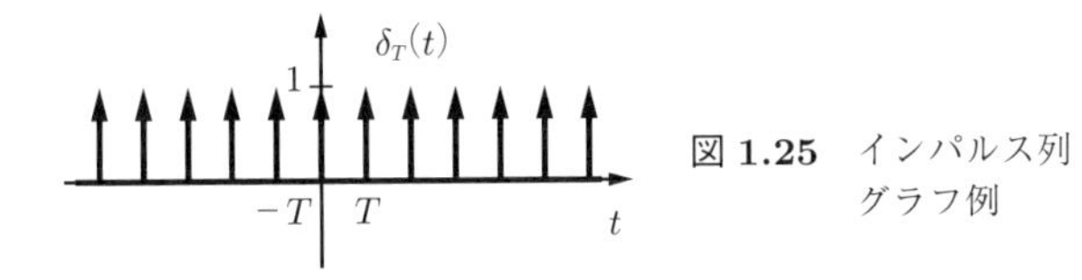

図 1.25 インパルス列グラフ例

図 1.26 に示すように，興味のある信号 $x(t)$ と $\delta_T(t)$ との乗算結果は，$x(t)$ を間隔 T でサンプリングした DT 信号 $x[n]$ と似ていて，式 (1.35) が成り立つ。

$$x(t)\delta_T(t) = \sum_{n=-\infty}^{\infty} x(nT)\delta(t - nT) = \sum_{n=-\infty}^{\infty} {}_{\mathrm{s}}x[n]\delta(t - nT) = {}^{\mathrm{ir}}_{\mathrm{s}}x(t) \tag{1.35}$$

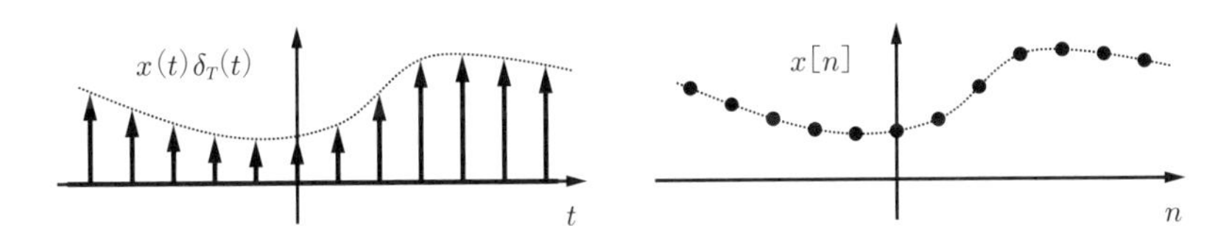

図 1.26 インパルス再建 CT 信号と DT 信号の関係

ここで，${}^{\mathrm{ir}}_{\mathrm{s}}x(t)$ は，${}_{\mathrm{s}}x[n]$ の左上に ir を付け，DT 信号の**インパルス再建**（impulse reconstruction）によって連続時間領域に変換した CT 信号を示す。応用上ではしばしば $x(t)$ の **PAM**（pulse amplitude modulation）**信号**と呼ぶこともあるが，インパルスと矩形パルスのあいまいさがあるため本書は採用しない。

DT 信号とインパルス再建 CT 信号とは，式 (1.36) に示す関係が成り立つ。

$$\int_{t \in D} {}^{\mathrm{ir}}_{\mathrm{s}}x(t)dt = \sum_{n\ (nT \in D)} {}_{\mathrm{s}}x[n] \tag{1.36}$$

ここで D は，任意の時間区間である。さらに，任意の連続信号 $f(t)$ に対し

$$\int_{t\in D} {}^{\mathrm{ir}}_{\mathrm{s}}x(t)\cdot f(t)dt = \sum_{n\ (nT\in D)} {}_{\mathrm{s}}x[n]\cdot f(nT) \tag{1.36$'$}$$

が成り立つ。これは，信号解析する際に重要な特性である。このことから，インパルス列は，**サンプリング関数**（sampling function）とも呼ばれ，離散時間信号を連続時間信号に対応させる架け橋の役割を担う。

1.5.5 離散時間 δ 関数

一般的な CT 信号と DT 信号との関係は ${}_{\mathrm{s}}x[k] = x(kT_s)$ より示される。このまま δ 関数に適用すると離散時間 δ 関数は $\delta[0] = \infty$ になる。CT 信号の積分は DT 信号の総和に相当することに基づき，さらに前述した連続時間 δ 関数の役割を考えると，離散時間 δ 関数は次式に定義されることが理解しやすい。

$$\delta[k] := \begin{cases} 1, & k = 0 \\ 0, & k \neq 0 \end{cases} \tag{1.37}$$

連続時間 δ 関数の「規格化面積」の概念を「規格化関数値」に置き換え，$\delta[k]$ の物理単位は無名数になることもわかる。

そのほか，物理学分野では 2 つの状態の合否を示す**クロネッカーのデルタ**（Kronecker delta）$\delta_{m,n}$ があり，離散時間 δ 関数のコンセプトに類似している。

$$\delta[m-n] = \delta_{m,n} = \begin{cases} 1, & m = n \\ 0, & m \neq n \end{cases}$$

1.6 正　弦　波

正弦波（sinusoidal wave）は，三角関数中の**正弦関数**（sine function）または**余弦関数**（cosine function）を指す。正弦関数と余弦関数はいずれもユークリッド幾何学上の直角三角形の辺長の比で定義されているため，関数値の単位は無名数，独立変数の単位は角度単位である。なお，本書では角度単位として弧度〔rad〕を用

いる。角度の単位は長さや重さなどと異なり，比例関係に属するため，**無次元単位**（dimensionless unit）となる。

正弦波は δ 関数と並んで，信号処理における非常に重要な要素関数である。δ 関数は「信号」を直観的に分解できる素粒子関数と言えば，正弦波は，信号の「処理」を解析できる成分関数と言える。正弦波は物理世界での振動，交流電圧や電流，光・電波や音波の波動などを表す便利な数学モデルとしてよく知られているが，信号処理の観点で正弦波の特性を把握すれば，なぜこれらの分野での理論基礎は正弦波に絞って議論するか，理解しやすくなる。

1.6.1 基　本　特　性

正弦関数と余弦関数とは，たがいに横軸シフトしたものどうしなので本質的に変わらない。信号処理の分野では，正弦波として余弦関数を用いると都合がよい。式 (1.38) と図 **1.27** に，便利上独立変数を時間 t とする場合での一般形を示す。

$$s(t; A, \omega, \theta) = A\cos(\omega t + \theta) \tag{1.38}$$

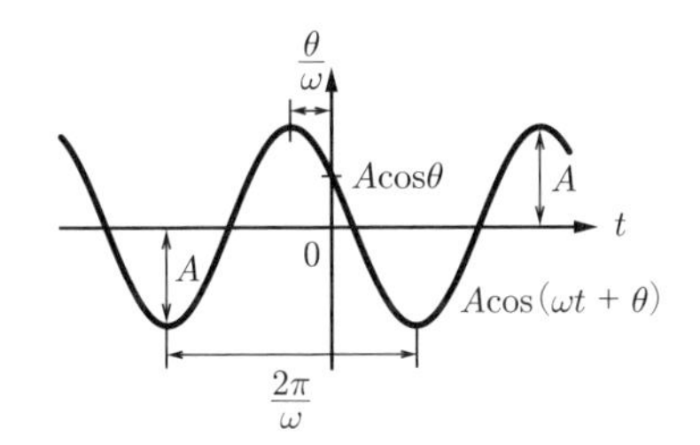

図 **1.27**　正弦波信号例

ここで，A，ω，θ はそれぞれ，**振幅**（amplitude），**角周波数**（angular frequency），**初期位相**（initial phase）であり，具体的な正弦波を一意的に決めるパラメータである。右辺より，これらのパラメータは，時間 t とともに数学的にいずれも変数として扱うことができるが，時間信号を議論するために，便利上独立変数の時間 t と区別して表記する。すなわち，時間 t を独立変数とする正弦波信号は沢山あり，この 3 つのパラメータによってその中の 1 つが特定される。

〔1〕 振　　幅　余弦関数の関数値が無名数なので，信号値の物理単位はこの振幅 A がもつ。また，振幅は物理的な意味で一般的に 0 以上の数値をもつ物理量

であるが，式 (1.38) に示す一般信号の係数は負の場合もある。余弦関数の特性である $-\cos(x) = \cos(x+\pi)$ により，負の振幅が初期位相 π の変化に読み替えられるため，A の値に制限しなくても差し支えない。例えば $x(t) = -3$ の直流信号でも，振幅 3，角周波数 0，初期位相 π の正弦波と解釈できる。

〔**2**〕 **初期位相**　　余弦関数の引数全体 $(\omega t + \theta)$ を**位相**（phase）と呼ぶ場合が多い。初期とは $t = 0$ の意味なので，$(\omega t + \theta)$ の初期値は θ である。本書では，誤解のない範囲内で，便利上この初期位相を位相と略称することがある。なお，余弦関数の性質上，位相の物理単位は角度単位の〔rad〕（ラジアン）とする。

〔**3**〕 **角周波数**　　角周波数の物理単位は〔角度単位〕/〔時間単位〕となり，**角速度**（angular velocity）とも呼ばれる。これは，**図 1.28** に示すように，式 (1.38) は，長さ A，初期角度 θ のベクトルが角速度 ω で反時計回り回転する場合での横軸座標の経時変化に等しいためである。なお，角周波数の代わりに，**周波数**（frequency）$f = \omega/(2\pi)$ を正弦波のパラメータとする場合も多いが，本書は数式の便利上おもに ω を利用するので，誤解のない範囲内で角周波数を周波数と呼ぶことがある。

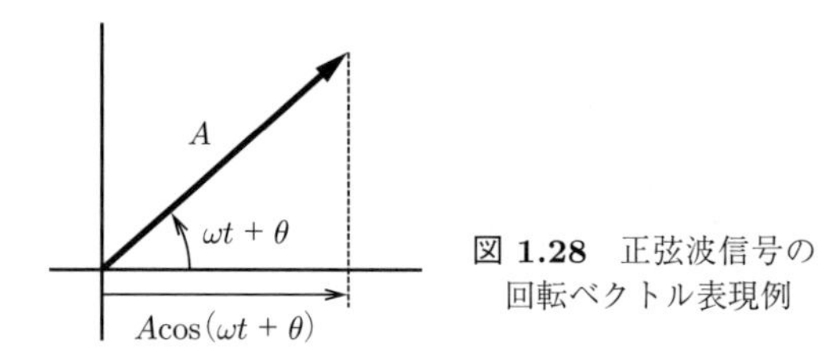

図 1.28　正弦波信号の回転ベクトル表現例

以下に，正弦波信号の基本特性を述べる。

1. 正弦波信号は周期信号であり，周期は $T = 2\pi/\omega$ である。
2. 正弦波信号の時間シフトは周波数と振幅に影響せず，初期位相のみ変化する。時間 b の前進は，初期位相 ωb の増加に相当する。

$$
\begin{aligned}
s(t+b; A, \omega, \theta) &= A\cos(\omega(t+b)+\theta) = A\cos(\omega t + (\theta + \omega b)) \\
&= s(t; A, \omega, \theta + \omega b)
\end{aligned}
$$

3. 正弦波信号の時間反転は振幅と初期位相に影響せず，周波数の符号反転に相当する。

$$s(-t; A, \omega, \theta) = A\cos(-\omega t + \theta) = s(t; A, -\omega, \theta)$$

ここで,「負の周波数」について直観的に理解しにくいが，信号処理の理論において非常に重要な概念である。式 (1.38) で定義された正弦波信号では，時間反転は振幅と周波数に影響せず，初期位相の符号反転に相当するとも言える。

$$s(-t; A, \omega, \theta) = A\cos(-\omega t + \theta) = A\cos(\omega t - \theta) = s(t; A, \omega, -\theta)$$

ただし，この見方は，余弦関数の偶関数特性によるもので，正弦関数に対しては成立しないことを留意しよう。

4. 正弦波信号の時間伸縮は振幅と初期位相に影響せず，角周波数のみ変化する。横軸 a $(a > 0)$ 倍に縮めることは，角周波数が a 倍高くなることに相当する。

$$\begin{aligned} s(at; A, \omega, \theta) &= A\cos(\omega(at) + \theta) = A\cos((a\omega)t + \theta) \\ &= s(t; A, a\omega, \theta) \end{aligned}$$

5. 2 つの正弦波信号を加算する場合，2 つの信号の周波数が同じであれば加算結果も同周波数の正弦波信号となり，その振幅と初期位相は，**図 1.29** に示すベクトル合成の結果になる。また，2 つの周波数が異なる正弦波信号の加算結果は 1 つの正弦波信号として表せない。

$$s(t; A_1, \omega, \theta_1) + s(t; A_2, \omega, \theta_2) = s(t; A_3, \omega, \theta_3)$$

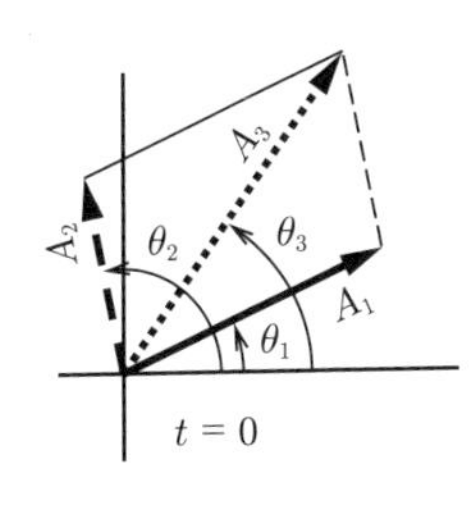

(a)　ベクトル合成

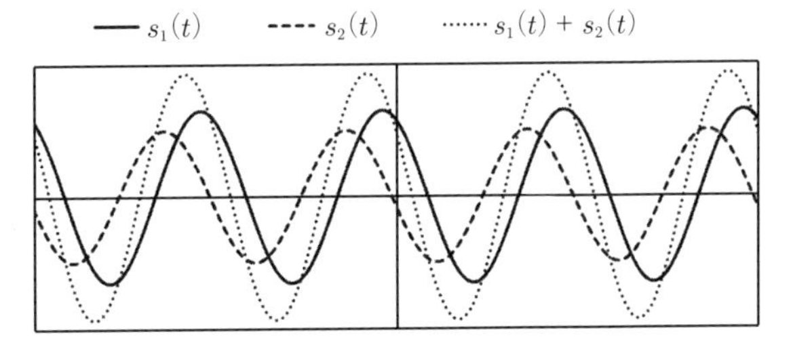

(b)　正弦波信号

図 1.29　ベクトル合成による正弦波加算の表現例

図 (a) では，$t = 0$ の初期状態しか示されていないが，2 つの正弦波の周波数が同じであれば，この 3 つのベクトルの相対位置関係が保たれたまま，同じ角速度で回転するため，合成結果は同周波数の正弦波であり，その振幅と初期位相は図示のようになる。一方，2 つの正弦波の周波数が異なる場合，ベクトル合成の考え方に問題ないが，2 つのベクトルの回転速度が異なるため，相対位置関係が時間によって変化する。図 1.19 の波形例（例題 1.6）に示すように，加算結果は周期関数になる場合があるものの，1 つの正弦波にならない。

同周波数の 2 つの正弦波の加算結果は，図 1.29(a) ベクトル合成より，次のように算出できる。この結果，三角関数の加法定理や積和公式なども導出できる。

$$A_1 \cos(\omega t + \theta_1) + A_2 \cos(\omega t + \theta_2) = A_3 \cos(\omega t + \theta_3)$$

$$A_3 = \sqrt{(A_1 \cos\theta_1 + A_2 \cos\theta_2)^2 + (A_1 \sin\theta_1 + A_2 \sin\theta_2)^2}$$

$$\tan\theta_3 = \frac{A_1 \sin\theta_1 + A_2 \sin\theta_2}{A_1 \cos\theta_1 + A_2 \cos\theta_2}$$

1.6.2 複素正弦波

横軸座標を実部，縦軸座標を虚部とすれば，2 次元平面上のベクトルは 1 つの複素数より表せる。図 1.28 に示すベクトルは，$A\cos(\omega t + \theta) + jA\sin(\omega t + \theta)$ となり，これを**複素正弦波**（complex sinusoidal wave）と呼ぶ。さらに，式 (1.39) に示すオイラーの式を適用し，複素正弦波の一般形である式 (1.40) が得られる。

$$e^{jx} = \cos x + j\sin x \tag{1.39}$$

$$\dot{s}(t; \dot{A}, \omega) = Ae^{j(\omega t + \theta)} = Ae^{j\theta}e^{j\omega t} = \dot{A}e^{j\omega t} \tag{1.40}$$

ここで $\dot{A} = Ae^{j\theta}$ は，振幅と初期位相の 2 つのパラメータをまとめた，時間に関係ない複素数であり，**複素振幅**（complex amplitude）または**フェーザ**（phasor）と呼ぶ。$e^{j\omega t}$ は，物理単位が無名数で，大きさ 1 の複素数であり，時間変化によって複素平面上に角速度 ω で半径 1 の単位円を描き，**回転子**（rotator）と呼ぶ。

式 (1.38) の実数形正弦波 $\mathrm{s}(t; A, \omega, \theta) = \mathrm{Re}[\dot{s}(t; \dot{A}, \omega)]$ はこの複素正弦波の実部である。図 1.28 と図 1.29(a) に示すベクトル表現は，横軸を実部，縦軸を虚部にすると，複素平面上における複素正弦波の表現となる。すなわち，同周波数の正弦波の加算は，2 つのベクトル合成の代わりに 2 つの複素数の加算に置き換えられる。

複素正弦波は，時間に依存しない複素振幅と時間関数回転子を分離した形で示され，同じ周波数であれば，すべての複素正弦波の回転子が同じ時間関数形となるため，次の性質をもっている。

1. 同周波数の複素正弦波の線形結合は，複素振幅の線形結合に同等する。

さらに，回転子は時間の指数関数形であるため，次の優れた性質をもっている。

2. 複素正弦波の時間シフトや微分は，定数倍増幅として扱える。

これらは，それぞれ以下の 2 式より確認できる。

$$\dot{s}(t+b;\dot{A},\omega) = \dot{A}e^{j\omega(t+b)} = e^{j\omega b}\dot{A}e^{j\omega t} = e^{j\omega b}\cdot\dot{s}(t;\dot{A},\omega) \tag{1.41}$$

$$\frac{d}{dt}\dot{s}(t;\dot{A},\omega) = \dot{A}\frac{d}{dt}e^{j\omega t} = j\omega\dot{A}e^{j\omega t} = j\omega\cdot\dot{s}(t;\dot{A},\omega) \tag{1.42}$$

ここで係数 $e^{j\omega b}$ と $j\omega$ はいずれも複素数であるが，時間 t に依存しない。

この性質のため，複素正弦波の概念を導入することで，信号の「処理」を体系的に解析できるようになった。以下に物理問題をより便利に解く例を示す。

例題 1.7　**図 1.30** に示す回路において，回路理論より以下の微分方程式が立てられる。

$$v_S(t) = v_R(t) + \frac{L}{R}\cdot\frac{d}{dt}v_R(t) \tag{1.43}$$

ここで，$v_S(t) = A\cos(\omega t+\theta)$ とした場合，$v_R(t)$ の正弦波定常解を求めよ。

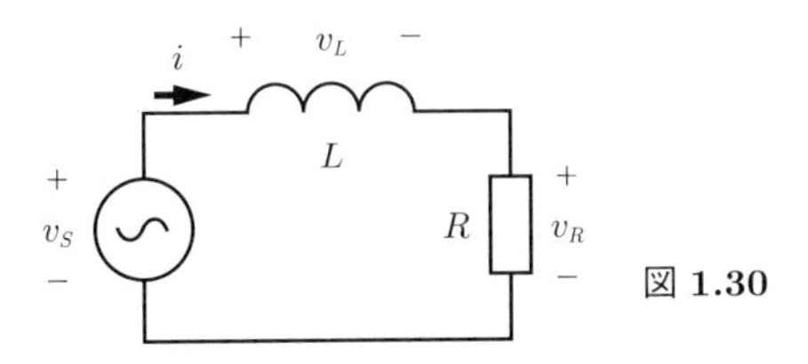

図 1.30

【解答 ①】　—実数形正弦波を用いた場合—

まず，$v_R(t) = X\cos(\omega t+Y)$ として式 (1.43) に代入し，右辺は以下となる。

$$\begin{aligned}&X\cos(\omega t+Y) + \frac{L}{R}\cdot\frac{d}{dt}\{X\cos(\omega t+Y)\}\\&= \frac{X}{R}\{R\cos(\omega t+Y) - \omega L\sin(\omega t+Y)\}\end{aligned}$$

$$= X\frac{\sqrt{R^2+(\omega L)^2}}{R}\left\{\frac{R}{\sqrt{R^2+(\omega L)^2}}\cos(\omega t+Y)-\frac{\omega L}{\sqrt{R^2+(\omega L)^2}}\sin(\omega t+Y)\right\}$$

ここで，$\{\}$ 内を $\cos(\alpha+\beta)=\cos\alpha\cos\beta-\sin\alpha\sin\beta$ となるように合わせた。このようにすれば，$\cos\alpha=\dfrac{R}{\sqrt{R^2+(\omega L)^2}}$，$\sin\alpha=\dfrac{\omega L}{\sqrt{R^2+(\omega L)^2}}$ が $\cos^2\alpha+\sin^2\alpha=1$ を満たし，$\tan\alpha=\dfrac{\omega L}{R}$ となる。したがって，右辺は以下のように表せる。

$$X\frac{\sqrt{R^2+(\omega L)^2}}{R}\cos\left(\omega t+Y+\tan^{-1}\frac{\omega L}{R}\right)$$

この合成正弦波は式 (1.43) 左辺の $v_S(t)=A\cos(\omega t+\theta)$ と等しいため，両者の振幅と初期位相がそれぞれ一致しなければならない。すなわち

$$A=X\frac{\sqrt{R^2+(\omega L)^2}}{R},\quad \theta=Y+\tan^{-1}\frac{\omega L}{R}$$

より，$v_R(t)$ の振幅 X と初期位相 Y がそれぞれ求められる。

$$v_R(t)=\frac{R}{\sqrt{R^2+(\omega L)^2}}A\cos\left(\omega t+\theta-\tan^{-1}\frac{\omega L}{R}\right)$$

【解答 ②】 —複素正弦波を利用した場合—

$v_S(t)$ と $v_R(t)$ を複素数領域に拡張し，$\dot{V}_Se^{j\omega t}$ と $\dot{V}_Re^{j\omega t}$ とし，式 (1.43) に代入すると

$$\dot{V}_Se^{j\omega t}=\dot{V}_Re^{j\omega t}+\frac{j\omega L}{R}\dot{V}_Re^{j\omega t}$$

が得られ，複素振幅 $\dot{V}_R=\dfrac{R}{R+j\omega L}\dot{V}_S$ がわかる。複素係数 $\dfrac{R}{R+j\omega L}$ の大きさと偏角は

$$\left|\frac{R}{R+j\omega L}\right|=\frac{R}{\sqrt{R^2+(\omega L)^2}},\quad \arg\left(\frac{R}{R+j\omega L}\right)=-\tan^{-1}\frac{\omega L}{R}$$

となるので，さらに $\dot{V}_S=Ae^{j\theta}$ より

$$\dot{V}_R=\frac{R}{\sqrt{R^2+(\omega L)^2}}Ae^{j\left(\theta-\tan^{-1}\frac{\omega L}{R}\right)}$$

がわかる。$\dot{V}_Re^{j\omega t}$ の実部は解答 ① と同様な結果になる。　◇

例題 1.7 の解答 ① の三角関数の合わせ技を解答 ② の複素係数の計算に置き換える便利さは，複雑な問題でこそ顕著となる。このように，実数値の物理問題を複素数領域に拡張し，複素数領域にて計算した結果を実数値問題の解に反映する手法

は，複素正弦波の優れた性質を利用できるので，信号処理のみならず幅広い分野にて活用されている。ただし，この手法を利用できるのは，物理問題が線形モデルである制限条件がある。例えば 2 つの正弦波を乗算する場合，実数形を用いると $\cos(at)\cdot\cos(bt)=\dfrac{1}{2}\cos(a+b)t+\dfrac{1}{2}\cos(a-b)t$ になり，和周波数信号と差周波数信号の 2 種類が現れるが，複素数形 $e^{jat}e^{jbt}=e^{j(a+b)t}$ には和周波数信号しかない。

また，複素正弦波信号の周期性と時間軸伸縮については，1.6.1 項にて述べた実数形正弦波の特性 1. と 4. にそれぞれ相当するが，時間反転については慎重に扱う必要がある。実数形正弦波の場合に

$$s(-t;A,\omega,\theta)=A\cos(-\omega t+\theta)=A\cos(\omega t-\theta)=s(t;A,\omega,-\theta)$$

が成り立つが，この 2 つの正弦波をそれぞれ複素領域に拡張すると同じものにならない。

$$\dot{s}(-t;Ae^{j\theta},\omega)=Ae^{j\theta}e^{j\omega(-t)}\neq Ae^{j(-\theta)}e^{j\omega t}=\dot{s}(t;Ae^{j(-\theta)},\omega)$$

これは，この 2 つの複素正弦波の虚部が異なるためである。複素正弦波の時間反転は，式 (1.44) に示すように，回転子の逆回転に相当することがわかる。

$$\dot{s}(-t;\dot{A},\omega)=\dot{A}e^{-j\omega t}=\dot{s}(t;\dot{A},-\omega) \tag{1.44}$$

例題 1.7 の解答 ② のように，実数形の問題を複素領域に拡張解釈するだけでも，しばしば有効であるが，信号処理の議論をもう少し深めるために，複素正弦波のメリットをいかしながら，これらの「落とし穴」を回避したい。その解決策は，「逆回転」に相当する「負の周波数」の概念を導入することにある。

オイラーの式を以下のように変形する。

$$\cos x=\frac{e^{jx}+e^{-jx}}{2},\quad \sin x=\frac{e^{jx}-e^{-jx}}{2j} \tag{1.45}$$

これより，式 (1.46) のように，実数形正弦波を複素正弦波の合成で表せる。

$$\begin{aligned} s(t;A,\omega,\theta)=A\cos(\omega t+\theta)&=\frac{Ae^{j\theta}e^{j\omega t}+Ae^{-j\theta}e^{-j\omega t}}{2}\\ &=\frac{\dot{s}(t;\dot{A},\omega)+\dot{s}(t;\dot{A}^*,-\omega)}{2} \end{aligned} \tag{1.46}$$

ここで，$\dot{A}^*$ は $\dot{A}$ の複素共役である。

章末問題

【1】 単位ステップ関数 $u(x)$ のランニング積分をランプ（ramp）関数や ReLU 関数と呼び，$R(x) = \int_{-\infty}^{x} u(\tau)d\tau$ と表せる。

(1) $R(x)$ を区分関数形式の数式より示せ。

(2) $f(x) = u(6-x) \cdot [R(x) - R(3x-6) + 3R(x-4)]$ のグラフを描け。

(3) $f(x)$ の微分関数とランニング積分関数のそれぞれのグラフを描け。

【2】 次に示す関数 $f(x)$ の奇関数成分と偶関数成分をそれぞれ図示せよ。$f(x) = p\left(\frac{x}{2}\right)(x+1) + 2p(x-1.5)$，ここで $p(x)$ は単位パルス関数とする。

【3】 複素数値信号 $x(t) = 2e^{j(3t+1)}$ とする。

(1) $x(t)$ の奇関数と偶関数成分をそれぞれ実部と虚部に分けて示せ。

(2) $x(5t-1)$ の複素正弦波表現式を示し，角周波数と初期位相を示せ。

(3) $x(t)$ の基本周期を示せ。

(4) 基本周期が 1/6 となる周期信号の 1 つの例を，$x(\cdot)$ 関数表記より示せ。

(5) $x(t)$ をサンプリングレート f_s より離散化した ${}_{\mathrm{s}}x[n]$ を指数関数に表し，${}_{\mathrm{s}}x[n]$ が周期関数となるための f_s の条件を示せ。

【4】 確率変数 x は連続の場合，その確率は確率密度関数 PDF(x) より示され，$x \in [a,b]$ の確率は $\int_a^b \mathrm{PDF}(x)dx$ となる。物理的意味によって，$\mathrm{PDF}(x) \geq 0$，かつ $\int_{-\infty}^{\infty} \mathrm{PDF}(x)dx = 1$ は PDF の特性である。例えば $x \in [0,1]$ の一様分布の乱数は $\mathrm{PDF}(x) = p(x-0.5)$ となり，確実に $x=2$ の場合は $\mathrm{PDF}(x) = \delta(x-2)$ と表せる。δ 関数と単位パルス関数 $p(x)$ を用いて，次の裏表を当てる公平のコイン投げゲーム得点の PDF 表現式とグラフを示せ。

ルール：当たったら 1〜3 の一様分布乱数を加点，外れると 2 点減点。

【5】 次の微分方程式を満たす信号 $x(t)$ の正弦波定常解を求めよ。

$$5\cos(2t-1) = \frac{d^2}{dt^2}x(t) + 4\frac{d}{dt}x(t) + 10x(t)$$

第 2 章

システムの概念と基本特性

システム（system）は多岐にわたる分野領域に使われ，具体的な解釈もさまざまあるなか，「影響しあう諸要素とそれらの関係」は共通的な意味合いと言える。信号処理の分野では，**入力**（input）信号を**出力**（output）信号に対応させる**伝達システム**（transfer system）を議論する。一般的に，システムとはある信号とある信号との影響しあうメカニズムの意味をもち，物理的な実体の有無に限らなければ，入力信号と出力信号の分け方も見方次第で，論理的な因果関係に制限されない。本章では，システムの表現を紹介し，信号処理の基礎的な理論や基盤を築くシステムの特性，線形時不変特性を説明する。

2.1 システムの表現

システムの入力と出力との対応は，関数と類似しているが，扱う入出力は変数ではなく，信号である。すなわち，システムは，「関数の関数」という意味をもち，数学上の**汎関数**（functional）に該当する。なお，信号処理分野で扱うシステムとしては，次のように限定される場合が多い。

- 入力信号が 1 つだけある
- 入力信号と出力信号は，同じ物理量の独立変数をもつ
- 1 つの入力信号に，1 つだけの出力信号が対応する

入出力対応関係の一意性の制限は，逆方向に必須としない。すなわち，入力信号が異なっても同じ出力信号が得られることは可能である。また，入出力信号の信号値の物理量は必ずしも同じである必要もない。さらに，システムの本質は信号と信号との対応関係であり，必ずしも物理的な入口・出口を揃える実体である必要はない。例えば，画像処理の分野では処理前後の画像を入出力信号として扱い，電磁気学の電荷密度分布関数とこれらの電荷による発生する静電場の空間分布をそれぞれ入出力信号とみなすこともできる。

本書は，おもに入出力信号の独立変数が時間である時間信号の伝達システムを紹

介する。式 (2.1) と**図 2.1** にその一般表記を示す。

$$y(t) = S\{x(t)\}(t) \tag{2.1}$$

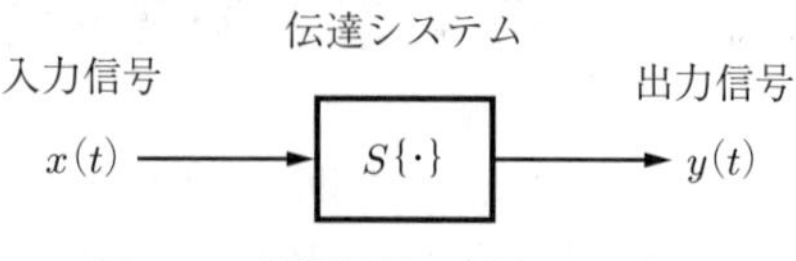

図 2.1　時間信号の伝達システム

図 2.1 に示す流れでは，入力信号 $x(t)$ と出力信号 $y(t)$ を，それぞれ**励起**（excitation）と**応答**（response）と呼ぶこともある。システムの役割は，入力信号に対して**操作**（operation）を施し，別の信号を出力させることになり，この操作は，図 1.8 に示した「演算」と同等である。システム操作を表す $S\{\cdot\}$ を**作用素**（operator）と呼ぶ。なお，式 (2.1) 右辺 $S\{\cdot\}(t)$ の t は，出力信号の独立変数であり，特に，ほとんどのシステムの操作は無記憶演算ではないので，入力信号 $x(t)$ の独立変数 t と混同しないよう留意しよう。式 (2.1) の表記方式は，特に入出力信号の時間変形が異なる場合に区別しやすいが，誤解のない場合，$y(t) = S\{x(t)\}$ と記すこともある。

具体的なシステムを表すためには，おもに入出力信号の関係式，または**ブロック線図**（block diagram）を用いる。式 (2.2) と**図 2.2** に一例を示す。

$$y(t) = 3\frac{d}{dt}x(t) - \sin(2t)x(t) \tag{2.2}$$

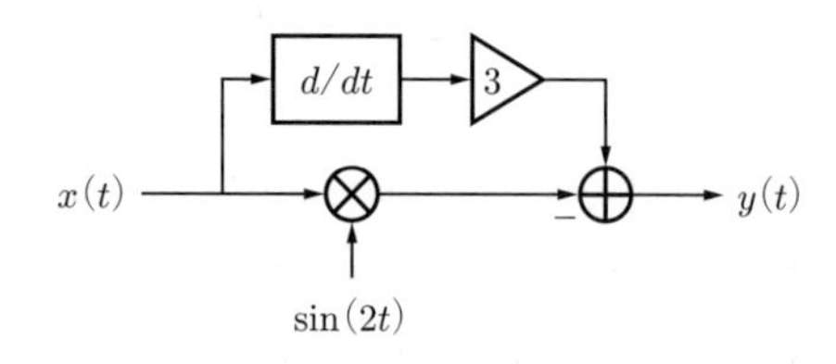

図 2.2　システムのブロック線図例

この例において，式 (2.2) では出力信号が左辺に 1 つだけあり，入力信号に対するシステムの操作のプロセスが比較的に明瞭で，特に図 2.2 のブロック線図では操作の流れが直観的にわかりやすい。しかし実際応用問題の入出力関係において，出力信号は，入力信号に対する操作によって直接に表せない場合がある。例えば，例題

1.7 の回路において，電源電圧 $v_S(t)$ に応じて抵抗電圧 $v_R(t)$ が変化するような考え方は，物理問題として自然であるが，これらをシステムの入出力信号 $x(t)$，$y(t)$ にそれぞれ読み替えると，式 (1.43) は式 (2.3) になる。

$$x(t) = y(t) + \frac{L}{R} \cdot \frac{d}{dt}y(t) \tag{2.3}$$

すなわち，入出力関係式の具体形には，入力信号と出力信号がそれぞれ含まれているが，必ずしもシステムの操作が明示的に示されるとは限らない。この場合，ブロック線図も容易に描けない。

信号に対するシステムの操作は演算に相当するので，複雑な演算のプロセスを複数のシステムの結合とみなすこともできる。代表的なシステム結合は図 **2.3** に示すように，以下の 3 つが挙げられる。

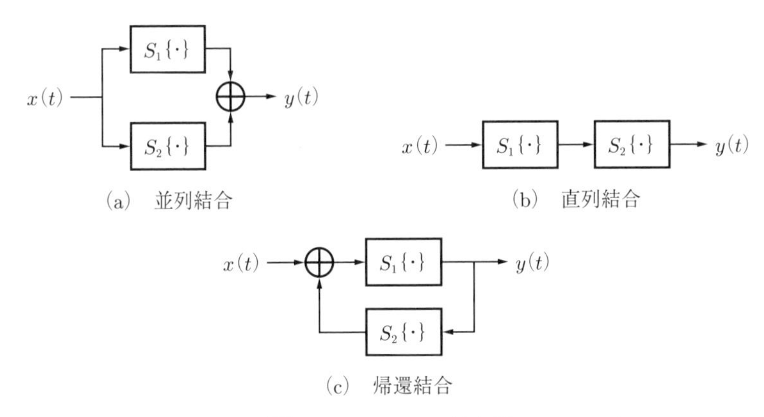

図 **2.3**　システムの結合例

〔**1**〕 **並列結合**　式 (2.4) に示すように，作用素の合併形式で記することもできる。**並列結合**の場合では，それぞれの出力の加算となるため，作用素の交換律が成り立つ。なお，入出力信号の物理単位が異なる場合があるが，並列結合されているシステム出力信号どうしの物理単位は一致する必要がある。

$$\begin{aligned} y(t) &= S_1\{x(t)\}(t) + S_2\{x(t)\}(t) = (S_1 + S_2)\{x(t)\}(t) \\ &= (S_2 + S_1)\{x(t)\}(t) \end{aligned} \tag{2.4}$$

〔**2**〕 **直列結合**　図 2.3(b) と式 (2.5) に示す。**直列結合**の場合では，具体的な操作にもよるが，一般的に交換律が成立しない。信号の流れからわかるように，それぞれのシステムの操作による入出力信号の物理単位の変化は異なっても問題ない。

$$y(t) = S_2\{S_1\{x(t)\}(t)\}(t) = (S_2 \cdot S_1)\{x(t)\}(t) \tag{2.5}$$

〔**3**〕 **帰還結合**　出力信号を**帰還**（feedback）させることによって，高性能の操作を効率よく実現でき，デジタルフィルタや制御工学などによく用いられているのが**帰還結合**である。一例として図 2.3(c) のシステムを式 (2.6) に示す。ブロック線図よりも，数式の表現はもっと抽象的となる。

$$y(t) = S_1\{x(t) + S_2\{y(t)\}(t)\}(t) \tag{2.6}$$

2.2 システムの時不変性と線形性

入出力信号の対応関係における規則性は，数理的や応用的な視点から，数種類のシステム特性として分類される。本節では，信号処理の最も重要な理論基盤である時不変性と線形性を紹介する。

2.2.1 時不変性

式 (2.7) を満たすシステムは，**時不変**（time-invariant）システムと呼ぶ。この条件が満たされないものは，**時変**（time-variant）システムとなる。信号の独立変数が時間でない場合，この特性は**シフト不変**（shift-invariant）とも呼ばれる。

$$T\{x(t-b)\}(t) = T\{x(t)\}(t-b) \tag{2.7}$$

ここで，b は t に依存しない定数である。これは，**図 2.4** に例示したように，入力信号を定数時間シフトさせると，出力も同じだけ時間シフトとなり，入出力の「対応関係」（入力に対する操作）は，開始時刻に依存しないことを意味する。

定数 b の時間遅延を作用素 $D^b\{\cdot\}$，すなわち，$D^b\{x(t)\}(t) = x(t-b)$ とすれば，式 (2.7) は式 (2.8) と等価である。

$$(T \cdot D^b)\{x(t)\}(t) = (D^b \cdot T)\{x(t)\}(t) \tag{2.8}$$

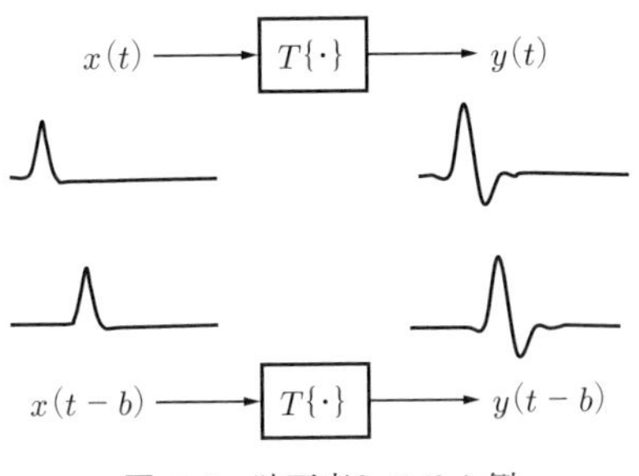

図 2.4　時不変システム例

よって，時不変性は，遅延操作の可換性，または時間推移の保存性とも言える。

システムの入出力関係式において，次の 2 点からシステムの時不変性を判断できる。

システムの時不変性の判断方法

1. 入出力信号の独立変数以外に，時間 t は明示的に現れない
2. 入出力信号の時間変形は，定数シフトに限る

ここで，2 点目は出力信号 $y(t)$ が明示的に現れていることを前提としている。入出力関係式としては，ほとんどの場合はこの前提条件が満たされているが，特例として，$y(2t) = x(2t)x(2t-3)$ のようなシステムでも時不変性をもつ。したがって，厳密にはこの条件は，次のようになる。

- すべての入出力信号の項において，時間変形は同じ伸縮倍率である。

例題 2.1　次の (1)〜(5) が出力信号となる各システムの時不変性を判定せよ。

(1) $\sin(x(t))$　　(2) $e^t x(t)$　　(3) $x(t-1)$　　(4) $\dfrac{d}{dt}x(t)$　　(5) $x(2t)$

【解答】

(1) $y(t) = \sin(x(t))$　　時不変である

このシステムの操作は，入力信号の信号値に対する演算であり，かつその演算の「ルール」は時間に依存していない。

(2) $y(t) = e^t x(t)$　　時変である

このシステムの操作も見かけ上，入力信号の信号値に対する演算であるが，入力信号の信号値に掛ける係数は時間の関数となるため，同じ信号値であっても，出現する時刻によって出力結果が変わる。なお，この入出力関係式に時間 t は入出力信号以外の e^t にも現れているので，時不変の条件を満たしていない。

(3) $y(t) = x(t-1)$　　時不変である

このシステムの操作は入力信号の時間変形にあたるので，少し補足説明する。時不変特性の主旨は，入出力信号の時間が同じか否か，またはシステムが入力信号の時間に対して操作するか否かの問題ではなく，この「操作」が開始時刻に依存するか否かが要点である。本例題の場合，入力信号を定数 1 で遅延させ，この「定数 1 の時間遅延」は具体的な時刻によらないことが時不変性の理由となる。波形イメージからも理解したいが，ここでは数式により考察する。

- 入力信号 $x(t)$ を b だけ遅延させた新しい入力信号 $\tilde{x}(t)$ を作る

$$\tilde{x}(t) = x(t-b) \tag{A}$$

- $\tilde{x}(t)$ を入力として入出力関係式に代入し，出力 $\tilde{y}(t)$ を表す

$$\tilde{y}(t) = \tilde{x}(t-1) \tag{B}$$

右辺を信号 $x(t)$ で表すため，式 (A) の t を $t-1$ に置き換える

$$\tilde{y}(t) = \tilde{x}(t-1) = x((t-1)-b) \tag{C}$$

- $y(t) = x(t-1)$ の関係式に，t を $t-b$ に置き換え，$y(t-b)$ を表す

$$y(t-b) = x((t-b)-1) \tag{D}$$

- 式 (C) と式 (D) の右辺が同じであるため，以下が確認できる。

$$(T \cdot D^b)\{x(t)\}(t) = \tilde{y}(t) = y(t-b) = (D^b \cdot T)\{x(t)\}(t)$$

(4) $y(t) = \dfrac{d}{dt}x(t)$　　時不変である

1.3.3 項に述べたように，時間微分の本質はシフトされた信号との差分であり，または直観的に波形の接線の傾きとして理解してもよい。このような演算結果は，現在時刻での入力信号値とその「隣」の信号値によって定められ，具体的な「現在時刻」に依存しないことがわかる。なお，関係式の中に，時間 t の記号として，dt に現れているが，dt は具体的な時刻に依存しない微小時間幅であるため，入出力の関係式に「明示的に現れる」にならない。

数式上では，入出力関係式にあるすべての t を $t-b$ に置き換えても，時間に対する微分は $d(t-b) = dt$ となるため，次式が成り立つことがわかる。

$$\begin{aligned}(D^b \cdot T)\{x(t)\}(t) &= y(t-b) = \frac{d}{d(t-b)}x(t-b) = \frac{d}{dt}x(t-b) \\ &= (T \cdot D^b)\{x(t)\}(t)\end{aligned}$$

(5) $y(t) = x(2t)$　　時変である

時間に対する定数シフトの操作が時不変性をもっているが，伸縮の場合では t の具体値によってシフト量が変化するので，$t = 0$ の定義，すなわち開始時刻に依存する操作となる。1.2 節の説明や波形例から，伸縮とシフト操作は可換ではないことを確認したい。ここで入出力関係式から以下が確認できる。

$$(T \cdot D^b)\{x(t)\}(t) = \tilde{y}(t) = \tilde{x}(2t) = x(2t - b)$$
$$\neq x(2(t - b)) = y(t - b) = (D^b \cdot T)\{x(t)\}(t)$$

◇

2.2.2 線 形 性

システムの線形性は，式 (2.9) と**図 2.5** で表せる。この条件を満たすシステムを**線形**（linear）システム，満たさないシステムを**非線形**（non-linear）システムと呼ぶ。

$$L\{a_1 x_1(t) + a_2 x_2(t)\}(t) = a_1 L\{x_1(t)\}(t) + a_2 L\{x_2(t)\}(t) \tag{2.9}$$

ここで，a_1 と a_2 は，時間 t に依存しない定数である。

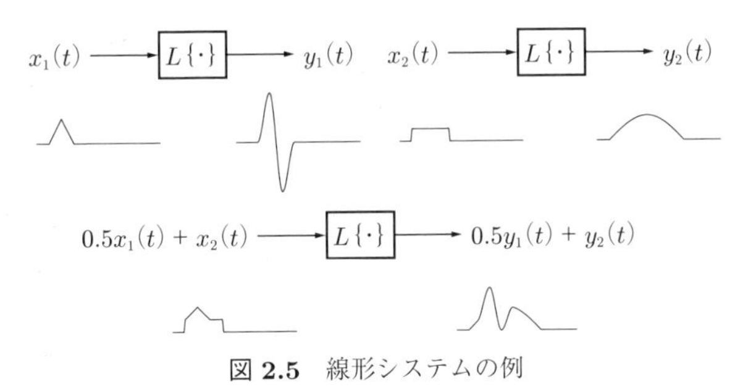

図 2.5 線形システムの例

システムの時不変性は，操作の横軸時間に関する条件であるのに対し，線形性は縦軸信号値に関する条件と言える。この条件も「操作」に対するものであり，信号自体が直線関数であるか否か，または入出力信号は見た目の比例関係があるか否かに関わるものではない。

なお，図 2.5 に示す信号例において，$x_1(t)$, $x_2(t)$, $y_1(t)$, $y_2(t)$ はいずれも仮定した波形イメージであり，たがいの論理関係はここで議論しない。これらの仮定のもと，$x_1(t)$, $x_2(t)$ の線形結合を同じシステムに入力すれば，出力が $y_1(t)$, $y_2(t)$ の線形結合となることは，線形システムの因果的必然性である。

システムの線形性は，線形結合の保存則または線形結合操作の可換性とも考えられ，理工学系の多分野にわたって適用され，**重ね合わせの原理**（principle of superposition）とも呼ぶ。重ね合わせの原理は，次に示す 2 つの条件を満たすことで成り立つ。

重ね合わせの原理が成り立つ条件

1. **加法性**（additivity）：

$$L\{x_1(t)+x_2(t)\}(t)=L\{x_1(t)\}(t)+L\{x_2(t)\}(t) \tag{2.9$'$}$$

2. **斉次性**（homogeneity）：

$$L\{a\cdot x(t)\}(t)=a\cdot L\{x(t)\}(t) \tag{2.9$''$}$$

加法性と斉次性

信号に対するほとんどの操作は，この 2 つの条件の片方を満たせば自動的にもう一方も満足するが，2 つの条件の違いを理解するために，その反例を 1 つずつ示す。

例 1）斉次性を満たすが加法性を満たさない：　$y(t)=\sqrt[3]{x(t-1)x(t)x(t+1)}$

この操作は斉次性を満たすが，2 つの異なる信号に対して加法性が保てない。

例 2）加法性を満たすが斉次性を満たさない：　$y(t)=\mathrm{Re}(x(t))$

複素数信号の実部を取り出す操作は，虚数係数 j に対して斉次性が保てない。

この 2 つの特例ともに理論上に挙げられるもので，実用問題にはあまり現れない。しかし，複素正弦波は，信号処理において重要な役割を担っており，実数領域の問題を複素数領域への拡張，または複素数領域の結果を実数領域問題に反映させる手法はしばしば有効である。この際に，実部または虚部だけの操作は，複素数領域における線形操作ではないことを留意しよう。

入力信号の数を増やせば，式 (2.10) に示すように，システムの線形性とは，線形結合された複数個の信号を入力した場合の出力は，個々の信号を別々に入力した場合のそれぞれの出力の線形結合に等しいことである。

$$L\left\{\sum_i a_i x_i(t)\right\}(t)=\sum_i a_i L\{x_i(t)\}(t) \tag{2.10}$$

信号をベクトルで表記すれば，式 (2.10) は式 (2.11) のように示され，線形システムの作用素 $L\{\cdot\}$ は，行列 $\boldsymbol{L}$ として扱える。

$$\boldsymbol{L}(\boldsymbol{X}\boldsymbol{a})=(\boldsymbol{L}\boldsymbol{X})\boldsymbol{a} \tag{2.11}$$

ここで $\boldsymbol{X}$ と $\boldsymbol{a}$ は，それぞれ信号ベクトル行列と係数ベクトルである。

$$\boldsymbol{X} = (\boldsymbol{x}_1 \quad \boldsymbol{x}_2 \quad \cdots \quad), \qquad \boldsymbol{a} = (a_1 \quad a_2 \quad \cdots \quad)^{\mathrm{T}}$$

線形システムには以下の重要な特性がある。

- 線形システムの並列結合，直列結合，帰還結合も線形システムである

入出力の線形結合の保存によって，システムの並列結合と直列結合については比較的に容易に証明できる。式 (2.6) に示す帰還結合は，作用素の線形性より

$$y(t) = L_1\{x(t) + L_2\{y(t)\}(t)\}(t) = L_1\{x(t)\}(t) + (L_1L_2)\{y(t)\}(t)$$

となるため，$(1-L_1L_2)\{y(t)\}(t) = L_1\{x(t)\}(t)$ が得られる。ここで $(1-L_1L_2)\{\cdot\}$ と $L_1\{\cdot\}$ とも線形作用素であるため，入出力信号の線形結合の保存が確認できる。

ここでの帰還結合，または式 (2.3) に示す例においても，物理現象または処理プロセスからモデル化されたシステムの入出力関係式には，出力信号に対する演算の項も含まれる場合がある。したがって，一般的に，入出力関係式において，次の 2 点からシステムの線形性を判断できる。

システムの線形性の判断方法

1. 入出力関係式を加算多項式で表すことができる
2. 各加算項は，1 つだけの入力信号または出力信号に対する線形演算である

この方法から，線形システムの入出力関係式の一般形を式 (2.12) に示す。

$$\begin{aligned} M_1\{y(t)\}(t) + M_2\{y(t)\}(t) + \cdots &= L_1\{x(t)\}(t) + L_2\{x(t)\}(t) + \cdots \\ \left(\sum_i M_i\right)\{y(t)\}(t) &= \left(\sum_i L_i\right)\{x(t)\}(t) \end{aligned} \tag{2.12}$$

ここですべての $M_i\{\cdot\}$ と $L_i\{\cdot\}$ は線形作用素である。

例題 2.2　次の (1)〜(5) が出力信号となる各システムの線形性を判定せよ。

(1) $\sin(x(t))$　(2) $e^t x(t)$　(3) $x(t-1)x(2t)$　(4) $\dfrac{d}{dt}x(t)$　(5) $x(t)+2$

【解答】

(1) $y(t) = \sin(x(t))$　　非線形である

線形性は信号値の操作に対する制約条件であり，この操作は信号値に非線形演算を行っている。簡単に言えば $\sin(2 \cdot x(t)) \neq 2 \cdot \sin(x(t))$ がわかる。

(2) $y(t) = e^t x(t)$　　線形である

線形性の要点は時間ではなく信号値であり，この操作は時変であるが，$x(t)$ の信号値の変動に応じて $y(t)$ の信号値が線形的に変動する。

(3) $y(t) = x(t-1)x(2t)$　　非線形である

時間変形は信号値に対する操作ではないので，線形性に影響しない。遅延と伸縮はいずれも時間変形であるが，両者の信号値の乗算は非線形となる。

(4) $y(t) = \dfrac{d}{dt}x(t)$　　線形である

微分演算は信号の遅延と信号値の減算に相当するので，線形演算である。

(5) $y(t) = x(t) + 2$　　非線形である

一般的に，入出力関係式の各加算項に 1 つだけ入力信号または出力信号が含まれていることは，線形性の必要条件である。このシステムの場合，信号が含まれていない加算項が存在する。

この点について簡単な確認方法としては，式 (2.9$''$) に示す斉次性において，定数 a を 0 とすれば，入力 $ax(t) = 0$ の出力 $aL\{x(t)\}(t)$ も常に 0 でなければならないことがわかる。したがって，一般的に，関係式に入出力信号のいずれも含まれていない加算項が存在すれば，この条件は満たされない。

この例の関係式から，入出力信号の信号値が 1 次関数で表され，直観的に「直線関係」となっているが，重ね合わせの原理の「線形関係」には，「直線関係」かつ「原点（入出力ともに定数 0）を通す」の 2 つの条件が必要である。ここでいう「原点」とは，「入力信号値が 0 の時刻に出力信号値も 0」ではなく，「入力信号値が常に 0 であれば，出力信号値も常に 0」を意味する。　◇

最後に，物理問題の線形性について少し補足する。線形システムの優れた特性が複雑な問題の解決を可能にし，ありうる技術分野の理論基盤とされている。しかしほぼすべての物理現象の線形領域に制限があり，かつ数学モデル化において物理量の振り分けに気を付ける必要がある。例えば，例題 1.7 に示す回路において，電源電圧信号 $v_S(t)$ と抵抗電圧信号 $v_R(t)$ の線形関係がモデル化できるが，電源電圧 $v_S(t)$ と抵抗の消費電力 $p_R(t) = v_R^2(t)/R$ は線形関係にならない。また，いたずらに電圧を大きくすると回路素子の破損や空中の放電などが起こる。一方，物理的な特性は非線形であっても，線形補償や振幅制限などによって，線形問題に帰す手法もしばしば見受けられる。例えば例題 2.2 の (1) に示す $\sin(x(t))$ は非線形演算であるが，$|x(t)| \ll 1$ の範囲内では $\sin(x(t)) \approx x(t)$ と近似できる。具体例として，吊るし振り子や弦の振動解析，トランジスタ増幅回路の小信号特性解析などが挙げられる。

2.3 線形時不変システム

2.3.1 基本概念

線形性および時不変性の両方を満たすシステムを，**線形時不変**（LTI, linear time-invariant）**システム**と呼ぶ。LTI システムは，信号処理の理論の原点とも言えるくらい非常に重要である。制約条件は，式 (2.7) と式 (2.9) をあわせて式 (2.13) に示す。

$$H\{a_1x_1(t-b_1)+a_2x_2(t-b_2)\}(t) \\ = a_1H\{x_1(t)\}(t-b_1)+a_2H\{x_2(t)\}(t-b_2) \qquad (2.13)$$

入力信号の数を拡張し，かつ遅延演算子を用いると，式 (2.14) のように表せる。また，図 **2.6** に入出力信号例を示す。

$$H\left\{\sum_i a_iD^{b_i}\{x_i(t)\}\right\} = \sum_i a_iD^{b_i}\{H\{x_i(t)\}\} \qquad (2.14)$$

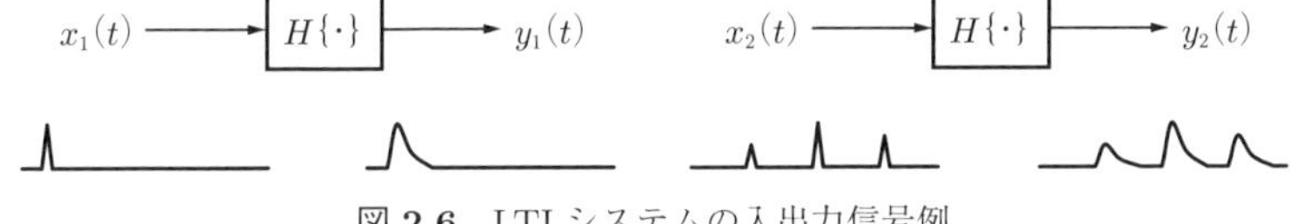

図 2.6　LTI システムの入出力信号例

図 2.6 に示す $x_2(t)$ は，3 つほど遅延した $x_1(t)$ の線形結合であるため，これを入力した場合の出力 $y_2(t)$ は，線形性と時不変性に従って，遅延した $y_1(t)$ の線形結合となる。すなわち，入力 $x_1(t)$ の出力が事前にわかれば，入力 $x_2(t)$ の出力は予測できる。この種の入出力関係は，物理世界における何らかの励起に対する応答の関係を表すのに，広範囲で適用できる。

例えばある太鼓に対して，同じ叩きなら時刻に関係なく同じ音が聞こえれば，強く叩けば音もそれなりに大きくなるのであろう。入力と出力をそれぞれ叩く力と出てきた音とすれば，図 2.6 のイメージが自然に思われる。ただし，この例は LTI システムを直観的に理解するために役立つ場合もあるが，音波の干渉および人間の聴感と物理音圧との非線形関係などを考えると，入出力の定義は不適切である。さらに，線形性の制限について前節の最後に述べたが，時不変性についても，年月がたてば太鼓の材質が劣化し音も変わるので，具体的な物理現象を LTI システムにモデル化する際には適用範囲を留意する必要がある。本書は，LTI システムを前提とした一般的な考え方を紹介し，線形時不変領域を超える広義的な見方を議論しない。

例題 2.3　ある LTI システムに，**図 2.7** に示す信号 $x_1(t)$ を入力した場合の出力信号は $y_1(t)$ であった。このシステムに $x_2(t)$ を入力した場合の出力信号 $y_2(t)$ を描け。

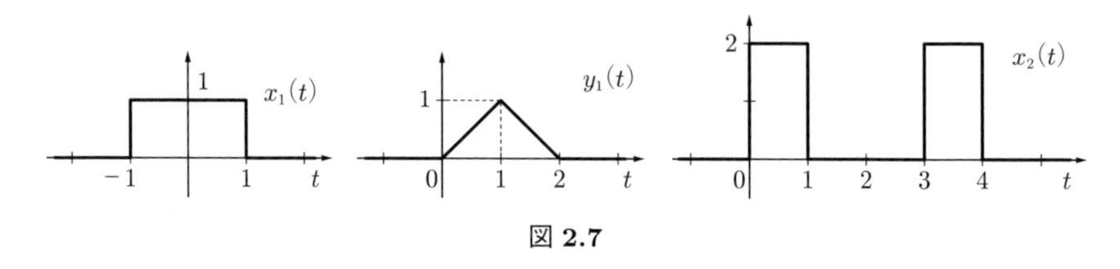

図 2.7

【解答】　既知条件は 2 つの入力と 1 つの出力，もう 1 つの出力を求めるには，2 種類の解き方が考えられる。**図 2.8**(a) に示すように，1 セットの入出力信号を用いて，システムの「操作」を解き明かす可能性が理論上考えられる。この「操作」の正体がわかれば，別の入力信号に適用し，その場合での出力が求められる。一方，LTI システムの特性式 (2.14) を利用し，2 つの入力信号間の「組立方」を解けば，出力信号も同じ「組立方」で求められる。これは図 (b) に示す考え方である。

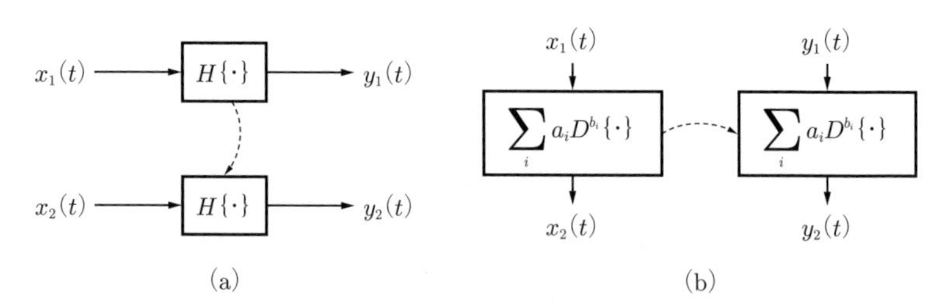

図 2.8　例題 2.3 の考え方

この例題では，図 (b) の考え方を用いる。LTI システムの特性より，入力信号間と出力信号間で共通する「組立方」は，遅延と線形結合に限る。具体的に，次の 3 種類の操作となる。

- 時間軸シフト（前進・遅延いずれも可）
- 縦軸伸縮（定数倍増幅，正・負いずれも可）

- 前2種複数回操作後のそれぞれの結果の合計

これは，$x_1(t)$ の波形を1つのレンガとして，この形のレンガを，どのように組み立てれば $x_2(t)$ を作り上げるかの問題に置き換えられる。ただし，横軸の伸縮変形はLTIシステムの入出力側に保存されないこと，十分に注意する必要がある。すなわち，レンガの高さは自由に変更でき，組立としてはレンガどうしを足しても引いても問題ないが，レンガの横幅は必ず固定である。

この例題のような簡単な波形ならば，目標の $x_2(t)$ の波形から $x_1(t)$ の波形を少しずつ削る方法で解きやすい。例えば左側からすると，まず $2x_1(t-1)$ を引いて，次に $2x_1(t-2)$ を足すと，$2x_1(t-3)$ が残ることが確認できる。よって

$$x_2(t) = 2x_1(t-1) - 2x_1(t-2) + 2x_1(t-3)$$

は $x_1(t)$ より $x_2(t)$ を作る「組立方」であることがわかる。したがって

$$y_2(t) = 2y_1(t-1) - 2y_1(t-2) + 2y_1(t-3)$$

が求められる。図 **2.9** に結果の波形を示す。

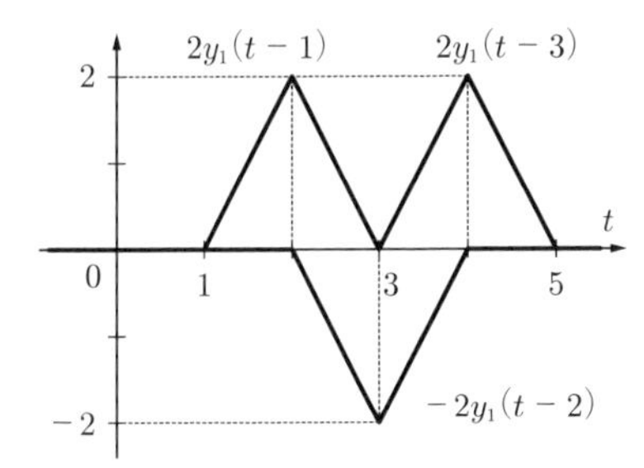

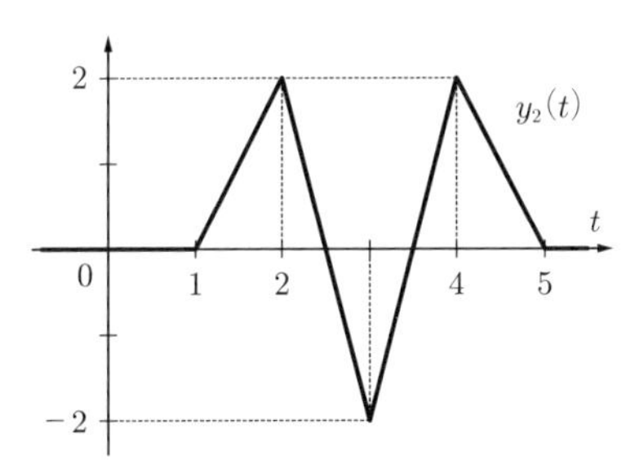

図 **2.9**　例題 2.3 解答

◇

LTIシステムの一般特性を示す式 (2.14) において，左辺の入力信号は，複数個の別々の信号 $x_i(t)$ の遅延・線形結合となっている。これらの $x_i(t)$ をすべて同じ信号とすると，式 (2.14) は式 (2.15) となる。

$$H\left\{\sum_i a_i D^{b_i}\{x_0(t)\}\right\} = \sum_i a_i D^{b_i}\{H\{x_0(t)\}\} \tag{2.15}$$

例題2.3はこのような問題である。式 (2.15) の $x_0(t)$，$H\{x_0(t)\}$，$\sum_i a_i D^{b_i}\{x_0(t)\}$ は，それぞれ例題2.3の $x_1(t)$，$y_1(t)$，$x_2(t)$ に該当する。すなわち，1種類だけの

「レンガ」を使って組み立てられる信号であれば，この信号を入力した際の出力は「レンガ」の出力から求められる。

さて，どのような「レンガ」を使えば任意の信号を組み立てられるか？これは，横幅が限りなく小さい，任意関数を組み立てられる素粒子関数，δ 関数である。すなわち，LTI システムに δ 関数を入力した場合の出力がわかれば，任意入力信号の出力が求められる。

2.3.2　インパルス応答関数

インパルス応答関数（IRF, impulse response function）は，式 (2.16) に示すように，LTI システムにインパルス関数（δ 関数）を入力させた場合の出力（応答）関数であり，インパルス応答と略称される場合もある。

$$h(t) = H\{\delta(t)\}(t) \tag{2.16}$$

ここで $H\{\cdot\}$ は LTI システムの作用素である。特に時間信号における IRF を $h(t)$ と記すことは信号処理の分野で定着しており，**ヒルベルト空間**（Hilbert space）から由来する一説がある。

信号 $x(t)$ を遅延 δ 関数の線形結合で表現できるように式 (2.15) を適用すれば次式が得られ，積分表記は式 (2.17) となる。このイメージを図 **2.10** に示す。

$$H\left\{\sum_{k=-\infty}^{\infty} x(k\cdot d\tau)d\tau\cdot\delta(t-k\cdot d\tau)\right\} = \sum_{k=-\infty}^{\infty} x(k\cdot d\tau)d\tau\cdot h(t-k\cdot d\tau)$$

$$H\{x(t)\}(t) = \int_{-\infty}^{\infty} x(\tau)h(t-\tau)d\tau \tag{2.17}$$

IRF さえわかっていれば，任意信号の出力がわかることになる。IRF は，LTI システムの「個性」をもつ DNA 関数と言える。式 (2.17) に示す積分の計算方法や特性について次項以降にて詳細に説明するが，ここで IRF の単位を考えよう。便利上，入出力信号がともに電圧信号の場合を例とすれば，このシステムの操作は無単位操作となるので，IRF の単位はその入力の δ 関数と同様に，〔時間単位〕$^{-1}$ となる。これは，IRF は物理単位が「密度」の概念となり，実信号を処理する際に積分に使われることが示唆されている。

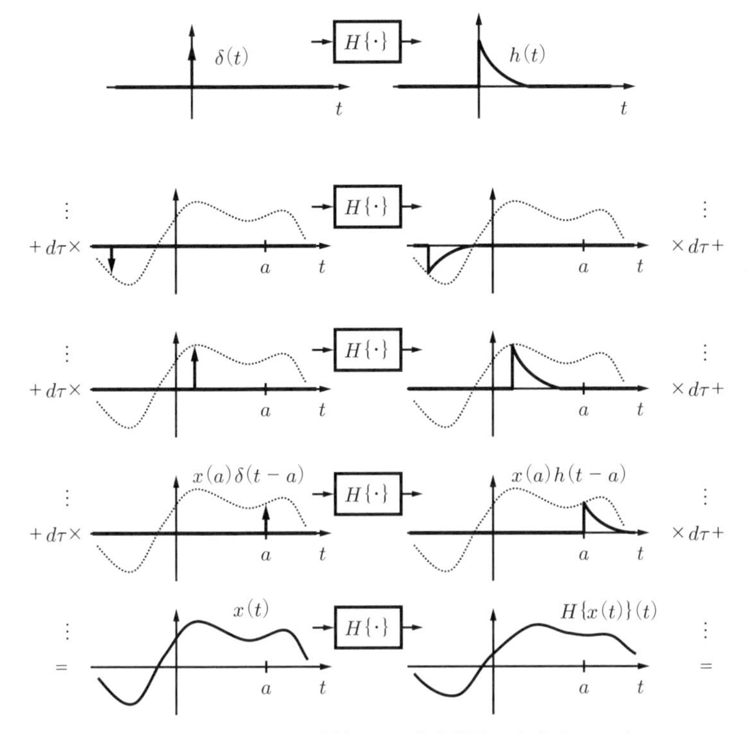

図 2.10　インパルス応答による出力信号の合成イメージ

インパルス応答は，線形時不変システムに基づくもので，このコンセプトの応用場面は非常に広い。計測や通信システムの特性，電子楽器のエコー効果，室内や広域放送の残響などはもちろん，信号やシステムは時間変数に限らない。2 次元平面画像の場合には，カメラのぼかしやブレ，または線形イメージング処理プロセスを，**点広がり関数**（PSF, point spread function）で表せる。点広がり関数は，1 点だけの画像から処理された結果であり，時間信号の IRF に相当する。PSF を用いて，原始画像 $I_0(x, y)$ と処理後の画像 $I(x, y)$ の関係が次式より表せる。

$$I(x, y) = \iint I_0(\xi, \eta)\mathrm{PSF}(x - \xi, y - \eta)d\xi d\eta$$

また，電磁気学では，単位点電荷の空間静電ポテンシャル分布 $(4\pi\varepsilon_0|\boldsymbol{r}|)^{-1}$ をインパルス応答に見立て，任意電荷密度分布 $\rho(\boldsymbol{r})$ の静電ポテンシャル $\phi(\boldsymbol{r})$ を次式に表せる。

$$\phi(\boldsymbol{r}) = \iiint \rho(\boldsymbol{r}')(4\pi\varepsilon_0|\boldsymbol{r}-\boldsymbol{r}'|)^{-1}d\boldsymbol{r}'$$

なお,「点源」による空間分布を,物理学ではしばしば**グリーン関数**(Green's function)と呼び,インパルス応答に相当する合成要素関数である。この考え方は,発信源は空間連続関数の場合での電波,光,音響の波動場の解析にもよく利用されている。

2.3.3 畳み込み積分

式 (2.17) 右辺の積分は,2 つの関数に対する 2 項演算であり,**畳み込み積分**(convolution integral)または**コンボリューション**と呼び,式 (2.18) に示す。

$$\mathrm{conv}(f(t), g(t))(t) := \int_{-\infty}^{\infty} f(\tau)g(t-\tau)d\tau \tag{2.18}$$

被積分関数 $f(\tau)g(t-\tau)$ には,ダミー変数時間 τ のほかに t も含まれており,積分結果は t の関数となる。式の右辺よりわかるように,1 つの具体時刻 t での結果を計算するために,2 つの関数全体が必要され,この演算は無記憶演算ではない。なお,畳み込み積分は,片方の関数を一定とすればもう片方の関数に対する線形演算であることが確認できる。このような 2 項演算を,**双線形**(bilinear)**演算**と呼ぶ。

記述の便利上,演算記号は「$*$」を使って,関数 $f(t)$ と $g(t)$ との畳み込み積分は,次の 2 種類の表記方式が最も多く使われている。

- 演算結果の独立変数を省略：　$f(t) * g(t)$
- 2 つの被演算関数の独立変数を省略：　$f * g(t)$

混乱しない場合に本書も略記方式を使うが,畳み込み積分の本質には 3 つの関数が関わっていることを理解しておきたい。

畳み込み積分は,式 (2.18) に示すとおり,横軸変形,2 項乗算,定積分から計算できる。具体的な手順の例を以下に示し,**図 2.11** にイメージ例を示す。

ステップ 1) $f(t)$ と $g(t)$ の独立変数を τ に変更。→ $f(\tau)$,$g(\tau)$ を得る

ステップ 2) $g(\tau)$ を時間反転させる。→ $g(-\tau)$ を得る

ステップ 3) $g(-\tau)$ を右方向 t_0 だけシフトさせる。→ $g(t_0-\tau)$ を得る

ステップ 4) $g(t_0-\tau)$ と $f(\tau)$ と乗算する。→ $f(\tau)g(t_0-\tau)$ を得る

ステップ 5) $f(\tau)g(t_0-\tau)$ を時間 τ 全域積分する。→ $f * g(t_0)$ を得る

ステップ 6) t_0 を変えて 3)〜5) を繰り返し計算する。→ $f * g(t)$ を得る

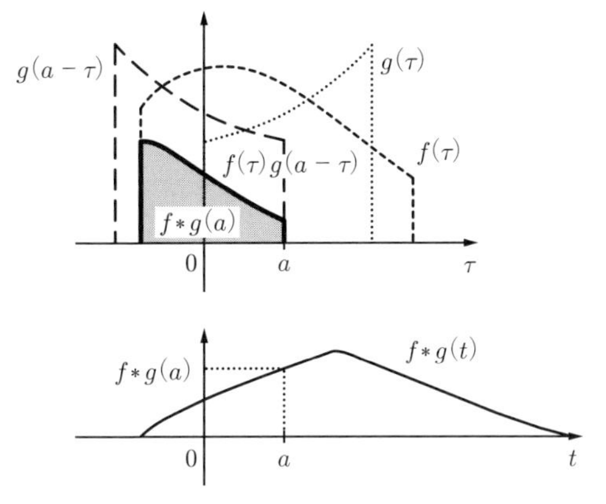

図 **2.11**　畳み込み積分計算例

物理単位については，定義式よりわかるように

$$f * g(t) \text{ の物理単位} = f(t) \text{ の物理単位} \times g(t) \text{ の物理単位} \times t \text{ の物理単位}$$

となり，$f(t)$ と $g(t)$ との物理単位も一般的には一致しないので，本来は $f(\tau)$，$g(\tau)$，$f(\tau)g(t_0 - \tau)$ を同じ縦軸の座標系に示すことができない。

例題 2.4　**図 2.12** に示す $x(t)$ と $h(t)$ はそれぞれ LTI システムの入力信号と IRF である。この場合での出力信号 $y(t)$ を描け。

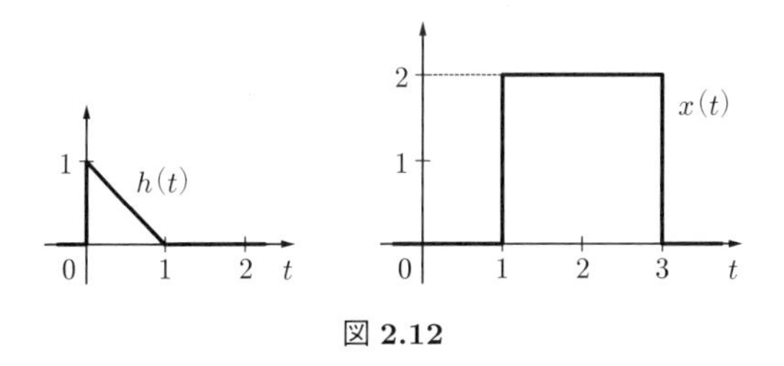

図 **2.12**

【解答】　LTI システム特性より，この例題は畳み込み積分の計算で，$y(t) = x(t) * h(t)$ を求めればよい。前述の畳み込み積分の計算手順は，一般的な方法であるが，実際に $y(t)$ の全貌を求めるために，時間 t を $(-\infty, \infty)$ の間に 1 点ずつ変化させて計算することは非現実である。本例題の場合では，$x(t)$ と $h(t)$ ともに比較的にシンプルな区分関数であるので，t を区間別に分けて考えることができる。

- $t<1$：この区間では，**図 2.13**(a) に示すように，$x(\tau)$ と $h(t-\tau)$ が同時に非零値を取る時刻がないので，$x(\tau)h(t-\tau)=0$ $(\forall\tau)$，したがって，その積分も 0 なので，$x(t)*h(t)=0$ がわかる。

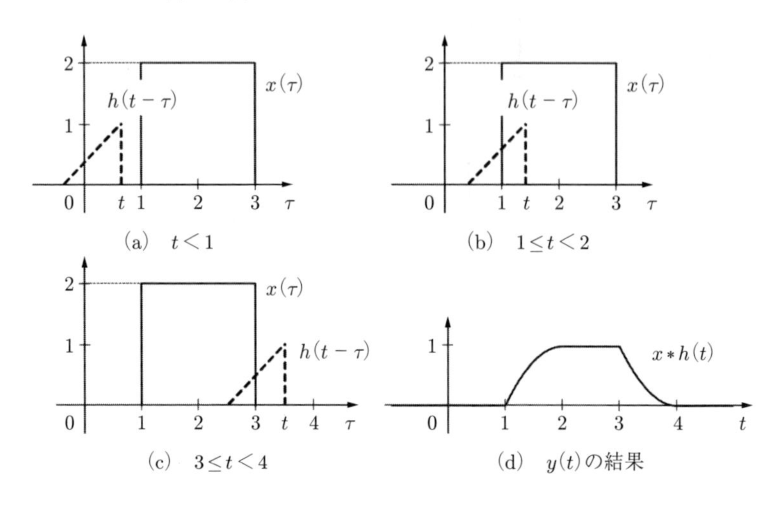

図 2.13　例題 2.4 解答

- $1 \le t < 2$：この区間では，図 (b) に示すように，$h(t-\tau)$ の非零領域の一部が $x(\tau)=2$ の領域と重なるため，$x(t)*h(t)$ は重なる区間内の $x(\tau)h(t-\tau)$ の積分となる。与えられた関数の数式表記より次式が求められる。

$$y(t)=\int x(\tau)h(t-\tau)d\tau=\int_1^t 2(\tau-t+1)d\tau=1-(t-2)^2$$

もちろん，重なった $h(t-\tau)$ の台形の面積の 2 倍という幾何的な考え方もできる。または，t の増加にそって積分面積の増加分の変化からも，積分結果は t の 2 次関数で表せる凹関数であることをイメージできる。いずれにおいても，図解の場合には，特性区間の両端点での $y(t)$ と $y'(t)$ の値を確認しておきたい。

- $2 \le t < 3$：この区間では，$h(t-\tau)$ の非零領域が全部 $x(\tau)=2$ の領域と重なり，$x(\tau)$ は定数であることから，$x(t)h(t-\tau)$ の積分結果は t によって変化しない定数であることがわかる。
- $3 \le t < 4$：この区間には，図 (c) に示すように，$h(t-\tau)$ の非零領域の右側一部が $x(\tau)=2$ からはみだし，積分は残りの三角形面積の 2 倍となる。
- $4 \le t$：この区間では両関数の非零領域の重なりがなく，$y(t)=0$ になる。

これら区間別の計算結果を合わせて，$y(t)$ の波形を図 (d) に示す。

2.3.4 線形時不変作用素の特性

式 (2.17) に，LTI システムの入力信号に対する操作は，このシステム特定な IRF との畳み込み積分であることが示されている。畳み込み積分の数学的な特性は LTI システム作用素の特性と密接していることが考えられる。本項では，いくつかの LTI システム作用素の特性を，一部に畳み込み積分の特性と併せて紹介する。煩雑な数式による証明を省略するが，数式の直観的な解読や LTI システム入出力の観点から理解しよう。

1. LTI システムの出力は，入力信号の信号値を係数とした，遅延 IRF の線形結合である。

これは，式 (2.17) より直接解読できる。

2. LTI システムの出力は，IRF の関数値を係数とした，遅延入力信号の線形結合である。

$$H\{x(t)\}(t) = \int_{-\infty}^{\infty} x(\tau)h(t-\tau)d\tau = \int_{-\infty}^{\infty} h(\tau)x(t-\tau)d\tau \tag{2.19}$$

この特性は，特性 1. と次に示す畳み込み積分の交換律より導かれる。

$$f(t) * g(t) = g(t) * f(t)$$

交換律は，定義式 (2.18) に変数置換 $u = t - \tau$ によって簡単に証明できる。次のような定義式の解読からも理解できる。

$$\begin{aligned}\int_{-\infty}^{\infty} f(\tau)g(t-\tau)d\tau &= \int_{-\infty}^{\infty} g(\tau)f(t-\tau)d\tau \\ &= \iint_{-\infty}^{\infty} g(\xi)f(\eta)\delta(\xi+\eta-t)d\xi d\eta\end{aligned}$$

$=$ 時刻の和が t となるすべての $g(\tau)$ と $f(\tau)$ の関数値ペアの積の総和 $\times\, d\tau$

3. LTI **作用因子**は「定数倍増幅 × 定数シフト」に帰すことができる。

特性 2. より，$H\{x(t)\} = \sum_i a_i D^{b_i}\{x(t)\}$，すなわち LTI 作用素 $H\{\cdot\} = \left(\sum_i a_i D^{b_i}\right)\{\cdot\}$ と表せる。右辺の総和にある個々の加算項を作用因子とすれば，

すべての作用因子は $(a\cdot D^b)\{\cdot\}$ 方式の操作であることがわかる。線形システムについての式 (2.12) と同様で，LTI システムの入出力関係式の一般形としても

$$\left(\sum_i M_i\right)\{y(t)\}=\left(\sum_i L_i\right)\{x(t)\} \tag{2.20}$$

と表せるが，この中のすべての $M_i\{\cdot\}$ と $L_i\{\cdot\}$ も，本質的に「定数倍増幅 × 定数シフト」の操作に等価できる。

4. LTI システムの直列結合，並列結合，帰還結合も LTI システムであり，特に，LTI システムの直列結合は可換である。

並列結合の場合では，どのシステムでも可換であるが，直列結合の場合，一般的に，線形性のみ満たすシステムどうしでは順番の交換ができない。これは，式 (2.11) のように，信号をベクトル表記とした場合に線形システムは行列として表せるが，行列の乗算は一般的に交換できないことにも一致する。例えば，$L_1\{\cdot\}=(t)\{\cdot\}$，$L_2\{\cdot\}=(d/dt)\{\cdot\}$ は 2 つとも線形システムであるが，次式の関係がわかる。

$$(L_2L_1)\{x(t)\}=\frac{d}{dt}(tx(t))\neq t\frac{d}{dt}x(t)=(L_1L_2)\{x(t)\}$$

ただし，2 つとも LTI システムであれば

$$(H_2H_1)\{x(t)\}=(H_1H_2)\{x(t)\}$$

が必ず成り立つ。これは，特性 3. に述べた作用因子より理解できる。

$$\begin{aligned}((a\cdot D^b)(c\cdot D^d))\{\cdot\}&=(acD^{(b+d)})\{\cdot\}=(caD^{(d+b)})\{\cdot\}\\&=((c\cdot D^d)(a\cdot D^b))\{\cdot\}\end{aligned}$$

LTI システムの直列結合と，次式に示す畳み込み積分の結合律とをたがいに理解しやすい。

$$(x_1(t)*x_2(t))*x_3(t)=x_1(t)*(x_2(t)*x_3(t)) \tag{2.21}$$

畳み込み積分の定義式から数学的に証明するには抽象的かつ少々煩雑になるが，$x_1(t)$ を入力信号 $x(t)$ とし，$x_2(t)$ と $x_3(t)$ を直列結合された 2 つの LTI システムの IRF それぞれ $h_1(t)$ と $h_2(t)$ に見立てれば，次のように書き換えられる。

$$(x(t) * h_1(t)) * h_2(t) = x(t) * (h_1(t) * h_2(t))$$

この左辺は直列結合の最終出力であり，右辺は IRF が $h_1(t) * h_2(t)$ の 1 つのシステムの出力となる。直列結合の場合では入力信号を $\delta(t)$ とすれば，出力は $h_1(t) * h_2(t)$ となるため，これは結合されたシステムの全体 IRF であることがわかる。さらに，畳み込み積分の交換律より，$h_1(t) * h_2(t) = h_2(t) * h_1(t)$ が成り立つので，LTI システムの直列結合の可換性が示される。

最後に，計算や解析に役に立つほかの畳み込み積分の特性を示す。

- δ 関数：

$$\delta(t-b) * x(t) = x(t-b) \tag{2.22}$$

- 分配律：

$$(x_1(t) + x_2(t)) * x_3(t) = x_1(t) * x_3(t) + x_2(t) * x_3(t) \tag{2.23}$$

- 時間微分：

$$\frac{d}{dt}(x_1(t) * x_2(t)) = \left(\frac{d}{dt}x_1(t)\right) * x_2(t) = x_1(t) * \left(\frac{d}{dt}x_2(t)\right) \tag{2.24}$$

- 時間遅延：

$$\mathrm{conv}(x_1(t-b_1), x_2(t-b_2))(t) = \mathrm{conv}(x_1(t), x_2(t))(t-b_1-b_2) \tag{2.25}$$

- 時間伸縮：

$$\mathrm{conv}(x_1(at), x_2(at))(t) = \frac{1}{|a|}\mathrm{conv}(x_1(t), x_2(t))(at) \tag{2.26}$$

時間伸縮は積分面積と横幅の比例関係より考えられ，そのほかの特性は LTI システム作用素の観点から理解できる。さらに，一部の時間区間を除いて，すべての信号値が 0 である有限区間信号に対して，畳み込み積分演算は次の特性がある。

- 継続区間拡張：

  2つの有限区間信号の畳み込み積分結果も有限区間信号となり，その継続区間は次式に示すように拡張される。

$$\left.\begin{array}{l} x_1(t) = 0 \quad (\forall t \notin [a_1, b_1]) \\ x_2(t) = 0 \quad (\forall t \notin [a_2, b_2]) \end{array}\right\}$$

$$\Rightarrow x_1 * x_2(t) = 0 \quad (\forall t \notin [a_1 + a_2, b_1 + b_2]) \tag{2.27}$$

例題2.4の場合では，$x(t)$ の継続区間は $t \in [1, 3]$，$h(t)$ の継続区間は $t \in [0, 1]$，畳み込み積分の結果 $y(t)$ の継続区間は $t \in [1 + 0, 3 + 1]$，すなわち，時間 t が $[1, 4]$ の範囲外に $y(t)$ はすべて0である。この特性は，定義式からも数学的に証明できるが，図2.11や例題2.4の畳み込み積分の計算プロセスから確認しておこう。

2.3.5　離散時間信号の畳み込み和

連続時間信号の合計は積分より表すが，離散時間信号の場合では「総和」となる。DT信号の畳み込み和は次式に定義される。

$$f[k] * g[k] = f * g[k] = \sum_{m=-\infty}^{\infty} f[m]g[k - m] \tag{2.28}$$

時間インデックスの和が k となるペア信号値の積の総和となる。

式(2.28)より，DT信号の畳み込み和の物理単位は以下になることがわかる。

$$f * g[n] \text{ の物理単位} = f[n] \text{ の物理単位} \times g[n] \text{ の物理単位}$$

CT信号の畳み込み積分に比べて，時間積分しないので時間単位は現れない。サンプリング間隔 T_s を十分に小さくすれば T_s を dt とみなし，式(2.28)をリーマン和とし

$$({}_{\mathrm{s}}f * {}_{\mathrm{s}}g[n]) \cdot T_s \approx f * g(nT_s)$$

が考えられる。CT信号の畳み込み積分は一定であるのに対し，サンプリング間隔 T_s が小さければDT信号の畳み込み和に加算する積の数が多くなる。T_s によるスケール問題は，DT信号処理によく現れるので留意する必要がある。

例題 2.5　DT 信号 $f[k] = \{1, \underline{2}, 3\}$, $g[k] = \{\underline{4}, -5, 6\}$ の畳み込み和 $f * g[k]$ を求めよ。

【**解答**】　離散信号値を係数とし，時間インデックスを不定元の指数とすれば，2 つの DT 信号をそれぞれ以下の多項式に書き換える。

$$F(x) = 1x^{-1} + 2x^0 + 3x^1, \quad G(x) = 4 - 5x + 6x^2$$

$f * g[k]$ は，この 2 つの多項式の乗算結果より得られる。

$$\begin{aligned}
&F(x)G(x) \\
&\quad = (1 \cdot 4)x^{-1} + (-5 \cdot 1 + 4 \cdot 2)x^0 + (6 \cdot 1 - 5 \cdot 2 + 4 \cdot 3)x \\
&\qquad + (6 \cdot 2 - 5 \cdot 3)x^2 + (6 \cdot 3)x^3 \\
&\quad = 4x^{-1} + 3x^0 + 8x - 3x^2 + 18x^3
\end{aligned}$$

よって，$f * g[k] = \{4, \underline{3}, 8, -3, 18\}$ が求まる。

この計算過程において，$x = 0.1$ の特例を考えると，多桁数の乗算と類似して，計算方法は**図 2.14** に示す。桁別のまとめ結果は畳み込み結果の対応インデックスの信号値となるため，桁間の数値の繰り上げをしない。なお，2 つの DT 信号のインデックス 0 の出会う桁は，結果のインデックス 0 である。

		1	$\underline{2}$	3
		$\underline{4}$	-5	6
		6	$\underline{12}$	18
	-5	$\underline{-10}$	-15	
$\underline{4}$	$\underline{8}$	$\underline{12}$		
4	$\underline{3}$	8	-3	18

図 2.14　DT 信号畳み込みの計算例

2.4　その他のシステム特性

システムの特性として，線形性と時不変性は最も重要視されている。近似モデルとして適用できる範囲が広く，特にシステムの理論的な解析を便利にできることは，線形時不変システムの最大な魅力である。本節では，システムのほかの特性を紹介する。LTI システムであれば，これらの特性はいずれもシステムの IRF より数学的に記述することができる。

〔1〕 **因 果 性**　出力信号値は現在と過去の入力信号値のみに依存するシステムは，**因果的**（causal）**システム**，この特性を満たさないシステムは，**非因果的**（non-causal）**システム**という。非因果的システムの特例として，将来の入力のみに依存する場合では，**反因果的**（anti-causal）**システム**という。因果性は未来に依存しない観点を称え，論理的に理解しやすいが，時間の定義によってその制限を容易に緩和できる。例えば，実況中継において秒単位の時間遅延さえ無視できれば，高品質な音声と画像の処理と伝送に多大な可能性が与えられる。因果的 LTI システムの IRF は，次式の特性を満たす。

$$h(t) = 0 \quad (\forall t < 0)$$

〔2〕 **可 逆 性**　一般的なシステムにおいて，出力信号は入力信号より一意的に決められるが，この対応関係は逆方向の一意性を必須としない。すなわち，1 つの入力信号に 1 つだけの出力信号しか対応しないが，1 つの出力信号に，複数個の異なる入力信号が対応することがある。この対応関係は，一対一の場合，**可逆**（invertible）**システム**という。出力信号を入力信号に対応させるシステムは，**逆システム**（inverse system）という。次式のように，LTI システムの IRF である $h(t)$ との畳み込み積分が $\delta(t)$ となるような関数 $g(t)$ が存在することは，可逆の条件である。

$$\exists g(t), \quad h(t) * g(t) = \delta(t)$$

ここで $g(t)$ は逆システムの IRF である。式より，IRF がそれぞれ $h(t)$ と $g(t)$ の 2 つのシステムはともに可逆であり，かつたがいに逆システムとなることがわかる。

〔3〕 **安 定 性**　**安定**（stable）に対する定義は，応用視点によって異なる場合があるが，ここでは**有界入力有界出力**（BIBO, bounded input bounded output）安定性を紹介する。

すべての信号値が有限である場合に信号が有界といい，BIBO 安定システムは，任意の有界入力信号に対し，出力信号も有界である。

$$|x(t)| < \infty \Longrightarrow |S\{x(t)\}(t)| < \infty$$

BIBO 安定 LTI システムの IRF は，次式の特性を満たす。

$$\int_{-\infty}^{\infty} |h(t)|dt < \infty$$

章　末　問　題

【1】 次に示す各システム $y(t) = S\{x(t)\}$ の線形性と時不変性を判定せよ。

(1) $y(t) = \sin(t)x(t)$　(2) $y(t) = x(t)\dfrac{d}{dt}x(t)$　(3) $\dfrac{d^2}{dt^2}y(t) = e^3 x(t)$

(4) $y(t) = \begin{cases} 2x(t), & t \geq 0 \\ x(t), & t < 0 \end{cases}$　(5) $y(t) = \begin{cases} x(t), & x(t) \geq 0 \\ 0, & x(t) < 0 \end{cases}$

【2】 図 **2.15** に示す各信号は LTI システム $H\{\cdot\}$ の入出力とする。

(1) $H\{a(t)\} = b(t)$ の場合，$H\{c(t)\}$ を図示せよ。

(2) $H\{\delta(t)\} = b(t)$ の場合，$H\{a(t)\}$ を図示せよ。

(3) $H\{\delta(t)\} = u(t)$（単位ステップ関数）の場合，$H\{b(t)\}$ を図示せよ。

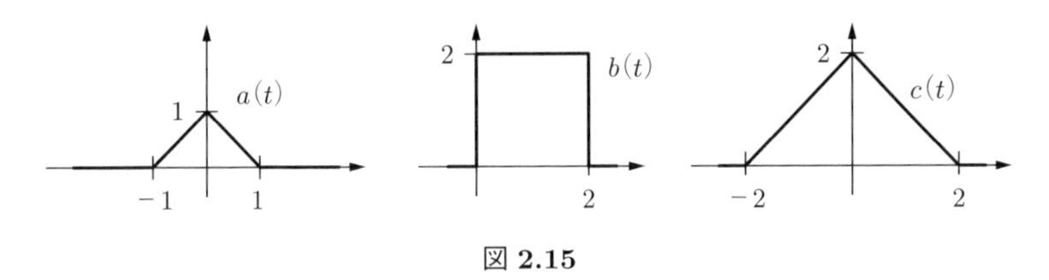

図 **2.15**

【3】 $3\cos(2t+1) * p(t)$（$p(t)$ は単位パルス関数）を求め，正弦波数式に表せ。

【4】 線形回路のある端子間電圧（物理単位 [V]）を入力，ある枝路電流（物理単位 [A]）を出力と見立てた場合に，このシステムのインパルス応答関数の物理単位を考察せよ。ここで，すべての回路素子は時不変性を満たすものとし，時間の物理単位は [s] とする。

【5】 図 2.3 に示す 3 種類のシステムの結合例において，$S_1\{\cdot\}$ と $S_2\{\cdot\}$ はそれぞれの IRF が $h_1(t)$ と $h_2(t)$ の LTI システムとする。$S_1\{\cdot\}$ と $S_2\{\cdot\}$ が結合したシステム全体の IRF を $h(t)$ とした場合，これら 3 種類のシステム (a), (b), (c) それぞれ，$h(t)$ と $h_1(t)$，$h_2(t)$ の関係式を示せ。

第 3 章

線形時不変システムの固有関数と直交基底関数

ある程度の近似さえ許容すれば，線形時不変システムのコンセプトは幅広い理工学の分野領域に適用できる。線形時不変操作は，信号のシフトと線形結合の組合せより実現でき，信号とインパルス応答との畳み込み積分によって表せる。しかし畳み込み積分の計算は煩雑であり，かつ個別問題の計算結果は普遍的な利用価値が低い。この苦境を打開するには，システムの固有関数と信号の基底関数を結びつける手法が非常に有効である。本章ではまず直観的にわかりやすい固有ベクトルと基底ベクトルを紹介し，次にこれらの概念と特徴の一般関数への拡張について説明する。

3.1 固有ベクトルと基底ベクトル

3.1.1 行列の固有ベクトル

ベクトル $\boldsymbol{x}$ に行列 $\boldsymbol{A}$ が作用して，別のベクトル $\boldsymbol{y}$ となる $\boldsymbol{Ax} = \boldsymbol{y}$ は，線形代数にて最も基本的な演算である。ベクトル $\boldsymbol{x}$ と $\boldsymbol{y}$ は同じ次元，行列 $\boldsymbol{A}$ は正方行列である場合，式 (3.1) を満たす非零ベクトル $\boldsymbol{p}$ は，行列 $\boldsymbol{A}$ の**固有ベクトル**（eigen vetor）と呼ぶ。

$$\boldsymbol{Ap} = \lambda \boldsymbol{p} \tag{3.1}$$

ここで，λ は**固有値**（eigen value）であり，行列 $\boldsymbol{A}$ と固有ベクトル $\boldsymbol{p}$ に依存する**スカラー**（$\boldsymbol{p}$ の要素によって変化しない定数）である。式 (3.1) より，$\boldsymbol{p}$ は行列 $\boldsymbol{A}$ の固有ベクトルであれば，その非零スカラー倍 $c\boldsymbol{p}$ も同固有値の固有ベクトルであることがわかる。すなわち，行列の作用によって，ベクトルの「長さ」が定数倍変わる（固有値が負の場合は負の長さと解釈する）が，その「方向」（各要素間の相対関係）が変わらないことは，固有ベクトルの主旨である。

$N \times N$ のフルランク正方行列 $\boldsymbol{A}$ は，N 個の**線形独立**（linearly independent）固有ベクトル $\boldsymbol{p}_i$ $(i = 1, 2, \cdots, N)$ をもつ。線形独立は，式 (3.2) に示す論理関係を満

たすことによって定められる。

$$
\begin{aligned}
&c_1\boldsymbol{p}_1 + c_2\boldsymbol{p}_2 + \cdots + c_N\boldsymbol{p}_N = \boldsymbol{0} \Longrightarrow c_1 = c_2 = \cdots = c_N = 0 \\
&\boldsymbol{Pc} = \boldsymbol{0} \Longrightarrow \boldsymbol{c} = \boldsymbol{0}
\end{aligned}
\tag{3.2}
$$

ここで，$\boldsymbol{P} = (\boldsymbol{p}_1 \quad \boldsymbol{p}_2 \quad \cdots \quad \boldsymbol{p}_N)$，$\boldsymbol{c} = (c_1 \quad c_2 \quad \cdots \quad c_N)^{\mathrm{T}}$ とする。これは，ベクトル $\boldsymbol{p}_i$ は，ほかのすべてのベクトル $\boldsymbol{p}_j$ $(j \neq i)$ のいかなる線形結合より表すことができないことを意味する。

行列によって，その固有ベクトルの「方向」の一意性が保証されていない。これは，N 個の固有値のうち，m 個の固有値が同じとなる場合に，ある m 次元部分空間の任意ベクトルも式 (3.1) を満たすためである。極端な例として，$N \times N$ の単位行列 $\boldsymbol{I}$ に対し，固有値が 1 で，N 次元空間の任意ベクトルも式 (3.1) を満たす。この場合，N 個の線形独立ベクトルを自由に選べばよい。

固有ベクトルの性質に基づき，正方行列 $\boldsymbol{A}$ は，式 (3.3) より対角化できる。

$$
\boldsymbol{A} = \boldsymbol{P}\boldsymbol{\Lambda}\boldsymbol{P}^{-1} \tag{3.3}
$$

ここで，$\boldsymbol{\Lambda}$ は，それぞれの固有ベクトルに対応する固有値 λ_i $(i = 1, 2, \cdots)$ を要素とした固有値対角行列である。

$$
\boldsymbol{\Lambda} = \begin{pmatrix} \lambda_1 & 0 & \cdots & 0 \\ 0 & \lambda_2 & \cdots & 0 \\ \vdots & \vdots & \ddots & \vdots \\ 0 & 0 & \cdots & \lambda_N \end{pmatrix}
$$

式 (3.3) 両辺にそれぞれ右側から $\boldsymbol{P}$ を掛けることで証明できる。

行列を対角化することによって，$\boldsymbol{Ax}$ のような単純演算に対してメリットが見えないが，行列 $\boldsymbol{A}$ の「組合せ」演算が必要な場合，固有値の「組合せ」演算に置き換えられる便利さがある。以下に一例を示す。

$$
\boldsymbol{A}^2\boldsymbol{x} + 3\boldsymbol{x} + \boldsymbol{A}^{-1}\boldsymbol{x} = (\boldsymbol{A}^2 + 3\boldsymbol{I} + \boldsymbol{A}^{-1})\boldsymbol{x} = \boldsymbol{P}(\boldsymbol{\Lambda}^2 + 3\boldsymbol{I} + \boldsymbol{\Lambda}^{-1})\boldsymbol{P}^{-1}\boldsymbol{x}
$$

$$
= \boldsymbol{P} \begin{pmatrix} \lambda_1^2 + 3 + \lambda_1^{-1} & 0 & \cdots & 0 \\ 0 & \lambda_2^2 + 3 + \lambda_2^{-1} & \cdots & 0 \\ \vdots & \vdots & \ddots & \vdots \\ 0 & 0 & \cdots & \lambda_N^2 + 3 + \lambda_N^{-1} \end{pmatrix} \boldsymbol{P}^{-1}\boldsymbol{x}
$$

ここで，固有ベクトルは行列に依存することは注意すべき点である。この例では，ベクトルに作用する行列として，$\boldsymbol{A}$ と単位行列 $\boldsymbol{I}$ しかない。しかし，例えば $\boldsymbol{B}$ と $\boldsymbol{A}$ は同じサイズの正方行列であっても，それぞれの固有ベクトルは異なるため，一般的に $\boldsymbol{BAp} = \lambda_B\lambda_A\boldsymbol{p}$ は成り立たない。

3.1.2　基底ベクトルの一般概念

式 (3.3) に示す行列の対角化を利用して，もしベクトル $\boldsymbol{x}$ と $\boldsymbol{y}$ ともに，以下のように固有ベクトル $\boldsymbol{p}_i$ $(i = 1, 2, \cdots)$ の線形結合より表せるならば

$$
\boldsymbol{x} = c_{\boldsymbol{x}1}\boldsymbol{p}_1 + c_{\boldsymbol{x}2}\boldsymbol{p}_2 + \cdots = \boldsymbol{P}\boldsymbol{c}_{\boldsymbol{x}}, \qquad \boldsymbol{y} = c_{\boldsymbol{y}1}\boldsymbol{p}_1 + c_{\boldsymbol{y}2}\boldsymbol{p}_2 + \cdots = \boldsymbol{P}\boldsymbol{c}_{\boldsymbol{y}}
$$

行列 $\boldsymbol{A}$ の組合せ操作で表せる $\boldsymbol{x}$ と $\boldsymbol{y}$ の線形問題は，各固有値 λ_i と $\boldsymbol{c}_{\boldsymbol{x}}$，$\boldsymbol{c}_{\boldsymbol{y}}$ の各該当要素 $c_{\boldsymbol{x}i}$，$c_{\boldsymbol{y}i}$ の計算問題に簡略化できる。以下に一例を示す。

$$
\boldsymbol{A}^2\boldsymbol{x} + \boldsymbol{x} = \boldsymbol{A}\boldsymbol{y} \Rightarrow \boldsymbol{P}(\boldsymbol{\Lambda}^2 + \boldsymbol{I})\boldsymbol{P}^{-1}\boldsymbol{P}\boldsymbol{c}_{\boldsymbol{x}} = \boldsymbol{P}\boldsymbol{\Lambda}\boldsymbol{P}^{-1}\boldsymbol{P}\boldsymbol{c}_{\boldsymbol{y}} \Rightarrow (\lambda_i^2 + 1)c_{\boldsymbol{x}i} = \lambda_i c_{\boldsymbol{y}i}
$$

ここで，$\boldsymbol{p}_i$ $(i = 1, 2, \cdots)$ は，行列 $\boldsymbol{A}$ の操作に対して固有ベクトルであるが，ベクトル $\boldsymbol{x}$ と $\boldsymbol{y}$ をそれぞれ合成できる一組のベクトルでもあり，**基底**（basis）**ベクトル**と呼ぶ。

基底ベクトルは，その線形結合によってほかのベクトルを合成する一組のベクトルである。式 (3.4) に一般表記を示す。

$$
\boldsymbol{x} = c_1\boldsymbol{r}_1 + c_2\boldsymbol{r}_2 + \cdots = \boldsymbol{R}\boldsymbol{c} \tag{3.4}
$$

ここで，$\boldsymbol{R} = (\boldsymbol{r}_1 \quad \boldsymbol{r}_2 \quad \cdots)$ は，基底ベクトル $\boldsymbol{r}_i$ $(i = 1, 2, \cdots)$ を列ベクトルで並べた基底ベクトル行列である。また，$\boldsymbol{c} = (c_1 \quad c_2 \quad \cdots)^{\mathrm{T}}$ は，$\boldsymbol{x}$ に含まれている各基底ベクトル $\boldsymbol{r}_i$ の**成分**（component）c_i を要素とした列ベクトルであり，$\boldsymbol{x}$ を基底ベクトルに分解する成分表である。

単位行列 $\boldsymbol{I}$ を用いて $\boldsymbol{x} = \boldsymbol{I}\boldsymbol{x}$ が成り立つため，これを基底ベクトルの見方より，ベクトル $\boldsymbol{x}$ を基底ベクトルに分解した成分ベクトルは $\boldsymbol{x}$ であると解釈できる。この時，基底ベクトルは単位行列 $\boldsymbol{I}$ の各列であり

$$\boldsymbol{e}_1 = (1\quad 0\quad 0\quad \cdots)^{\mathrm{T}},\quad \boldsymbol{e}_2 = (0\quad 1\quad 0\quad \cdots)^{\mathrm{T}},\quad \boldsymbol{e}_3 = (0\quad 0\quad 1\quad \cdots)^{\mathrm{T}},\quad \cdots$$

となる。このような元ベクトル $\boldsymbol{x}$ の「暗黙な」基底ベクトル組 $\boldsymbol{e}_i$ $(i = 1, 2, \cdots)$ は，**標準基底**（standard basis）という。この意味で，標準基底でない別の基底ベクトルに分解することは，基底の変換とも考えられる。

基底ベクトルは，固有ベクトルに合わせることで，線形モデル化された広範囲の物理問題の解析に大変役に立つ。また，基底ベクトルによるベクトル分解のコンセプトには，特徴成分抽出の意味合いが含まれ，パターン認識や主成分分析またはデータ圧縮などの応用領域にも活用されている。具体的な問題によって，基底ベクトルの選定はさまざまあるが，ここで一般的な特性 2 つだけを紹介する。

- 線形独立性：基底ベクトルはたがいに線形独立である。

これは，成分ベクトル $\boldsymbol{c}$ の一意性からの要請である。

- **完備性**（completeness）：任意の N 次元ベクトルを合成できるため，N 個の線形独立 N 次元基底ベクトルが必要となる。

ただし，具体的な応用問題によって，基底ベクトルの完備性は必須と限らない。基底ベクトルの数が完備性を満たさないほど少ない場面は，興味のある少数特徴の抽出や過剰データのフィッティングなど，特に誤差に伴う工学問題にしばしば見受けられる。

理論上，完備性を満たす場合，式 (3.4) に示す基底ベクトル行列 $\boldsymbol{R}$ は正方行列となり，かつその逆行列の存在は基底ベクトルの線形独立性より保証されるため，成分ベクトル $\boldsymbol{c}$ は式 (3.5) より求められる。

$$\boldsymbol{c} = \boldsymbol{R}^{-1}\boldsymbol{x} \tag{3.5}$$

例題 3.1　2 次元ベクトルは，平面上の幾何ベクトルより表すことができる。**図 3.1** に，以下 5 つの 2 次元ベクトルを示している。

$$\boldsymbol{x} = (3\quad 1)^{\mathrm{T}},\quad \boldsymbol{e}_1 = (1\quad 0)^{\mathrm{T}},\quad \boldsymbol{e}_2 = (0\quad 1)^{\mathrm{T}},$$

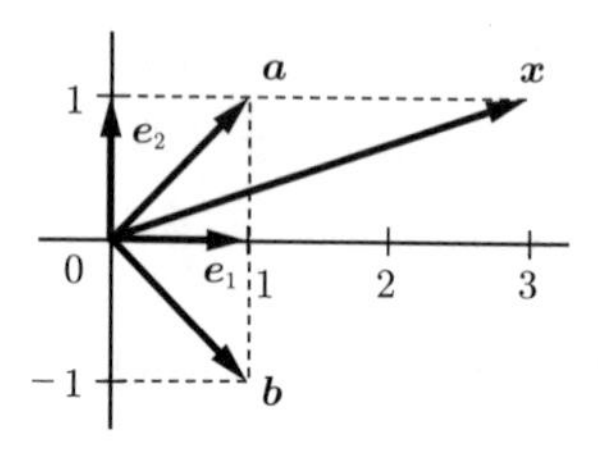

図 3.1　2 次元ベクトル

$$\boldsymbol{a} = (1 \quad 1)^{\mathrm{T}}, \quad \boldsymbol{b} = (1 \quad -1)^{\mathrm{T}}$$

次の (1)〜(3) の 3 種類の基底ベクトルを用いた場合それぞれ，$\boldsymbol{x} = c_1\boldsymbol{r}_1 + c_2\boldsymbol{r}_2 = \boldsymbol{R}\boldsymbol{c}$ の関係を図示せよ。

(1) $\boldsymbol{R} = (\boldsymbol{e}_1 \quad \boldsymbol{e}_2)$　　(2) $\boldsymbol{R} = (\boldsymbol{e}_1 \quad \boldsymbol{a})$　　(3) $\boldsymbol{R} = (\boldsymbol{a} \quad \boldsymbol{b})$

【解答】

(1) この場合は標準基底であり，以下の関係は明らかである。図 **3.2**(a) に示す。

$$\boldsymbol{x} = \begin{pmatrix} 3 \\ 1 \end{pmatrix} = \boldsymbol{R}\boldsymbol{c} = \begin{pmatrix} 1 & 0 \\ 0 & 1 \end{pmatrix}\begin{pmatrix} 3 \\ 1 \end{pmatrix} = 3\begin{pmatrix} 1 \\ 0 \end{pmatrix} + 1\begin{pmatrix} 0 \\ 1 \end{pmatrix}$$
$$= 3\boldsymbol{e}_1 + 1\boldsymbol{e}_2$$

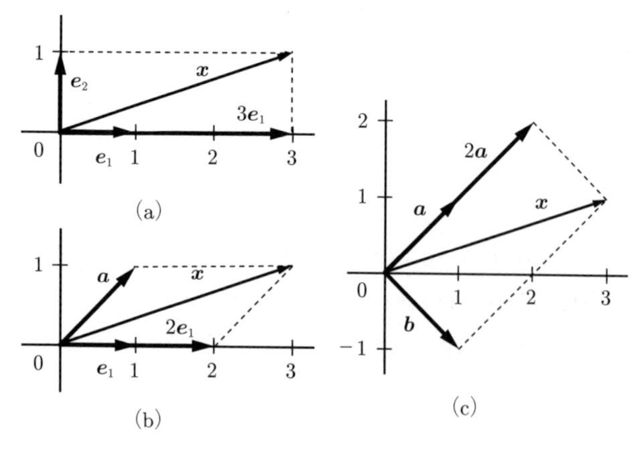

図 **3.2**　例題 3.1 解答

(2) 成分ベクトル $\boldsymbol{c}$ は式 (3.5) より求められるが，図 (b) にベクトル合成を示す。

$$\boldsymbol{x} = \boldsymbol{R}\boldsymbol{c} = \begin{pmatrix} 1 & 1 \\ 0 & 1 \end{pmatrix}\boldsymbol{c} = \begin{pmatrix} 1 & 1 \\ 0 & 1 \end{pmatrix}\left(\begin{pmatrix} 1 & 1 \\ 0 & 1 \end{pmatrix}^{-1}\begin{pmatrix} 3 \\ 1 \end{pmatrix}\right)$$

$$= \begin{pmatrix} 1 & 1 \\ 0 & 1 \end{pmatrix} \begin{pmatrix} 2 \\ 1 \end{pmatrix} = 2\boldsymbol{e}_1 + 1\boldsymbol{a}$$

(3) ベクトル関係は次式と図 (c) に示す。

$$\boldsymbol{x} = \boldsymbol{R}\boldsymbol{c} = \begin{pmatrix} 1 & 1 \\ 1 & -1 \end{pmatrix} \boldsymbol{c} = \begin{pmatrix} 1 & 1 \\ 1 & -1 \end{pmatrix} \left(\begin{pmatrix} 1 & 1 \\ 1 & -1 \end{pmatrix}^{-1} \begin{pmatrix} 3 \\ 1 \end{pmatrix} \right)$$

$$= \begin{pmatrix} 1 & 1 \\ 1 & -1 \end{pmatrix} \begin{pmatrix} 2 \\ 1 \end{pmatrix} = 2\boldsymbol{a} + 1\boldsymbol{b}$$

◇

完備性条件に限っても，基底ベクトルの取り方は無限にあり，具体的な問題の特性によって取るべきであることは言うまでもない。ここで，基底ベクトルの取り方に関する普遍的な特徴について，例題 3.1 の結果から考察してみる。

例題 3.1 では，基底ベクトル組 (1) と (2) に，同じ $\boldsymbol{e}_1$ があるが，元ベクトル $\boldsymbol{x}$ を分解した結果，この成分はそれぞれ $3\boldsymbol{e}_1$ と $2\boldsymbol{e}_1$ で異なる。同様に，組 (2) と (3) の共通基底ベクトル $\boldsymbol{a}$ に関して，$\boldsymbol{x}$ を分解した結果はそれぞれ $1\boldsymbol{a}$ と $2\boldsymbol{a}$ で異なる。

さて，単純問題として，結局ベクトル $\boldsymbol{x}$ にどれだけ $\boldsymbol{e}_1$ あるいは $\boldsymbol{a}$ は含まれているか？例題 3.1 のベクトル図より，以下のことが見て取れる。

- $3\boldsymbol{e}_1$ は，$\boldsymbol{e}_1$ 方向のベクトル中，元ベクトル $\boldsymbol{x}$ と最も近い
- $2\boldsymbol{a}$ は，$\boldsymbol{a}$ 方向のベクトル中，元ベクトル $\boldsymbol{x}$ と最も近い

これら「最も近い」成分を取り出す基底ベクトル組の共通的な特徴としては，組内の各基底ベクトルはたがいに垂直となっている。このような基底ベクトルを**直交 (orthogonal) 基底ベクトル**と呼ぶ。

2 次元や 3 次元ベクトルの場合では，幾何ベクトルより表せるので，直観的にイメージしやすい。直交基底ベクトルの「元ベクトルと最も近い成分を抽出する」特徴は，高次元ベクトルまたは関数においても同様である。ベクトルまたは関数の「直交」や「距離」を議論するために，内積とノルムの概念が必要となる。

3.1.3 ベクトルの内積とノルム

2 つの N 次元複素数ベクトルの**内積** (inner product) は，式 (3.6) に定義される。

$$\langle \boldsymbol{x}, \boldsymbol{y} \rangle := \boldsymbol{x}^{\mathrm{H}} \boldsymbol{y} = x_1^* y_1 + x_2^* y_2 + \cdots + x_N^* y_N = \sum_{i=1}^{N} x_i^* y_i \tag{3.6}$$

ここで，x_i^* は，x_i の複素共役である。また，$\boldsymbol{x}^{\mathrm{H}} = \boldsymbol{x}^{*\mathrm{T}}$ は，各要素の複素共役と行列の転置の 2 つの操作を合わせた表記であり，**共役転置**（conjugate transpose），または**エルミート**（Hermitian）**転置**やエルミート共役とも呼ぶ。線形代数において，実数行列の転置と同等な性質をもつため，複素数行列を扱う際に，行列の転置は共役転置とすることは定着されている。

また，複素数ベクトルの内積は，$\langle \boldsymbol{x}, \boldsymbol{y} \rangle = \boldsymbol{x}^{\mathrm{T}} \boldsymbol{y}^*$ のように，第二ベクトルの複素共役を用いる流儀もある。いずれも $\langle \boldsymbol{x}, \boldsymbol{y} \rangle = \langle \boldsymbol{y}, \boldsymbol{x} \rangle^*$ の関係が満たされているが，定義方法の違いによって，内積結果の虚部は反転する。内積結果の虚部は，数学的に斜交（直交でない）複素数基底系上に発生しうる。信号処理の理論基礎では複素数値信号を扱うが，後述のように直交基底系を原則としているため，本書は内積結果の虚部について議論しない。

2 次元や 3 次元の実数幾何ベクトルの場合，2 つの非零ベクトル $\boldsymbol{x}$ と $\boldsymbol{y}$ のなす角 θ と内積と以下の関係があり，幾何学的に確認できる。

$$\langle \boldsymbol{x}, \boldsymbol{y} \rangle = |\boldsymbol{x}||\boldsymbol{y}| \cos\theta$$

ここで $|\boldsymbol{x}|$ と $|\boldsymbol{y}|$ はそれぞれベクトル $\boldsymbol{x}$ と $\boldsymbol{y}$ の長さであり，内積よりも表せる。

$$|\boldsymbol{x}|^2 = \langle \boldsymbol{x}, \boldsymbol{x} \rangle$$

4 次元以上のベクトルでは幾何学的にイメージしにくいが，これらの関係は，高次元の複素数ベクトルにも拡張できる。例えば，2 つの幾何ベクトルが「垂直となる」場合，$\cos(\pm\pi/2) = 0$ ので，広義的なベクトルの直交は，式 (3.7) のように定められる。

$$\boldsymbol{x} \perp \boldsymbol{y} \Longleftrightarrow \langle \boldsymbol{x}, \boldsymbol{y} \rangle = 0 \qquad (\boldsymbol{x} \neq \boldsymbol{0},\ \boldsymbol{y} \neq \boldsymbol{0}) \tag{3.7}$$

さらに，2 つの高次元直交ベクトルでは式 (3.8) に示す三平方定理も成り立つ。これは，内積の定義式 (3.6) と直交ベクトルの関係式 (3.7) より導ける。

$$\boldsymbol{x} \perp \boldsymbol{y} \Longleftrightarrow \langle \boldsymbol{x}+\boldsymbol{y}, \boldsymbol{x}+\boldsymbol{y} \rangle = \langle \boldsymbol{x}-\boldsymbol{y}, \boldsymbol{x}-\boldsymbol{y} \rangle = \langle \boldsymbol{x}, \boldsymbol{x} \rangle + \langle \boldsymbol{y}, \boldsymbol{y} \rangle \tag{3.8}$$

なお，なす角 θ は2つのベクトルの「方向の一致性」を表すものと考えられ，高次元のベクトルにおいては，$\cos\theta = \langle \boldsymbol{x}, \boldsymbol{y} \rangle / \sqrt{\langle \boldsymbol{x}, \boldsymbol{x} \rangle \langle \boldsymbol{y}, \boldsymbol{y} \rangle}$ を2つのベクトルの類似度，または2変数データ分散の相関度の定量評価として用いられている。

2つのベクトルの「距離」は，その差分ベクトルの「長さ」に相当するため，ここでベクトルの「長さ」を表す一般的な数学概念，**ノルム**（norm）を紹介する。式(3.9)にベクトル $\boldsymbol{x}$ のノルムの一般形を示す。

$$\|\boldsymbol{x}\|_p := (|x_1|^p + |x_2|^p + \cdots)^{1/p} = \left(\sum\nolimits_i |x_i|^p\right)^{1/p} \quad (p \in [1, \infty)) \tag{3.9}$$

ここで，$|x_i|$ は，要素 x_i の絶対値であり，x_i が複素数である場合に，その複素数の大きさ $|x_i| = \sqrt{x_i^* x_i}$ となる。p は，ノルムの次数であり，$\|\boldsymbol{x}\|_p$ は p 次ノルムまたは L^p ノルムや l_p ノルムという。同じベクトルであっても，次数 p によって，ノルムの値が異なるが，$p \in [1, \infty)$ において，以下に示す「長さ」に対する直観的な決まりごとが満たされる。

- 正値性：長さは0以上の実数である。$\|\boldsymbol{x}\|_p \geq 0$
- 斉次性：定数倍ベクトルの長さは，元長さの定数倍である。$\|a\boldsymbol{x}\|_p = |a|\|\boldsymbol{x}\|_p$
- 三角不等式：寄り道の長さは直行以上にかかる。$\|\boldsymbol{x}\|_p + \|\boldsymbol{y}\|_p \geq \|\boldsymbol{x} + \boldsymbol{y}\|_p$

応用上では，L^2 ノルムが最も多く使われている。問題の個性によって L^1 ノルム（各要素の絶対値の総和）と L^∞ ノルム（各要素絶対値中の最大値）を利用する場面もある。$p < 1$ の場合では三角不等式が保証できなくなり，「長さ」の意味を反らしてしまうが，ノルム概念の延長で，ベクトル中の非零要素の数を L^0 ノルムと呼ぶこともある。

本書では，おもに L^2 ノルムを利用するので，これ以降特に断りがなければ，ノルム $\|\boldsymbol{x}\|$ を L^2 ノルム $\|\boldsymbol{x}\|_2$ として用いる。$p=2$ であれば，ノルムは

$$\|\boldsymbol{x}\| = \sqrt{|x_1|^2 + |x_2|^2 + \cdots} = \sqrt{\langle \boldsymbol{x}, \boldsymbol{x} \rangle} \tag{3.10}$$

となり，内積より表される「長さ」と一致する。2次元や3次元の実数ベクトルではその幾何的な長さと同様であるため，高次元ベクトルまたは関数の場合においても，この L^2 ノルムのことを，古典幾何学の父と呼ばれる数学者の名前にちなんだ，**ユークリード距離**（Euclidean distance）ともいう。

L^2 ノルムが重要視される理由は，幾何ベクトルの長さとの一致や線形代数に基づいた内積との相性のみならず，以下に示す物理的な背景も挙げられる。

- 力，速度，音圧，電圧，電流，電界，磁界など線形モデルで扱われる物理量の L^2 ノルムは，規格化エネルギーに一致し，かつほとんどの物理現象はエネルギー最小則に従う。
- ノイズや測定誤差に伴う工学問題において，ノイズや誤差は，期待値0の正規分布（元問題の確率密度分布にかかわらず，多数回平均すれば必ず正規分布に収束）確率変数として扱える。各データのノイズや誤差は同じ分散であり，かつ無相関とみなせる場合，ノイズや誤差の L^2 ノルムが最小となる解は，最大確率密度解と一致する。

3.1.4 直交基底ベクトル

空間幾何ベクトルとして扱われる物理量の相互関係を示すほぼすべての物理法則は，ベクトルの内積や外積より記述されているため，垂直分量の取り方は一般的に定着されていると言える。ただし，幾何ベクトルは「直交」に対する直観的な理解として役に立つが，信号処理の観点では高次元ベクトルまたは関数を議論する必要がある。

直交基底ベクトルは，直交でない基底ベクトル組に比べて，成分分析の精確さ・取扱いやすさの面において，優れた特性をもっている。

「精確さ」はあいまいな表現であるが，ここでは「最短ユークリード距離」を指す。幾何ベクトルの場合では例題3.1に関する考察を参考してイメージできるが，高次元ベクトルの場合でも，次のことが言える。

- 直交基底ベクトルによる分解された各成分は，それぞれの最短距離解である。

例題 3.2 直交基底ベクトル $\boldsymbol{r}_i$ $(i = 1, 2, \cdots)$ を用いた場合，目標ベクトル $\boldsymbol{x} = c_1\boldsymbol{r}_1 + c_2\boldsymbol{r}_2 + \cdots + c_m\boldsymbol{r}_m + \cdots$ に対して，基底ベクトル成分 $\boldsymbol{r}_m$ の最短距離解 $\hat{\theta}\boldsymbol{r}_m$ を求めよ。

【解答】 $\boldsymbol{x}$ を $\boldsymbol{r}_m$ の成分 $c_m\boldsymbol{r}_m$ とその他の成分 $\boldsymbol{s} = \boldsymbol{x} - c_m\boldsymbol{r}_m = \sum_{i\ (i\neq m)} c_i\boldsymbol{r}_i$ に分けると，$\boldsymbol{x}$ と推定ベクトル $\theta\boldsymbol{r}_m$ とのユークリード距離の二乗は

$$\|\boldsymbol{x}-\theta\boldsymbol{r}_m\|^2=\|\boldsymbol{s}+(c_m-\theta)\boldsymbol{r}_m\|^2$$

と表せる。ここで，$\boldsymbol{s}$ を合成するすべての基底ベクトル $\boldsymbol{r}_i$ $(i\neq m)$ は，$\boldsymbol{r}_m$ と直交するので，$\langle\boldsymbol{s},\boldsymbol{r}_m\rangle=0$，すなわち $\boldsymbol{s}$ も $\boldsymbol{r}_m$ と直交することが確認できる。よって

$$\|\boldsymbol{s}+(c_m-\theta)\boldsymbol{r}_m\|^2=\|\boldsymbol{s}\|^2+|c_m-\theta|^2\|\boldsymbol{r}_m\|^2$$

となる。ノルムの正値性によって，上式が最小となる θ は，$\hat{\theta}=c_m$ とわかる。 ◇

直交基底ベクトルを用いれば，分解された各成分がたがいに直交し，各成分が「明確に分けられている」ように，いろいろの計算が便利となる。ここで最後に，直交基底ベクトルを用いれば，元ベクトル $\boldsymbol{x}$ から，成分ベクトル $\boldsymbol{c}$ をより簡単に求められることを紹介する。

式 (3.5) では，基底ベクトル行列 $\boldsymbol{R}$ の逆行列を求める必要がある。式 (3.4) の両辺に左から $\boldsymbol{R}^{\mathrm{H}}$ を掛けると

$$\boldsymbol{R}^{\mathrm{H}}\boldsymbol{x}=\begin{pmatrix}\langle\boldsymbol{r}_1,\boldsymbol{x}\rangle\\ \langle\boldsymbol{r}_2,\boldsymbol{x}\rangle\\ \vdots\\ \langle\boldsymbol{r}_N,\boldsymbol{x}\rangle\end{pmatrix}=\boldsymbol{R}^{\mathrm{H}}\boldsymbol{R}\boldsymbol{c}=\begin{pmatrix}\langle\boldsymbol{r}_1,\boldsymbol{r}_1\rangle & \langle\boldsymbol{r}_1,\boldsymbol{r}_2\rangle & \cdots & \langle\boldsymbol{r}_1,\boldsymbol{r}_N\rangle\\ \langle\boldsymbol{r}_2,\boldsymbol{r}_1\rangle & \langle\boldsymbol{r}_2,\boldsymbol{r}_2\rangle & \cdots & \langle\boldsymbol{r}_2,\boldsymbol{r}_N\rangle\\ \vdots & \vdots & \ddots & \vdots\\ \langle\boldsymbol{r}_N,\boldsymbol{r}_1\rangle & \langle\boldsymbol{r}_N,\boldsymbol{r}_2\rangle & \cdots & \langle\boldsymbol{r}_N,\boldsymbol{r}_N\rangle\end{pmatrix}\boldsymbol{c} \tag{3.11}$$

が得られる。$\boldsymbol{R}^{\mathrm{H}}\boldsymbol{R}$ は共役対称行列のため正定値であることは保証されているが，直交基底ベクトルでない場合では，$\boldsymbol{c}$ を求めるためにやはり逆行列を求める必要がある。しかし $\boldsymbol{r}_i$ $(i=1,2,\cdots)$ はたがいに直交基底ベクトルであれば，この行列は対角線以外の要素は直交性によってすべて 0 となるため，成分ベクトルの各要素は式 (3.12) のように簡単に求められる。

$$c_i=\frac{\langle\boldsymbol{r}_i,\boldsymbol{x}\rangle}{\langle\boldsymbol{r}_i,\boldsymbol{r}_i\rangle} \tag{3.12}$$

3.1.5 最小二乗法

最小二乗（LMS, least mean square）**法**は，ベクトルや関数の推定問題において L^2 ノルムを定量評価の基準とし，目標ベクトルや関数と「最も近い」解を求める方

法である。3.1.3 項の最後に述べた物理的な背景があり，広い領域の応用問題に用いられ，式 (3.13) より一般化表現できる。

$$\hat{\boldsymbol{\theta}} \in \arg\min_{\boldsymbol{\theta}} \|\boldsymbol{x} - \boldsymbol{y}_{\boldsymbol{\theta}}\|^2 \tag{3.13}$$

ここで，$\hat{\boldsymbol{\theta}}$ は推定パラメータ $\boldsymbol{\theta}$ の最小二乗解，$\boldsymbol{x}$ は目標ベクトル，$\boldsymbol{y}_{\boldsymbol{\theta}}$ はパラメータ $\boldsymbol{\theta}$ より一意的に決められる推定ベクトルである。式 (3.13) は

$$\|\boldsymbol{x} - \boldsymbol{y}_{\hat{\boldsymbol{\theta}}}\|^2 = \min_{\boldsymbol{\theta}} \|\boldsymbol{x} - \boldsymbol{y}_{\boldsymbol{\theta}}\|^2$$

と同等である。なお，目標ベクトル $\boldsymbol{x}$ と推定ベクトル $\boldsymbol{y}_{\boldsymbol{\theta}}$ との差分 $\boldsymbol{x} - \boldsymbol{y}_{\boldsymbol{\theta}}$ は，推定しきれていない部分となり，**残差**（residual）ベクトルと呼ぶ。

最小二乗法は，誤差が含まれる測定データから物理法則によってモデル化されるシンプルな関数を推定するためによく用いられている。N 組のデータ (x_i, y_i) から関数 $y = f(x)$ を推定することは，データのフィッティング，または**回帰分析**（regression analysis）と呼ぶ。フィッティングの基準はさまざまあるが，「x_i は正確であり，y_i に誤差がある」を前提とした最小二乗法は，$\sum_i (y_i - f(x_i))^2$ が最小となる $f(\cdot)$ の推定問題になる。一次関数 $y = ax + b$ の場合では，係数 a と b を求めることとなり，推定された直線は**回帰直線**（regression line）とも呼ぶ。実際の問題ではデータの数が多く，かつ x_i の間隔に制限がなく，一部のデータは x_i の値が同じでの複数回の測定値 y_i を使う場面もある。

ここでは，3 組 (x_i, y_i) のデータ $(1, 1), (2, 2), (3, 2)$ から，回帰直線 $y = ax + b$ を求める問題を例として説明する。

【解法①】 残差の極値を用いる方法

目標値 y_i と推定値 $ax_i + b$ との差の二乗和を，係数 a と b を独立変数とした誤差関数 $E(a, b)$ とし，この関数値が最小となる a と b を求めればよい。

$$E(a, b) = \sum_{i=1}^{N} (y_i - (ax_i + b))^2 \tag{3.14}$$

厳密な証明は省略するが，次のことをイメージして，この関数には最小値が存在することが理解できる。

- $E(a, b)$ は 0 以上の実数である。

- a や b の絶対値をどんどん大きくとれば，$E(a,b)$ は $+\infty$ に発散する。

本例題の数値を代入して

$$E(a,b) = (1-(a+b))^2 + (2-(2a+b))^2 + (2-(3a+b))^2$$
$$= 14a^2 + 3b^2 + 12ab - 22a - 10b + 9$$

が得られる。微分可能な連続関数が極値をとるために，各独立変数に対する偏微分が 0 となるので

$$\frac{\partial E(a,b)}{\partial a} = 0, \qquad \frac{\partial E(a,b)}{\partial b} = 0 \tag{3.15}$$

を満たす必要がある。$E(a,b)$ を式 (3.15) に代入し，a と b の連立方程式

$$28a + 12b - 22 = 0$$
$$12a + 6b - 10 = 0$$

が得られる。これより $a = 1/2$，$b = 2/3$ がそれぞれ求められ，回帰直線は

$$y = \frac{1}{2}x + \frac{2}{3}$$

と求まる。このグラフを図 **3.3** に示す。

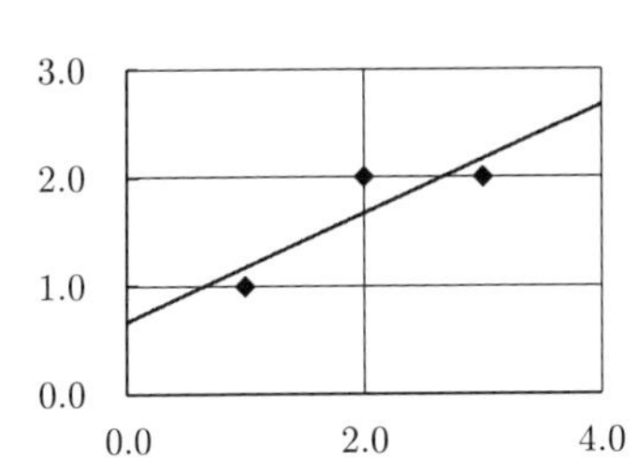

図 **3.3**　回帰直線例

回帰直線の問題は応用範囲が広く，解の一般形が式 (3.16) に与えられ，式 (3.14) を式 (3.15) に代入して得られる a と b の連立方程式より求められる。

$$a = \frac{N\sum_{i=1}^{N} x_i y_i - \sum_{i=1}^{N} x_i \sum_{i=1}^{N} y_i}{N\sum_{i=1}^{N} x_i^2 - \sum_{i=1}^{N} x_i \sum_{i=1}^{N} x_i} \qquad b = \overline{y} - a\overline{x} \tag{3.16}$$

ここで，$\overline{x}=\dfrac{1}{N}\sum_{i=1}^{N}x_i$ は，x の平均値である。$b=\overline{y}-a\overline{x}$ は，すべてのデータの平均点 $(\overline{x},\overline{y})$ は回帰直線上にあることを意味する。傾き a は，平均点 $(\overline{x},\overline{y})$ を座標原点にする形式

$$a=\frac{\displaystyle\sum_{i=1}^{N}(x_i-\overline{x})(y_i-\overline{y})}{\displaystyle\sum_{i=1}^{N}(x_i-\overline{x})(x_i-\overline{x})}=\frac{\mathrm{cov}(x,y)}{\mathrm{var}(x)}$$

に書き換えられ，変数 x と y との**共分散** $\mathrm{cov}(x,y)$ と，x の**分散** $\mathrm{var}(x)$ の比で与えられる。

【解法 ②】 直交基底ベクトルを用いる方法

データを以下のようにベクトルとみなせば，回帰直線の問題は，式 (3.17) に示す基底ベクトルの分解問題として考えられる。

$$\boldsymbol{y}=(y_1\ y_2\ \cdots\ y_N)^{\mathrm{T}},\quad \boldsymbol{r}_1=(x_1\ x_2\ \cdots\ x_N)^{\mathrm{T}},\quad \boldsymbol{r}_2=(1\ 1\ \cdots\ 1)^{\mathrm{T}}$$
$$\boldsymbol{y}=a\boldsymbol{r}_1+b\boldsymbol{r}_2+\cdots \tag{3.17}$$

特に，基底ベクトルはたがいに直交であれば，それぞれの係数は式 (3.12) より簡単に求められ，かつその解は自然に最小二乗解となる。

しかし，$\langle\boldsymbol{r}_1,\boldsymbol{r}_2\rangle=x_1+x_2+\cdots+x_N$ は必ずしも 0 ではなく，すなわち興味のある 2 つの基底ベクトル $\boldsymbol{r}_1$ と $\boldsymbol{r}_2$ とは直交に限らない。この場合，元の基底ベクトルの線形結合より，新たに直交基底ベクトルを作ればよい。その考え方は，例えば，$\boldsymbol{r}_1=\alpha\boldsymbol{r}_2+\boldsymbol{r}'_1$ $(\boldsymbol{r}'_1\perp\boldsymbol{r}_2)$ に分解することである。$\boldsymbol{r}'_1\perp\boldsymbol{r}_2$ のため，これは直交基底ベクトルの分解で，$\alpha=\langle\boldsymbol{r}_2,\boldsymbol{r}_1\rangle/\langle\boldsymbol{r}_2,\boldsymbol{r}_2\rangle$ となり

$$\boldsymbol{r}'_1=\boldsymbol{r}_1-\frac{\langle\boldsymbol{r}_2,\boldsymbol{r}_1\rangle}{\langle\boldsymbol{r}_2,\boldsymbol{r}_2\rangle}\boldsymbol{r}_2$$

が得られる。この方法は，**グラムシュミット**（Gram Schmidt）**直交化**という。

回帰直線の問題では，$\boldsymbol{r}'_1=\boldsymbol{r}_1-\overline{x}\boldsymbol{r}_2$ とすればよい。よって，式 (3.17) を直交基底ベクトルの分解問題 $\boldsymbol{y}=a'\boldsymbol{r}'_1+b'\boldsymbol{r}_2+\cdots$ に置き換えられる。したがって

$$a'=\frac{\langle\boldsymbol{r}'_1,\boldsymbol{y}\rangle}{\langle\boldsymbol{r}'_1,\boldsymbol{r}'_1\rangle},\qquad b'=\frac{\langle\boldsymbol{r}_2,\boldsymbol{y}\rangle}{\langle\boldsymbol{r}_2,\boldsymbol{r}_2\rangle}=\overline{y},\qquad a=a',\qquad b=b'-a'\overline{x}$$

によって，a と b の一般形は，式 (3.16) と同様に求められる。

この例題の場合，$\boldsymbol{y} = (1\ \ 2\ \ 2)^{\mathrm{T}}$，$\boldsymbol{r}_1 = (1\ \ 2\ \ 3)^{\mathrm{T}}$，$\boldsymbol{r}_2 = (1\ \ 1\ \ 1)^{\mathrm{T}}$ であり

$$\overline{x} = 2, \quad \boldsymbol{r'}_1 = (-1\ \ 0\ \ 1)^{\mathrm{T}}, \quad a' = \frac{1}{2}, \quad b' = \frac{5}{3}, \quad a = \frac{1}{2}, \quad b = \frac{2}{3}$$

がそれぞれ求められ，解法①と同様な回帰直線が求まる。

この方法の主旨は，興味のある M 個の N 次元基底ベクトル $\boldsymbol{r}_1, \boldsymbol{r}_2, \cdots, \boldsymbol{r}_M$（$M < N$，本例題では $M = 2, N = 3$）の線形結合より，たがいに直交する基底ベクトル $\boldsymbol{r'}_1, \boldsymbol{r'}_2, \cdots, \boldsymbol{r'}_M$（本解答では $\boldsymbol{r'}_2 = \boldsymbol{r}_2$）を作成し，最小二乗推定問題を直交基底ベクトル係数の計算問題に置き換える。これは次のように一般化数式より表せる。

$$\boldsymbol{y} = \boldsymbol{Rc} + \boldsymbol{e} = (\boldsymbol{RG})(\boldsymbol{G}^{-1}\boldsymbol{c}) + \boldsymbol{e} = \boldsymbol{R'c'} + \boldsymbol{e}$$

ここで，$\boldsymbol{R} = (\boldsymbol{r}_1\ \ \boldsymbol{r}_2\ \ \cdots\ \ \boldsymbol{r}_M)$，$\boldsymbol{R'} = (\boldsymbol{r'}_1\ \ \boldsymbol{r'}_2\ \ \cdots\ \ \boldsymbol{r'}_M)$ は $N \times M$ のベクトル行列，$\boldsymbol{G}$ はグラムシュミット法より得られる $M \times M$ の直交化変換行列，$\boldsymbol{e}$ は N 次元残差ベクトル，$\boldsymbol{c'}$ は式 (3.12) より求められる M 次元係数ベクトル，$\boldsymbol{c} = \boldsymbol{Gc'}$ は求めたい M 次元推定係数ベクトルである。

【解法③】 擬似逆行列を用いる方法

解法②では，残差ベクトル $\boldsymbol{e}$ はすべての $\boldsymbol{r'}_1, \boldsymbol{r'}_2, \cdots, \boldsymbol{r'}_M$ と直交し，かつ $\boldsymbol{R} = \boldsymbol{R'G}^{-1}$ により，すべての $\boldsymbol{r}_1, \boldsymbol{r}_2, \cdots, \boldsymbol{r}_M$ は $\boldsymbol{r'}_1, \boldsymbol{r'}_2, \cdots, \boldsymbol{r'}_M$ の線形結合となるため，$\boldsymbol{e}$ はすべての $\boldsymbol{r}_1, \boldsymbol{r}_2, \cdots, \boldsymbol{r}_M$ との直交も確認できる。$\boldsymbol{y} = \boldsymbol{Rc} + \boldsymbol{e}$ の両辺に左から $\boldsymbol{R}^{\mathrm{H}}$ を掛けると

$$\boldsymbol{R}^{\mathrm{H}}\boldsymbol{y} = \boldsymbol{R}^{\mathrm{H}}\boldsymbol{Rc} + \boldsymbol{R}^{\mathrm{H}}\boldsymbol{e} = \boldsymbol{R}^{\mathrm{H}}\boldsymbol{Rc}$$

が得られ，$\boldsymbol{c} = (\boldsymbol{R}^{\mathrm{H}}\boldsymbol{R})^{-1}\boldsymbol{R}^{\mathrm{H}}\boldsymbol{y}$ が求められる。ここで $(\boldsymbol{R}^{\mathrm{H}}\boldsymbol{R})^{-1}\boldsymbol{R}^{\mathrm{H}}$ はあたかも $\boldsymbol{R}$ の逆行列の役割であり，**擬似逆**（pseudo-inverse）**行列**という。上式を式 (3.11) のように内積より表せる。

$$\begin{pmatrix} \langle \boldsymbol{r}_1, \boldsymbol{y} \rangle \\ \langle \boldsymbol{r}_2, \boldsymbol{y} \rangle \\ \vdots \\ \langle \boldsymbol{r}_M, \boldsymbol{y} \rangle \end{pmatrix} = \boldsymbol{R}^{\mathrm{H}}\boldsymbol{y} = \boldsymbol{R}^{\mathrm{H}}\boldsymbol{Rc} = \begin{pmatrix} \langle \boldsymbol{r}_1, \boldsymbol{r}_1 \rangle & \langle \boldsymbol{r}_1, \boldsymbol{r}_2 \rangle & \cdots & \langle \boldsymbol{r}_1, \boldsymbol{r}_M \rangle \\ \langle \boldsymbol{r}_2, \boldsymbol{r}_1 \rangle & \langle \boldsymbol{r}_2, \boldsymbol{r}_2 \rangle & \cdots & \langle \boldsymbol{r}_2, \boldsymbol{r}_M \rangle \\ \vdots & \vdots & \ddots & \vdots \\ \langle \boldsymbol{r}_M, \boldsymbol{r}_1 \rangle & \langle \boldsymbol{r}_M, \boldsymbol{r}_2 \rangle & \cdots & \langle \boldsymbol{r}_M, \boldsymbol{r}_M \rangle \end{pmatrix} \boldsymbol{c}$$

このように，N 次元ベクトル $\boldsymbol{y}$ の M 次元不完全分解の最小二乗解は，分解したい基底ベクトルの直交性に関係なく求められる。

回帰直線問題は，式 (3.17) に示す $M=2$ の場合となる。本例の $\boldsymbol{y}=(1\ \ 2\ \ 2)^{\mathrm{T}}$，$\boldsymbol{r}_1=(1\ \ 2\ \ 3)^{\mathrm{T}}$，$\boldsymbol{r}_2=(1\ \ 1\ \ 1)^{\mathrm{T}}$ より

$$\begin{pmatrix} 11 \\ 5 \end{pmatrix} = \begin{pmatrix} 14 & 6 \\ 6 & 3 \end{pmatrix} \begin{pmatrix} a \\ b \end{pmatrix}$$

が得られ，$a=1/2$，$b=2/3$ はそれぞれ求まる。

3.2 固有関数と基底関数

3.2.1 線形時不変システムの固有関数

行列の固有ベクトルのコンセプトと類似で，式 (3.18) を満たす関数 $q(t)$ は，システム $S\{\cdot\}$ の**固有関数**（eigen function）という。

$$S\{q(t)\}(t) = \lambda q(t) \tag{3.18}$$

ここで λ は固有値となり，システム $S\{\cdot\}$ と当該固有関数 $q(t)$ に依存するが，時間 t によって変化しない定数である。システムの操作は固有関数の定数倍増幅に相当することを意味する。

行列の操作は固有ベクトルの「方向」を変えずに「長さ」だけ伸縮させる。これに対し，ベクトルの個々の要素は，時間関数の各時刻の瞬時値に相当するため，システムの操作は固有関数の「波形」を変えずに「縦軸」だけ伸縮させると直観的に理解してよい。ただし，一般的なシステムは線形性が保証されないので，$q(t)$ は固有関数であっても，$2q(t)$ は固有関数と限らない。

線形システムの場合，信号をベクトルとみなせば，システム作用素は行列の役割と同等である。さらに，線形作用素の各種結合も線形性を保存するため，結合された線形作用素の固有関数に対する操作はその固有値の演算に帰すことができる。以下に一例を示す。

$$L\{L\{q(t)\}\} + 2L\{q(t)\} + 3q(t) = (\lambda^2 + 2\lambda + 3)q(t)$$

ここで2つの課題が挙げられる。1つ目は，固有ベクトルの行列依存性と同様に，作用素が異なれば，式 (3.18) を満たす固有関数も異なることである。2つ目は，入力信号は固有関数でない場合に，固有値計算の便利さをどのように利用するかである。2点目については次項以降に説明するが，ここで，線形時不変システムの「共通」固有関数を紹介する。

線形性のみ満たすシステムでは，一般的にシステムによって固有関数が異なるが，線形性と時不変性の両方を満たせば，任意のLTIシステムであっても，式 (3.18) を満たす共通な固有関数が存在する。LTI作用因子は $(a \cdot D^b)\{\cdot\}$ と表せるため，次式を満たす関数を見つければよい。

$$(a \cdot D^b)\{q(t)\}(t) = a \cdot q(t-b) = \lambda \cdot q(t)$$

独立変数の定数シフトは従属変数の定数倍増幅に相当する関数は，指数関数である。この関係を満たす指数関数の一般形は $AB^{(Ct+D)}$ と表せるが，$AB^{(Ct+D)} = (AB^D)e^{(C \ln B)t}$ のため，便利上，式 (3.19) に示す1パラメータの関数を用いる。

$$q(t;s) = e^{st} \tag{3.19}$$

e^{st} は**指数信号**（exponential signal）と呼ぶ。LTIシステムのIRFを用いて，この関数を入力した場合の出力は式 (3.20) より表せる。

$$\begin{aligned} H\{q(t;s)\} = H\{e^{st}\} &= \int_{-\infty}^{\infty} h(\tau)e^{s(t-\tau)}d\tau \\ &= \int_{-\infty}^{\infty} h(\tau)e^{-s\tau}d\tau \cdot e^{st} = \lambda \cdot q(t;s) \end{aligned} \tag{3.20}$$

ここで

$$\lambda = \int_{-\infty}^{\infty} h(\tau)e^{-s\tau}d\tau \tag{3.21}$$

は，このシステムのIRFである $h(t)$ と固有関数 $q(t;s)$ のパラメータ s に依存し，時間によって変化しない固有値である。

例題 3.3 次の入出力関係式が成り立つシステムにおいて，入力 $x(t) = e^{2t}$ の場合での定常出力 $y(t)$ を求めよ。

$$\frac{d}{dt}y(t) + 3y(t-1) = \frac{d^2}{dt^2}x(t) + 5x(t)$$

【解答】 入出力関係式において，各加算項には 1 つだけの入力信号または出力信号が含まれ，かつ各加算項の $x(t)$ または $y(t)$ に対する操作は線形性と時不変性ともに満たすため，このシステムは LTI システムであることがわかる。なお，入力信号 e^{2t} は LTI システムの固有関数であるので，出力信号 $y(t) = Ae^{2t}$ と仮定できる。

$x(t) = e^{2t}$ と $y(t) = Ae^{2t}$ を入出力関係式に代入し

$$A\frac{d}{dt}e^{2t} + 3Ae^{2(t-1)} = \frac{d^2}{dt^2}e^{2t} + 5e^{2t}$$
$$2Ae^{2t} + 3e^{-2}Ae^{2t} = 4e^{2t} + 5e^{2t}$$

より，$A = 9/(2+3e^{-2})$ が得られ，出力信号は次のように求まる。

$$y(t) = \frac{9}{2+3e^{-2}}e^{2t} \approx 3.74e^{2t}$$

3.2.2　信号の基底関数

基底関数（basis function）とは，その線形結合によって別の関数（信号）を合成できる関数である。基底関数による信号の合成は式 (3.22) に表せる。このコンセプトは基底ベクトルと類似している。特に，有限区間の離散時間信号であれば，基底関数は，有限次元の基底ベクトルとまったく同様に考えられる。

$$x(t) = c_1r_1(t) + c_2r_2(t) + \cdots = \sum_i c_ir_i(t) \tag{3.22}$$

しかし，連続関数の場合では，元信号の自由度が ∞ となり，任意信号を合成できるために，無限個の基底関数が必要となる。さらに，無限個の基底関数を用意しても，任意信号を合成できるに限らない。例えば $r_i(t) = t^{2i}$ $(i = 0, 1, 2, \cdots)$ は，無限に多くあっても，これら基底関数はすべて偶関数であるため，どのように線形結合しても，偶関数信号しか合成できない。

基底関数どうしにも「微小差異・連続変化」のコンセプトを導入し，式 (3.22) に示す総和形式の合計を，積分形式に書き換え，基底関数の線形結合を表す一般形は式 (3.23) となる。

$$x(t) = \int c(\xi) r(t; \xi) d\xi \tag{3.23}$$

ここで，$r(t;\xi)$ は t を独立変数，ξ をパラメータとした基底関数，$c(\xi)$ は基底関数のパラメータ ξ を独立変数とした密度関数で，$x(t)$ の「成分表」である。信号 $x(t)$ と成分表 $c(\xi)$ は対応しあいながら，独立変数が異なる関数となり，たがいに求める計算過程を**変換**（transform）と呼ぶ。

式 (3.22) と式 (3.23) ともに，成分表が決まれば合成信号 $x(t)$ は1つだけ求められるが，いずれの場合においても，「成分表」の一意性のため，基底関数の線形独立性が必要となる。基底関数の線形独立は，基底関数のパラメータが離散的の式 (3.22) と連続的の式 (3.23) の場合，本質は同じであるが，それぞれ以下の2つの関係式より示せる。

$$\sum_i c_i r_i(t) = 0 \quad (\forall t) \Longrightarrow c_i = 0 \quad (\forall i) \tag{3.24}$$

$$\int c(\xi) r(t; \xi) d\xi = 0 \quad (\forall t) \Longrightarrow c(\xi) = 0 \quad (\forall \xi) \tag{3.24$'$}$$

式 (3.22) に示す離散パラメータの基底関数の一例として，∞ 階微分可能関数のテイラー展開が挙げられる。$r_i(t) = t^i$ $(i = 0, 1, \cdots)$ を基底としている。

$$x(t) = \sum_{i=0}^{\infty} \frac{x^{(i)}(0)}{i!} t^i$$

式 (3.23) に示す連続パラメータの基底関数の一例として，δ 関数が挙げられる。

$$x(t) = \int_{-\infty}^{\infty} x(\tau) \delta(t - \tau) d\tau$$

元信号 $x(t)$ と成分表 $x(\tau)$ と同じ関数形である。基底ベクトル行列が単位行列となる標準基底ベクトルのように，遅延 δ 関数は標準基底関数であると言える。

適切な基底関数を利用することで，複雑な装置を部品ごとに分解することができる。このコンセプトは信号処理のみならず，電気回路や振動・波動解析から，量子力学，量子化学，パターン認識や機械学習まで，幅広い分野で活用されている。目的に応じて基底関数の選定がさまざまあるが，物理現象や処理プロセスを線形作用素としてモデル化できる問題において，固有関数を基底関数とすれば，問題解析は大変便利となる。ここで「線形」にこだわる理由は，基底関数の線形結合の保存が必要とされるからである。

特にLTIシステムにおいて，$q(t;s)=e^{st}$ は共通な固有関数であり，入力信号 $x(t)$ を次のように基底関数 e^{st} の合成より表せる場合

$$x(t)=\int X(s)e^{st}ds$$

LTIシステムの「作用」は，以下に示すように，入力信号の成分表に固有値との乗算に置き換えられる。

$$H\{x(t)\}=H\left\{\int X(s)e^{st}ds\right\}=\int X(s)H\{e^{st}\}ds=\int X(s)H(s)e^{st}ds$$

ここで, $X(s)$ は $x(t)$ の成分で, 式 (3.23) の $c(\xi)$ に相当する。$H(s)=\int_{-\infty}^{\infty}h(\tau)e^{-s\tau}d\tau$ は，式 (3.21) の λ に相当し，システムIRFの $h(t)$ とパラメータ s に依存する固有値関数である。さらに，出力信号を $y(t)$ とし，これも基底関数 e^{st} の合成より表せば

$$\int X(s)H(s)e^{st}ds=H\{x(t)\}=y(t)=\int Y(s)e^{st}ds$$

が得られ，次式の関係が暗示される。

$$X(s)H(s)=Y(s)$$

信号に対するLTIシステムの作用は，時間領域でのIRFとの畳み込み積分になるが，パラメータ s 領域での成分表に固有値関数を乗算することに相当する。

$X(s)H(s)=Y(s)$ が成り立つと厳密に言えるためには，基底関数 e^{st} の線形独立性と完備性についての議論が必要である。しかし理論上の証明はかなり抽象的かつ煩雑となる。その一因は，数学的に，工学が扱う実際問題よりはるかに奇妙な関数が想像できるからである。例えば $\sin(1/t)$ のような関数では，関数値は $[-1,1]$ の範囲内に収まっているが，$t=0$ 付近で過激に振動し，その導関数は $\pm\infty$ に発散する。

3.2.3　直 交 基 底 関 数

直交基底ベクトルと類似で，直交基底関数を用いると，各成分は最小二乗解となり，かつ元関数より求めやすいメリットがある。基底関数を定量的に議論するために，まずは，ベクトルの内積とノルムの概念を，連続関数に拡張する必要がある。

式 (3.6) に示すように，ベクトルの内積は，ベクトル各要素別の計算結果の総和より表している。連続関数の場合，この「要素別の総和」を「独立変数別の積分」に置き換え，複素数値関数 $f(t)$ と $g(t)$ の内積を式 (3.25) より表せる。

$$\langle f(t), g(t)\rangle := \int_a^b f^*(t)g(t)dt \tag{3.25}$$

ここで $f^*(t)$ は $f(t)$ の複素共役である。なお，独立変数 t は実数であり，積分の上下限に定められた区間 $t \in (a, b)$ は，具体的な問題に応じる興味のある区間と考えてよい。また，複素数値関数の場合，$\langle f(t), g(t)\rangle = \displaystyle\int_a^b f(t)g^*(t)dt$ と定義する流儀もあるが，本書はベクトル内積の表記に合わせて式 (3.25) を採用する。

連続関数の内積はベクトル内積の拡張であり，関数の「直交」と「長さ」の概念も内積より記述できる。関数の直交は，ベクトルの直交と同様に，内積が 0 となることによって定義される。

$$f(t)\perp g(t) \Longleftrightarrow \langle f(t), g(t)\rangle = 0 \tag{3.26}$$

また，式 (3.8) に示す直交ベクトルの特性も，直交関数には同様である。

$$f(t)\perp g(t) \Longleftrightarrow \langle f(t)+g(t), f(t)+g(t)\rangle = \langle f(t), f(t)\rangle + \langle g(t), g(t)\rangle \tag{3.27}$$

ここで $\langle f(t), f(t)\rangle = \displaystyle\int_a^b |f(t)|^2 dt$ はエネルギーの意味をもち，関数の 2 次ノルムの二乗と同等である。

関数のノルムは，ベクトルのノルムより拡張し，式 (3.28) に示す。関数の「長さ」の一般的な定量評価として用いられる。

$$\|f(t)\|_p := \left(\int_a^b |f(t)|^p dt\right)^{1/p} \qquad (p \in [1, \infty)) \tag{3.28}$$

ここで，$|f(t)|$ は，関数値 $f(t)$ の絶対値であり，$f(t)$ が複素数である場合に，その複素数の大きさ $|f(t)| = \sqrt{f^*(t)f(t)}$ となる。ベクトルのノルムと同様に，p はノルムの次数であり，本書はおもに 2 次ノルムを扱うので，これ以降特に断らない場合，$\|f(t)\|_2$ を $\|f(t)\|$ と略記する。$p = 2$ の場合，ノルムと内積の関係は，式 (3.29) より表せる。

$$\|f(t)\| = \sqrt{\langle f(t), f(t)\rangle} \tag{3.29}$$

直交基底関数のメリットについて，これ以降便利上，式 (3.22) に示す離散パラメータの基底関数形を基に説明する。各基底関数の成分は最小二乗解であることは，直交基底ベクトルに関する例題 3.2 と類似なので，ここで省略する。元関数より各基底関数の成分の求め方も，式 (3.12) と類似で，式 (3.30) となる。

$$c_i = \frac{\langle r_i(t), x(t)\rangle}{\langle r_i(t), r_i(t)\rangle} \tag{3.30}$$

これは，分子の $\langle r_i(t), x(t)\rangle$ に式 (3.22) に示す $x(t)$ を代入することで確認できる。

元関数より各成分が一意的に決められることは，直交基底関数の線形独立性を示唆している。式 (3.30) よりも，$x(t) = 0$ $(\forall t)$ の場合では分子は 0 なので，式 (3.24) の関係 $c_i = 0$ $(\forall i)$ が自明である。しかし完備性については，厳密な議論は煩雑となるため，これ以降具体的な基底関数に応じて紹介する。

例題 3.4　区間 $x \in [0, \pi/2]$ における関数 $\cos x$ の最小二乗回帰直線を求めよ。

【解答 ①】 —残差の極値を用いる方法—

直線を $ax + b$ とし，次の評価関数が最小となる a と b を求めればよい。

$$E(a,b) = \int_0^{\pi/2} (\cos x - (ax+b))^2 dx$$

最小化の条件は 3.1.5 項の式 (3.15) となり，次の連立方程式を解けばよい。

$$\frac{\partial E(a,b)}{\partial a} = \int_0^{\frac{\pi}{2}} \frac{\partial}{\partial a}(\cos x - (ax+b))^2 dx = \frac{\pi^3}{12}a + \frac{\pi^2}{4}b + 2 - \pi = 0$$

$$\frac{\partial E(a,b)}{\partial b} = \int_0^{\frac{\pi}{2}} \frac{\partial}{\partial b}(\cos x - (ax+b))^2 dx = \frac{\pi^2}{4}a + \pi b - 2 = 0$$

よって，$a = 24(\pi - 4)/\pi^3 \approx -0.66$，$b = 4(6 - \pi)/\pi^2 \approx 1.16$ が求められる。

図 3.4 に示すように，$[0, \pi/2]$ 区間内の元関数と近似関数とのユークリッド距離の最小化を図っているが，この区間以外では大きく離れる場合がある。

【解答 ②】 —直交基底関数を用いる方法—

まず，3.1.5 項の解法 ② のように，区間 $x \in [0, \pi/2]$ において，たがいに直交する x の一次関数と定数関数を作る。

$$r_1(x) = x - \frac{\pi}{4}, \qquad r_2(x) = 1$$

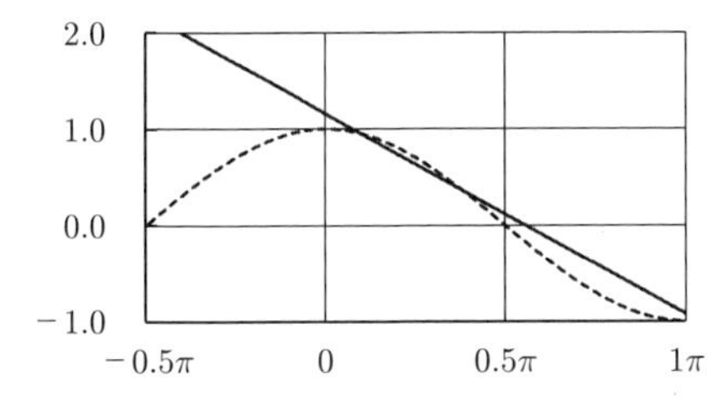

図 3.4　関数の回帰直線例

目標関数 $\cos x$ の回帰直線問題は，$\cos x = c_1 r_1(x) + c_2 r_2(x) + \cdots$ の直交基底関数分解とみなせる。式 (3.30) より，係数 c_1 と c_2 はそれぞれ次式より求められる。

$$c_1 = \frac{\langle r_1(x), \cos x\rangle}{\langle r_1(x), r_1(x)\rangle} = \frac{\displaystyle\int_0^{\frac{\pi}{2}} \left(x - \frac{\pi}{4}\right) \cos x dx}{\displaystyle\int_0^{\frac{\pi}{2}} \left(x - \frac{\pi}{4}\right)^2 dx} = \frac{24(\pi - 4)}{\pi^3}$$

$$c_2 = \frac{\langle r_2(x), \cos x\rangle}{\langle r_2(x), r_2(x)\rangle} = \frac{\displaystyle\int_0^{\frac{\pi}{2}} \cos x dx}{\displaystyle\int_0^{\frac{\pi}{2}} 1 dx} = \frac{2}{\pi}$$

近似直線を $ax + b$ とすれば，$a = c_1$，$b = c_2 - c_1\pi/4$ ので，解答 ① と同様な結果が求まる。

【解答 ③】　—擬似逆行列を用いる方法—

3.1.5 項の解法 ③ は，元ベクトル $\boldsymbol{y}$ の次元に依存しないので，連続関数にも適用できる。本例題の場合では，直交でない基底関数 $r_1(x) = x$, $r_2(x) = 1$ をそれぞれ用いると

$$\begin{pmatrix} \langle r_1(x), \cos x\rangle \\ \langle r_2(x), \cos x\rangle \end{pmatrix} = \begin{pmatrix} \langle r_1(x), r_1(x)\rangle & \langle r_1(x), r_2(x)\rangle \\ \langle r_2(x), r_1(x)\rangle & \langle r_2(x), r_2(x)\rangle \end{pmatrix} \begin{pmatrix} a \\ b \end{pmatrix}$$

$$\begin{pmatrix} \pi/2 - 1 \\ 1 \end{pmatrix} = \begin{pmatrix} \pi^3/24 & \pi^2/8 \\ \pi^2/8 & \pi/2 \end{pmatrix} \begin{pmatrix} a \\ b \end{pmatrix}$$

より，① と ② と同様な結果 $a = 24(\pi - 4)/\pi^3$，$b = 4(6 - \pi)/\pi^2$ が求められる。◇

3.2.4　線形時不変システムの直交固有関数

基底関数系は直交であっても，無限の取り方がある。例えば最も簡単な 2 次元ベクトルさえ，平面上 2 つの垂直ベクトルの取り方が無限にあることは容易にイメージできる。直交基底関数の一例として，遅延 δ 関数が挙げられる。この場合，式 (3.30)

の分母に $\delta^2(t)$ の積分が現れることが不都合となるが，その原因は，離散パラメータと連続パラメータの基底関数の扱い方の違いにある。δ 関数による展開の積分形を次に表せば

$$x(t) = \int_{-\infty}^{\infty} x(\tau)\delta(t-\tau)d\tau = \sum_i x(i \cdot d\tau) \cdot \delta(t - id\tau)d\tau$$

この $\delta(t - id\tau)d\tau$ は直交基底関数 $r_i(t)$ と理解できる。元関数 $x(t)$ が $\sin(1/t)$ や $\delta(t)$ のようであればもう少し慎重な議論が必要となるが，工学で扱う一般的な信号であれば，この直交基底関数 $r_i(t) = \delta(t - id\tau)d\tau$ は完備であると言える。

一方，固有関数を基底関数とすれば，システム作用の解析に大変役に立つ。ここでは，LTI システムの固有関数形 e^{st} であり，かつ直交基底関数を探る。

$s \in \mathbb{R}$ ならば，$e^{st} > 0$ $(\forall t, s)$ なので，いかなる s_1 と s_2 であっても

$$\langle e^{s_1 t}, e^{s_2 t} \rangle = \int_a^b e^{s_1 t} e^{s_2 t} dt > 0 \qquad (b > a)$$

のため，直交にはならない。ここで，パラメータ s を複素数としてみる。

$$s = \alpha + j\omega \in \mathbb{C} \qquad (\alpha, \omega \in \mathbb{R})$$

任意の 2 つ異なる固有関数 $e^{s_m t}$ と $e^{s_n t}$ $(m \neq n)$ が直交となるため

$$\int_a^b (e^{s_m t})^* e^{s_n t} dt = \int_a^b e^{\xi t} dt = \frac{1}{\xi}(e^{\xi b} - e^{\xi a}) = 0 \Longrightarrow e^{\xi b} = e^{\xi a} \Longrightarrow e^{\xi T} = 1$$

を満たす必要がある。ここで $\xi = (\alpha_m + \alpha_n) + j(\omega_n - \omega_m) \neq 0$，$T = b - a > 0$ としている。$e^{\xi T}$ を極座標複素数形式に示すと，$e^{\xi T} = e^{(\alpha_m + \alpha_n)T} \cdot e^{j(\omega_n - \omega_m)T} = 1$ となり，大きさ $e^{(\alpha_m + \alpha_n)T} = 1$，偏角 $(\omega_n - \omega_m)T = 2\pi k$ $(k \in \mathbb{Z})$ が得られる。

大きさ $e^{(\alpha_m + \alpha_n)T} = 1$ より，$\alpha_m = -\alpha_n$ がわかる。しかし直交基底関数系のなかに，任意の 2 つ異なる基底関数はこの条件を満たす必要があり，例えば，$\alpha_1 = -\alpha_2$，$\alpha_2 = -\alpha_3$，$\alpha_1 = -\alpha_3$ のため，$\alpha_i = 0$ $(\forall i)$ が必要となる。

偏角の条件より，$\omega_n - \omega_m = k2\pi/T$ が得られる。すなわち，基底関数のパラメータ s_i の虚部は，$2\pi/T$ の整数倍間隔でとる必要がある。さらに，m, n の任意性によって，$\omega_i = \beta + i2\pi/T$ が与えられる。ここで β は定数である。

以上より，LTI システムの固有関数形で直交基底関数となりうるものは，式 (3.31) に示す複素正弦波であることがわかる。

$$r_k(t) = e^{j\left(\beta + k\frac{2\pi}{T}\right)t} \quad (\beta, T \in \mathbb{R},\ k \in \mathbb{Z}) \tag{3.31}$$

章　末　問　題

【1】 行列 $\boldsymbol{A}$ とその固有ベクトル $\boldsymbol{p}_1, \boldsymbol{p}_2$ を以下に与える。

$$\boldsymbol{A} = \begin{pmatrix} 1 & 2 \\ 2 & -2 \end{pmatrix}, \qquad \boldsymbol{p}_1 = \begin{pmatrix} 2 \\ 1 \end{pmatrix}, \qquad \boldsymbol{p}_2 = \begin{pmatrix} 1 \\ -2 \end{pmatrix}$$

(1) 2 つの固有ベクトルのそれぞれの固有値 λ_1, λ_2 を求めよ。

(2) $\boldsymbol{x} = a\boldsymbol{p}_1 + b\boldsymbol{p}_2$（$a, b$ は定数）とし，ベクトル $\boldsymbol{y} = \boldsymbol{A}^2\boldsymbol{x} + \boldsymbol{A}^{-1}\boldsymbol{x}$ を求めよ。

【2】 $z^3 = 1$ を満たす複素数 z の 3 つの根を $z_1 = 1, z_2, z_3$ とする。

(1) z_2, z_3 を求めよ。ただし，$\mathrm{Im}(z_2) > \mathrm{Im}(z_3)$ とする。

(2) 3 次元複素数空間において，ベクトル $(1\ 1\ 1)^{\mathrm{T}}$ と $(1\ z_2\ z_3)^{\mathrm{T}}$ の両方と直交するベクトルを $(1\ a\ b)^{\mathrm{T}}$ とした場合，複素数 a と b を求めよ。

【3】 4 次元複素数空間における次の 2 種類の基底ベクトル $\boldsymbol{r}$ と $\boldsymbol{q}$ それぞれの直交性，および巡回置換行列 $\boldsymbol{P}$ に対する固有性を確認せよ。

$$(\boldsymbol{r}_1\ \ \boldsymbol{r}_2\ \ \boldsymbol{r}_3\ \ \boldsymbol{r}_4) = \begin{pmatrix} 1 & 1 & 1 & 1 \\ 1 & 1 & -1 & -1 \\ 1 & -1 & 1 & -1 \\ 1 & -1 & -1 & 1 \end{pmatrix},$$

$$(\boldsymbol{q}_1\ \ \boldsymbol{q}_2\ \ \boldsymbol{q}_3\ \ \boldsymbol{q}_4) = \begin{pmatrix} 1 & 1 & 1 & 1 \\ 1 & j & -1 & -j \\ 1 & -1 & 1 & -1 \\ 1 & -j & -1 & j \end{pmatrix}$$

$$\boldsymbol{P} = \begin{pmatrix} 0 & 0 & 0 & 1 \\ 1 & 0 & 0 & 0 \\ 0 & 1 & 0 & 0 \\ 0 & 0 & 1 & 0 \end{pmatrix}$$

【4】 次に示す各周期信号の $t \in [0, 2\pi]$ の区間内積をそれぞれ求めよ。

(1) $\langle \sin t, \cos t \rangle$　(2) $\langle \sin t, \sin 3t \rangle$　(3) $\langle \cos t, \cos t \rangle$　(4) $\langle e^{jt}, e^{j2t} \rangle$

【5】 信号 $x(t)$ を区間 $t \in [0, 2\pi]$ において次のように近似する場合の最小二乗解の係数 A と B をそれぞれ示せ。

(1) $Ae^{jt} + Be^{-jt}$　(2) $A\cos t + B\sin t$

第 4 章

フーリエ級数展開

複素正弦波は，線形時不変システムの固有関数であり，かつ直交性をもつため，幅広い分野領域において，信号とシステムの解析や構築のための有力な要素関数として期待される。本章では，複素正弦波を離散パラメータの直交基底関数として信号を分解する手法，**フーリエ級数**（FS, Fourier series）**展開**を紹介する。

4.1 フーリエ級数の基本概念

4.1.1 複素正弦波表現

フーリエ級数展開とは，式 (4.1) に示す基底関数より，関数を分解することである。

$$r_k(t) = e^{jk\frac{2\pi}{T_0}t} \quad (k \in \mathbb{Z}) \tag{4.1}$$

離散パラメータの基底関数を用いて任意関数を分解するコンセプトとして，テイラー級数展開と同様である。ただし，FS の基底関数は，式 (3.31) の $\beta = 0$ の場合での複素正弦波であり，直交性と LTI システムの固有関数特性を兼ね備え，非常に優れた特性をもっている。FS 展開は，画像や熱分布など空間関数を含む幅広い分野に活用されているが，本書は時間領域の信号を中心に紹介する。

個々の基底関数は整数 k の値によって異なるが，これらすべての基底関数は周期 T_0 の関数であることが，以下より確認できる。

$$r_k(t+T_0) = e^{jk\frac{2\pi}{T_0}(t+T_0)} = e^{jk\frac{2\pi}{T_0}t} \cdot e^{jk2\pi} = e^{jk\frac{2\pi}{T_0}t} = r_k(t) \quad (\forall k \in \mathbb{Z})$$

したがって，これら基底関数のいかなる線形結合でも，周期 T_0 の周期信号しか合成できない。

これより，信号の合成は，式 (4.2) より表せる。

$$x(t) = x(t+T_0) = \sum_k c_k e^{jk\frac{2\pi}{T_0}t} \tag{4.2}$$

ここで成分 c_k は，**フーリエ係数**（Fourier coefficient）といい，以降，FS 係数と呼ぶ。本書では，時間信号を表す小文字関数形 $x(t)$ に対応する大文字の左下に FS を付ける ${}_{\mathrm{FS}}X[k]$，また，元信号を明記するため，$\mathrm{FS}[x(t)][k]$ を用いて表記する。

$$c_k = {}_{\mathrm{FS}}X[k] = \mathrm{FS}[x(t)][k]$$

$x(t)$ より $\mathrm{FS}[x(t)][k]$ を求めるため，まず，$t \in [0, T_0)$ の区間を 1 周期分の代表として，この基底関数の直交性を，式 (4.3) と式 (4.4) より改めて確認する。

$$\langle r_k(t), r_k(t)\rangle = \int_0^{T_0} \left(e^{jk\frac{2\pi}{T_0}t}\right)^* e^{jk\frac{2\pi}{T_0}t}dt = \int_0^{T_0} 1dt = T_0 \tag{4.3}$$

$$\langle r_m(t), r_n(t)\rangle = \int_0^{T_0} e^{j(n-m)\frac{2\pi}{T_0}t}dt = \frac{e^{j(n-m)2\pi} - 1}{j(n-m)\dfrac{2\pi}{T_0}} = 0 \quad (m \neq n) \tag{4.4}$$

ここで，被積分関数は周期関数につき，積分範囲は，任意の $a \sim (a + T_0)$ としても同様な結果が得られる。これより，FS 係数は，式 (4.5) より求められる。

$${}_{\mathrm{FS}}X[k] = \mathrm{FS}[x(t)][k] := \frac{\langle r_k(t), x(t)\rangle}{\langle r_k(t), r_k(t)\rangle} = \frac{1}{T_0}\int_{T_0} x(t)e^{-jk\frac{2\pi}{T_0}t}dt \tag{4.5}$$

ここでも，積分範囲は 1 周期 T_0 であれば，具体的な上下限にかかわらない。

式 (4.1) に示す基底関数のもう 1 つの特徴として，関数値は複素数である。しかしほとんどの応用上の信号は実数値であるため，どのようにすれば実数信号を合成できるか，ここで考察する。

式 (4.5) の両辺に複素共役を取ると，FS 係数の複素共役対称性が示される。

$$\begin{aligned}\mathrm{FS}[x(t)]^*[k] &= \left(\frac{1}{T_0}\int_{T_0} x(t)e^{-jk\frac{2\pi}{T_0}t}dt\right)^* = \frac{1}{T_0}\int_{T_0} x^*(t)\left(e^{-jk\frac{2\pi}{T_0}t}\right)^* dt \\ &= \frac{1}{T_0}\int_{T_0} x^*(t)e^{-j(-k)\frac{2\pi}{T_0}t}dt = \mathrm{FS}[x^*(t)][-k]\end{aligned}$$

実数値信号の場合では $x(t) = x^*(t)$ ので，$\mathrm{FS}[x(t)][-k] = \mathrm{FS}[x(t)]^*[k]$ がわかる。すなわち，FS 係数は複素数であり，整数 k と $-k$ それぞれの FS 係数はたがいに複素共役である。さらに，式 (4.1) の基底関数も $r_{-k}(t) = r_k^*(t)$ の複素共役対称性をもつため，式 (4.2) に示す $x(t)$ を合成する総和の中には，任意 $\pm k$ の 2 つの成分はたがいに複素共役となり，その和は実数信号となることがわかる。

$$c_{-k}r_{-k}(t) + c_k r_k(t) = (c_k r_k(t))^* + c_k r_k(t) = 2\mathrm{Re}(c_k r_k(t)) \in \mathbb{R}$$

よって，信号を複素正弦波の基底関数より FS 展開する場合，離散パラメータの整数は正負の両方が現れ，さらに，連続関数の自由度が ∞ であるため，式 (4.2) の総和表記の範囲は，$\pm\infty$ 間すべての整数にわたると考えられる。式 (4.5) の FS 係数を用いた信号 $x(t)$ の合成を，式 (4.6) に示す。

$$\begin{aligned} x(t) = x(t+T_0) &= \lim_{N\to\infty} \sum_{k=-N}^{N} \mathrm{FS}[x(t)][k] \cdot e^{jk\frac{2\pi}{T_0}t} \\ &= \sum_{k=-\infty}^{\infty} \mathrm{FS}[x(t)][k] \cdot e^{jk\frac{2\pi}{T_0}t} \end{aligned} \tag{4.6}$$

ここで，右辺に総和の範囲を $\pm\infty$ と略記しているが，k は $\pm$ のペアで現れることを意識しておきたい。

例題 4.1　次式に示す周期矩形パルス信号の FS 係数を求めよ。ここで，$A > 0$，$T_0 > D > 0$ とする。

$$x(t) = x(t+T_0) = \begin{cases} A, & |t| < \dfrac{D}{2} \\ 0, & \dfrac{D}{2} < |t| \leq \dfrac{T_0}{2} \end{cases}$$

【解答】　図 **4.1** に $x(t)$ のイメージを示す。

この信号は，高さ A，幅 D の周期矩形パルス信号である。FS 係数は，式 (4.5) より求められる。ここで便利上，1 周期分の積分範囲は $-T_0/2 \sim T_0/2$ とする。

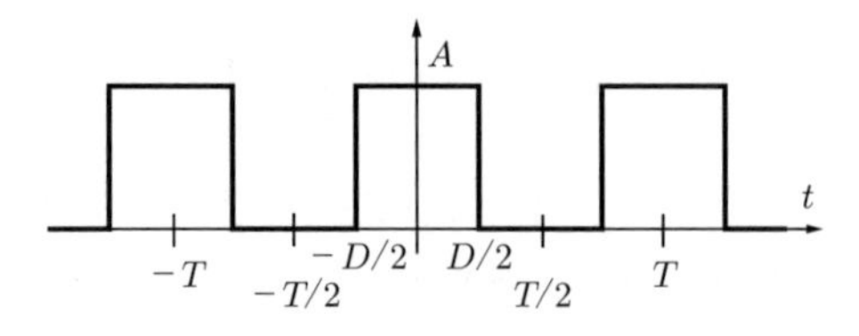

図 **4.1**　周期矩形パルス信号

$$c_k = \frac{1}{T_0}\int_{-T_0/2}^{T_0/2} x(t)e^{-jk\frac{2\pi}{T_0}t}dt = \frac{1}{T_0}\int_{-D/2}^{D/2} Ae^{-jk\frac{2\pi}{T_0}t}dt$$

$k=0$ の場合では，次式より c_0 が求まり，$x(t)$ の平均値と一致する。

$$c_0 = \frac{1}{T_0}\int_{-D/2}^{D/2} Ae^{-j0\frac{2\pi}{T_0}t}dt = \frac{1}{T_0}\int_{-D/2}^{D/2} Adt = A\frac{D}{T_0}$$

ここで D/T_0 は，パルスが ON となる持続時間の割合であり，**デューティー比**（duty cycle）と呼ぶ。

$k \neq 0$ の場合では，次式より c_k が求まる。

$$c_k = \frac{1}{T_0}\int_{-D/2}^{D/2} Ae^{-jk\frac{2\pi}{T_0}t}dt = \frac{A}{T_0}\cdot\frac{1}{-jk2\pi/T_0}\left[e^{-jk\frac{2\pi}{T_0}t}\right]_{t=-D/2}^{t=D/2}$$
$$= \frac{A\sin(k\pi D/T_0)}{\pi k}$$

一般的に FS 係数は複素数となるが，この例題では虚部が 0 の実数であった。また，分子分母ともに k に対して奇関数であるため，c_k は偶関数 $c_k = c_{-k}$ となることがわかる。これより，FS 係数の共役対称性 $c_{-k}^* = c_k$ が確認できる。

$$c_{-k}^* = c_{-k} = c_k$$

4.1.2 実数正弦波表現

複素正弦波は，LTI システムの固有関数という優れた特性をもつ一方，直観的なイメージがつかみにくい。実数信号 $x(t)$ を扱う場合，波形の合成と FS 係数の物理的意味を理解するため，まずは式 (4.6) に示す FS 展開を，実数関数による変形表現を紹介する。

1 つの複素数には，実部と虚部，または大きさと偏角，計 2 つの情報をもつ。

$$c_k = \mathrm{Re}(c_k) + j\mathrm{Im}(c_k) = |c_k|e^{j\arg(c_k)}$$

$x(t)$ は実数値信号の場合での FS 係数の複素共役対称性より，FS 展開の $\pm k$ $(k \neq 0)$ の 2 成分の和を実数形に示すと

$$c_{-k}e^{-jk\frac{2\pi}{T_0}t} + c_ke^{jk\frac{2\pi}{T_0}t} = 2\mathrm{Re}\left(c_ke^{jk\frac{2\pi}{T_0}t}\right)$$

$$= 2\mathrm{Re}(c_k)\cos\left(k\frac{2\pi}{T_0}t\right) - 2\mathrm{Im}(c_k)\sin\left(k\frac{2\pi}{T_0}t\right)$$

または

$$c_{-k}e^{-jk\frac{2\pi}{T_0}t} + c_k e^{jk\frac{2\pi}{T_0}t} = 2\mathrm{Re}\left(c_k e^{jk\frac{2\pi}{T_0}t}\right) = 2|c_k|\cos\left(k\frac{2\pi}{T_0}t + \arg(c_k)\right)$$

がそれぞれ得られる。$\pm k$ の 2 項をまとめたので，式 (4.6) の FS 展開をこれらの実数関数形に置き換えると，正負両側にわたる総和の範囲は，正か負の片側になり，ここで便利上，実数関数形の総和の範囲は，正の整数とする。

よって，FS 係数の実部と虚部を用いた場合，式 (4.6) は

$$x(t) = c_0 + \sum_{n=1}^{\infty} 2\mathrm{Re}(c_n)\cos\left(n\frac{2\pi}{T_0}t\right) + \sum_{n=1}^{\infty} -2\mathrm{Im}(c_n)\sin\left(n\frac{2\pi}{T_0}t\right) \tag{4.7}$$

と書き換えられる。これは，式 (4.7′) に示す実数形の FS 展開式と一致する。

$$x(t) = \frac{a_0}{2} + \sum_{n=1}^{\infty} a_n\cos\left(n\frac{2\pi}{T_0}t\right) + \sum_{n=1}^{\infty} b_n\sin\left(n\frac{2\pi}{T_0}t\right) \tag{4.7′}$$

$$a_0 = 2c_0, \qquad a_n = 2\mathrm{Re}(c_n), \qquad b_n = -2\mathrm{Im}(c_n)$$

式 (4.7′) は，すべての関数と係数とも実数であり，次の直交基底関数系を用いた $x(t)$ の分解とも解釈できる。

$$1, \qquad \cos\left(n\frac{2\pi}{T_0}t\right), \qquad \sin\left(n\frac{2\pi}{T_0}t\right) \qquad (n \geq 1)$$

これらの基底関数はたがいに直交することは，1 周期分の区間内積より確認できる。よって，各実数係数の a_n と b_n も，直交基底関数の特性を利用して容易に求められる。

$$a_n = \frac{2}{T_0}\int_{T_0} x(t)\cos\left(n\frac{2\pi}{T_0}t\right)dt \quad (n \geq 0)$$

$$b_n = \frac{2}{T_0}\int_{T_0} x(t)\sin\left(n\frac{2\pi}{T_0}t\right)dt \quad (n \geq 1)$$

これらの係数は複素 FS 係数の式 (4.5) の実部と虚部よりも得られるが，ここでは実数しか扱わないメリットがある。基底関数は直交であるが固有関数ではないので，

LTI システム作用のコンセプトに関わらない場合では，信号の成分分析手法として，式 (4.7′) はしばしば利用されている。

複素 FS 係数の大きさと偏角を用いた場合，式 (4.6) は

$$x(t) = c_0 + \sum_{m=1}^{\infty} 2|c_m| \cos\left(m\frac{2\pi}{T_0}t + \arg(c_m)\right) \tag{4.8}$$

と書き換えられる。式 (4.8′) に示すように一般実数形正弦波 $A\cos(\omega t + \theta)$ の合成となっている。

$$x(t) = A_0 + \sum_{m=1}^{\infty} A_m \cos(\omega_m t + \theta_m) \tag{4.8′}$$

ここで $\omega_m = m2\pi/T_0$ である。この $\cos(\omega_m t + \theta_m)$ は LTI システムの固有関数でなければ，初期位相 θ_m は信号 $x(t)$ に依存するため，「ほかの関数を合成する」基底関数とも言えない。ただ，式 (4.8) の表現は，以下の特性により，実数信号合成のイメージと複素 FS 係数の物理的意味を理解するために役に立つ。

- 式 (4.7) の表現に比べて，同じ周波数の成分を 1 つの正弦波にまとめている。

$$A_m \cos(\omega_m t + \theta_m) = a_m \cos(\omega_m t) + b_m \sin(\omega_m t)$$

$$a_m = A_m \cos\theta_m, \quad b_m = -A_m \sin\theta_m$$

- 各周波数の正弦波成分の振幅と初期位相は，それぞれ該当複素 FS 係数の大きさと偏角が簡潔に対応している。

$$A_0 = c_0, \qquad A_m = 2|c_m|, \qquad \theta_m = \arg(c_m) \qquad (m \geq 1) \tag{4.9}$$

4.2 フーリエ係数の物理的意味

4.2.1 周波数スペクトル

実数信号 $x(t)$ の FS 展開において，各成分は，「m による周波数別の正弦波」という物理的意味が示されている。また，成分 m の角周波数は，$2\pi/T_0$ の整数 m 倍となっている。ここで便利上 $\omega_0 = 2\pi/T_0$ とし，これを**基本周波数**（fundamental frequency）と呼ぶ。周波数に着眼し，各成分の物理的意味は以下となる。

$A_0 = c_0$：$x(t)$ の平均値，すなわち直流成分（DC 成分）である。

$A_1 \cos(\omega_0 t + \theta_1)$：$m = 1$ の成分で，基本周期は $x(t)$ の周期 T_0 と同じ正弦波であり，**基調波**（fundamental wave）と呼ぶ。

$A_2 \cos(2\omega_0 t + \theta_2)$：$m = 2$ の成分で，角周波数 $2\omega_0$，基本周期 $T_0/2$ の正弦波であり，2 次**高調波**（harmonic wave）と呼ぶ。

$\cdots$

FS 展開とは，周期信号を，DC 成分と基本周波数整数倍の各次の高調波成分の合成より表すことである。また，DC 成分も，周波数 0 の正弦波とみなすことができるので，FS 展開の本質は，時間信号を周波数領域に分解することであると理解してよい。**図 4.2** に，4 次高調波まで 2 周期分の波形例を示す。

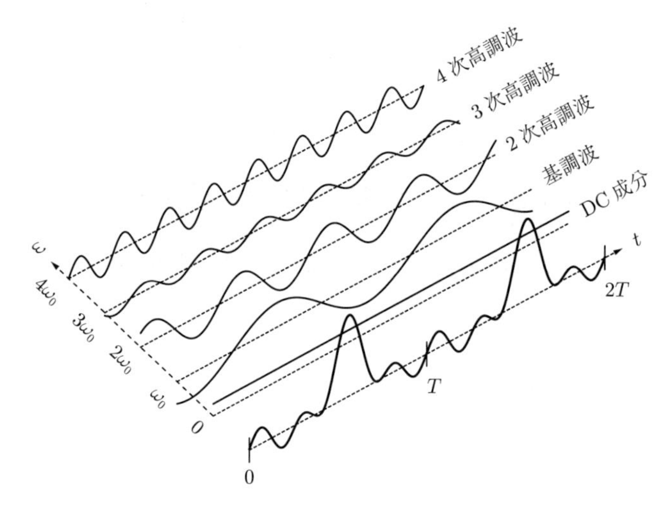

図 4.2　FS 展開の 4 次高調波まで 2 周期分の波形例

周波数別の正弦波成分は，振幅と初期位相の 2 つのパラメータをもち，式 (4.5) と式 (4.9) に示すように，それぞれの振幅と初期位相は，元の周期信号より決められる。周波数を独立変数とした振幅や初期位相は，信号の**周波数スペクトル**（spectrum）と呼ぶ。図 4.2 に示す信号例に対し，**図 4.3** に式 (4.8′) の実数正弦波の振幅と初期位相を，**図 4.4** に複素 FS 係数を用いた場合での周波数スペクトルをそれぞれ示す。

周波数スペクトルは，信号の周波数分析や周波数領域の処理において非常に重要であり，図 4.2 に示すように，時間信号の側面図とも呼ばれている。実数信号に対し

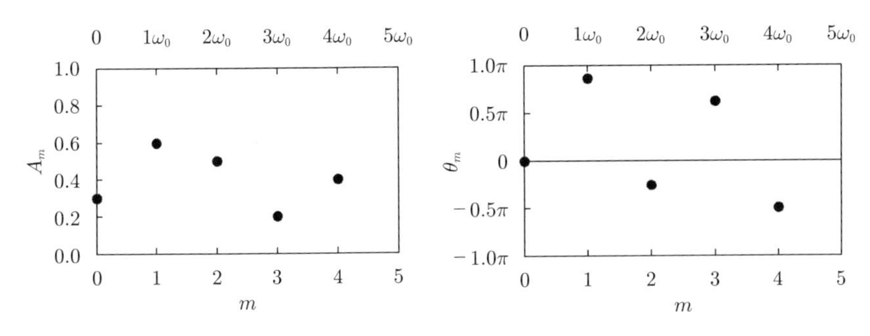

図 4.3　実数正弦波の振幅と初期位相

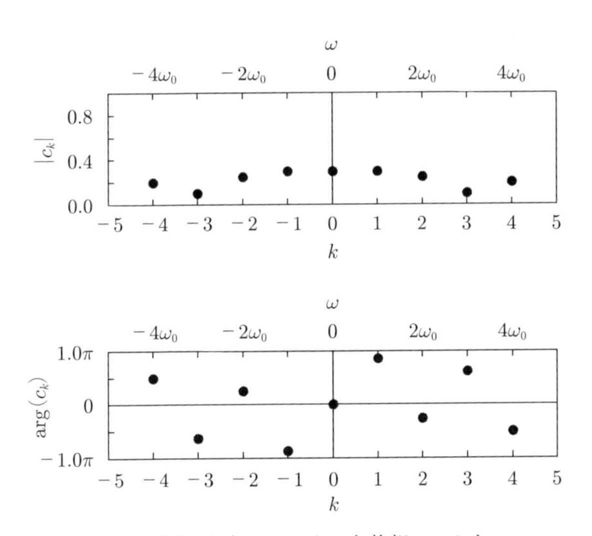

(a)　振幅スペクトルと位相スペクトル

図 4.4　複素 FS 係数の周波数スペクトル例

ても周波数スペクトルは，振幅と位相，または実部と虚部の 2 種類が必要とされるが，物理的意味の明確性によって，図 4.4(b) の実部虚部よりも，図 4.3 や図 4.4(a) の振幅スペクトルと位相スペクトルは最も一般的に利用されている。また，式 (4.8′) と図 4.3 に示すように，実数正弦波成分の振幅と位相は，周波数軸の正方向しかなく，片側スペクトルと呼ぶ場合がある。本書は，おもに複素 FS 係数に対応する図 4.4 の両側スペクトルを扱う。

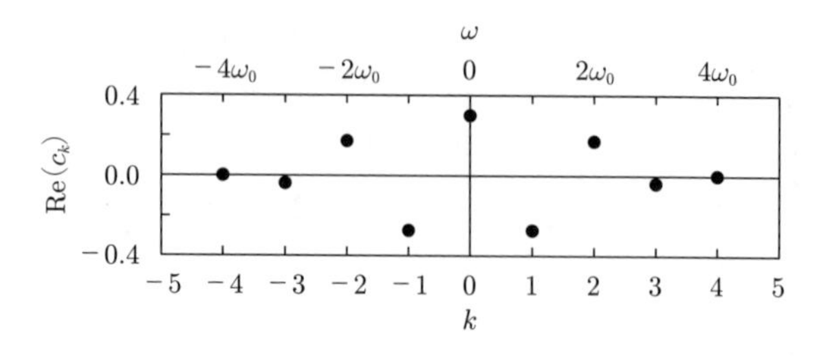

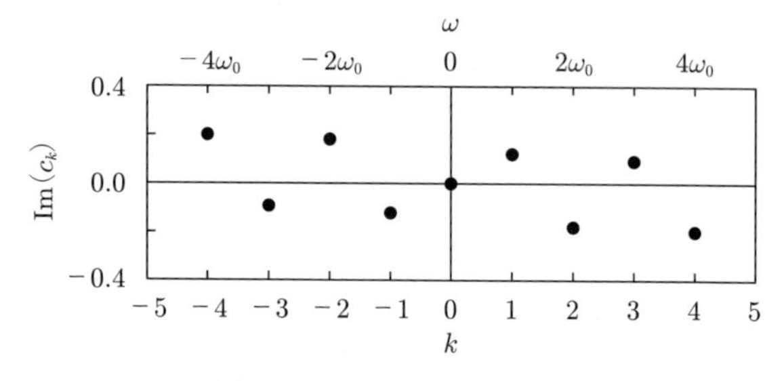

(b)　実部スペクトルと虚部スペクトル

図 4.4　(つづき)

例題 4.2　次式に示す周期信号の FS 係数を求め，周波数スペクトルを図示せよ。

$$x(t) = x(t + T_0) = \begin{cases} -1, & -\dfrac{T_0}{2} < t < 0 \\ 1, & 0 < t < \dfrac{T_0}{2} \end{cases}$$

【解答】　図 **4.5** に $x(t)$ のイメージを示す。平均値 0 の矩形振動波である。FS 係数は，式 (4.5) より求められ，積分範囲は $-T_0/2 \sim T_0/2$ とする。

$$\begin{aligned} c_k &= \frac{1}{T_0}\int_{-T_0/2}^{T_0/2} x(t)e^{-jk\frac{2\pi}{T_0}t}dt \\ &= \frac{1}{T_0}\int_{-T_0/2}^{0} -e^{-jk\frac{2\pi}{T_0}t}dt + \frac{1}{T_0}\int_{0}^{T_0/2} e^{-jk\frac{2\pi}{T_0}t}dt \\ &= \frac{j}{2k\pi}\left(e^{jk\pi} - 1 + e^{-jk\pi} - 1\right) = j\frac{\cos(k\pi) - 1}{k\pi} \end{aligned}$$

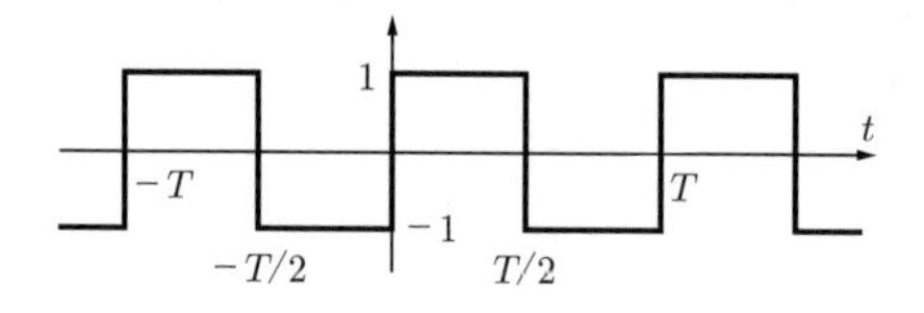

図 4.5　矩形振動波

ここで，FS 係数 c_k は実部 0 の純虚数で，かつ k に対して奇関数であるため，共役対称性 $c_{-k}^* = c_k$ が確認できる。

$$c_{-k}^* = -c_{-k} = c_k$$

さらに，k は偶数の時に $\cos(k\pi) = 1$，k は奇数の時に $\cos(k\pi) = -1$ より

$$c_k = \begin{cases} 0, & k = 2m \\ \dfrac{-j2}{k\pi}, & k = 2m+1 \end{cases} \qquad (m \in \mathbb{Z})$$

が求まる。**図 4.6** に c_k とその振幅・位相スペクトルの一部をそれぞれ示す。

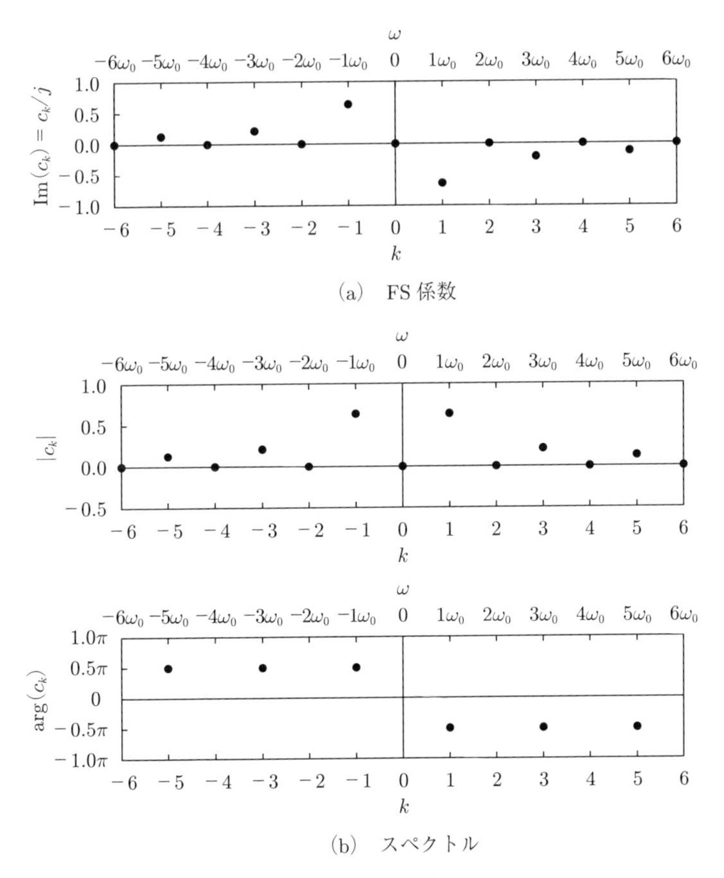

(a)　FS 係数

(b)　スペクトル

図 4.6　矩形振動波の FS 係数とスペクトル

◇

振幅スペクトルは，周波数別の成分はそれぞれどの縦幅で振動しているかを表すもので，そのグラフの形状から直観的に読み取りやすい。さらに，微視的な原子や結晶から機械や建築などまで，構造の特性が特定な周波数に現れる物理現象の分析，通信チャンネル分割などフィルタ処理上での周波数帯域の選別など，振幅スペクトルを利用する場面は，位相スペクトルより多く見受けられる。本書も，これ以降，スペクトルのイメージを示すために，振幅スペクトルのみを使う場合がある。

振幅スペクトルと位相スペクトルの役割を比較するために，図 4.2 の信号を例として，元信号を**図 4.7**(a) に，位相スペクトルのみ均一に変えた場合を図 (b) に，振幅スペクトルのみを均一に変えた場合を図 (c) に，それぞれの合成信号例を示す。振幅スペクトルが変化した図 (c) よりも，位相スペクトルが変化した図 (b) は，信号の形が大きく変わることがわかる。

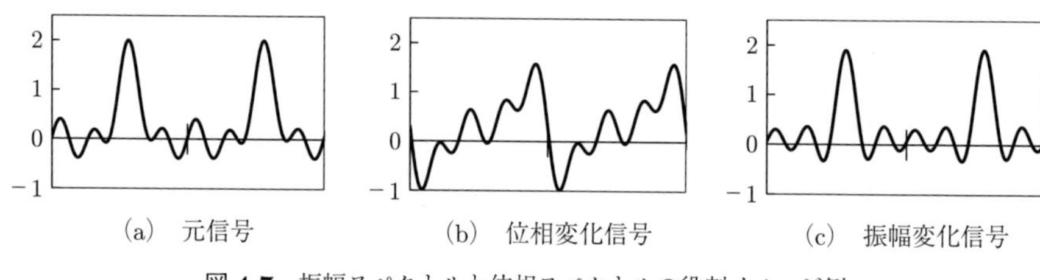

(a)　元信号　　(b)　位相変化信号　　(c)　振幅変化信号

図 4.7　振幅スペクトルと位相スペクトルの役割イメージ例

正弦波の振幅は振動の「大きさ」を表しているのに対し，初期位相は振動の「タイミング」を表す。また，各成分の「大きさ」は，信号全体に対する平均的な評価となるのに対し，「タイミング」は複数の正弦波の足並みを決めるので，時間信号の形に大きく影響する。これは，成分の数が多いほど，顕著に現れる。**図 4.8** に，次に示す 31 成分の振幅を一定とし，位相だけが異なる場合での 1 周期分の合成信号の比較例を示す。

$$A_m = \begin{cases} 1, & 10 \leq m \leq 40 \\ 0, & \text{その他} \end{cases}$$

図 4.8 の例において，図 (c) は，位相をランダムに与えたため，信号の規則性も見てとれないが，図 (a) と (b) のように，信号には規則性があるものの，位相スペクトルのグラフから直観的に理解しにくい。

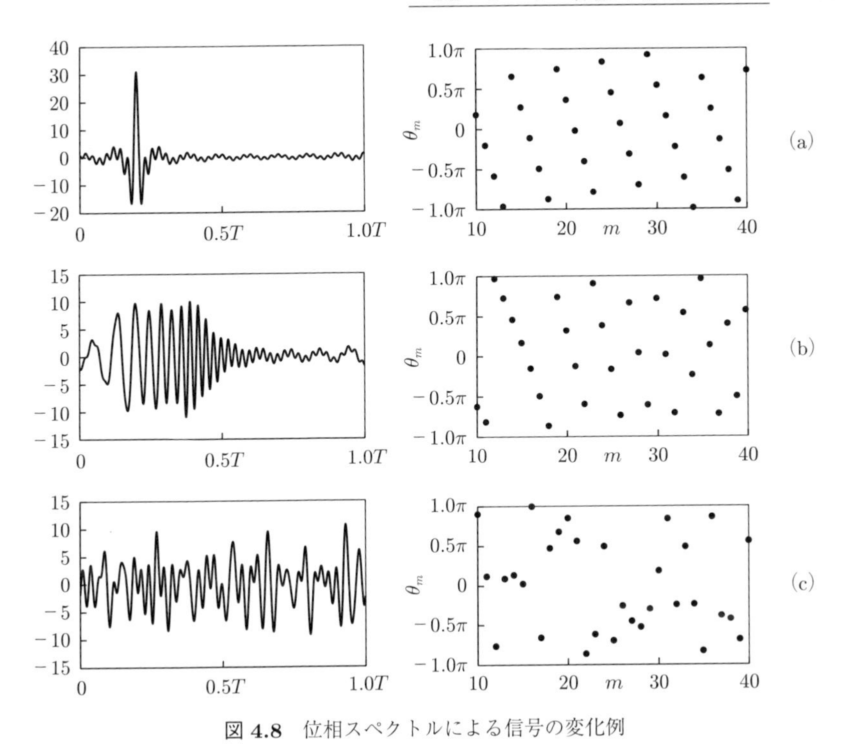

図 4.8 位相スペクトルによる信号の変化例

4.2.2 位相の物理的意味と折り返し

誤差やノイズに伴う応用問題において，同じレベルの誤差やノイズであっても，位相の変動は，当該成分の元の振幅にも大きく依存する。このイメージを，振幅と位相を 2 次元ベクトルとして，**図 4.9** に示す。振幅が小さいほど，位相に対する誤差やノイズの影響が大きくなる。極論として，振幅 0 の成分において，元からその「位相」の意味がなくなる。そのため，図 4.8 に 10〜40 以外の成分，図 4.6 に偶数成分の位相を示していない。このように，振幅の小さい成分の位相が「不安定」となることは，位相スペクトルの扱いにくい一因である。

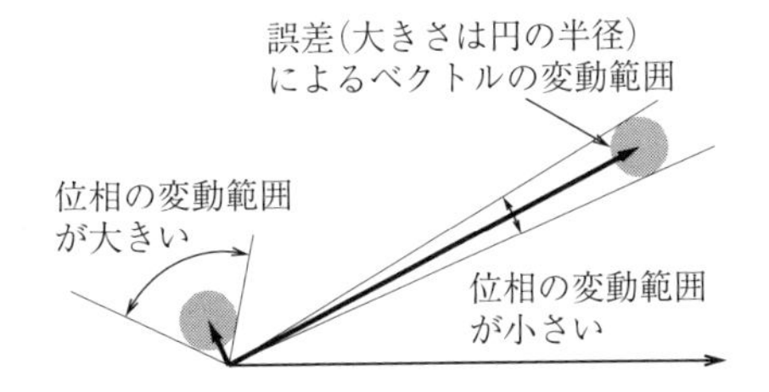

図 4.9 誤差による位相の変動の振幅依存性

さらに，位相スペクトルは，「信号の形」に対して重要な決め手であるが，そのグラフが理解しにくい原因としては，おもに以下の2点が挙げられる。

- 初期位相は正弦波の時間シフトを表しているが，時間のシフト量は初期位相のみならず，当該成分の周波数にも依存する。
- 基底関数の直交性より線形独立性が保証されるので，複素FS係数は一意的に求められるが，複素数の偏角は，次式のように一意的に決められない。

$$c_k = |c_k| e^{j(\arg c_k + 2n\pi)} \qquad (\forall n \in \mathbb{Z})$$

すなわち，位相を 2π の任意整数倍にずらしても，正弦波成分は変わらない。

1つの周波数成分を独立で議論する場合では，位相の値域を $\theta \in (-\pi, \pi]$ とすることは一般的である。これは，正弦波の各周期の中に，原点に「最寄」のピークの時間シフトと一致する。

一方，光，電磁波，音波などの波動信号において，時間シフトには波源の空間位置，媒質中の伝搬速度など重要な情報が含まれており，応用問題によって時間シフトの規則性を把握することは大変助かる場合がある。しかし，本来の物理現象によって引き起こされた時間シフト τ は，$\theta = \omega\tau$ の位相に対応しながら，この θ は必ずしも $-\pi$〜π の範囲内に限らない。興味のある位相が，正弦波成分の分解によって，$-\pi$〜π の範囲内に示されることを，位相の**折り返し**（folding）または**ラッピング**（wrapping）と呼ぶ。**図 4.10** に，興味ある位相 θ（物理的意味のある時間シフトに対応しうる位相）と折り返し位相 θ_{wrap} の関係を示す。

$-\pi$〜π の範囲内に折り返された位相を，興味ある位相に還元する処理を，位相の**アンラップ**（unwrap）と呼ぶ。**図 4.11**(a), (b) にそれぞれ，図 4.8(a), (b) の位相

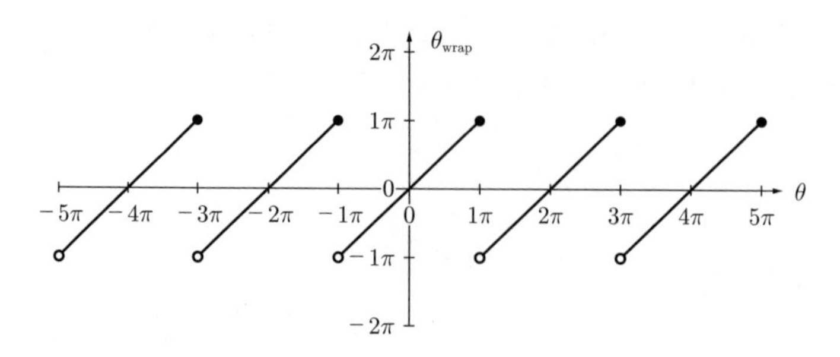

図 4.10　位相の折り返し

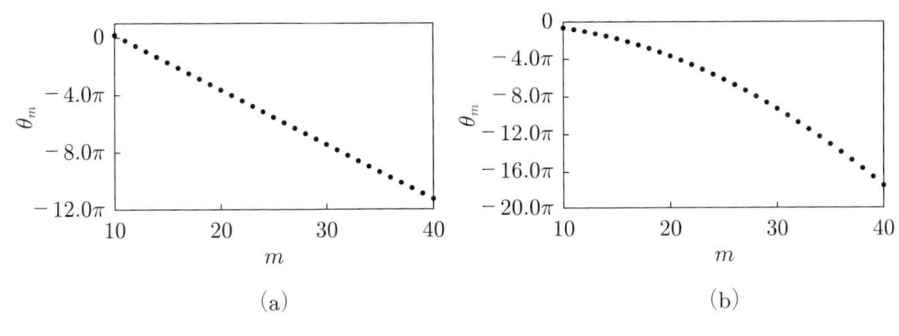

図 4.11　位相のアンラップ例

をアンラップした結果を示す。

図 4.11 では，いずれも右肩下がりの結果となっているが，$d\theta/d\omega = \tau$ の関係より，これは，各成分の時間シフト $\tau < 0$，すなわち遅延であることを示唆している。なお，図 (a) では直線となるため，各成分の時間遅延は一定となり，周波数に依存しないことを示している。一方，図 (b) では凹関数の形を表しているため，周波数の高い成分ほど，時間遅延量が大きいことが考えられる。

位相のアンラップは，折り返すごとに 2π の補正を加える方法が一般的である。しかし，折り返す箇所の判定や必要補正量の正確さは，隣り合う成分の位相差および位相スペクトルに含まれている誤差やノイズにも大きく影響されるため，アンラップ手法は具体的な応用問題によって異なる場合がある。

最後に，位相の計算上における 2 つの留意すべき点を紹介する。1 つ目は複素 FS 係数が実数となる場合である。特に，実数信号の直流成分は実数であるため，「位相」のコンセプトは無視されがちである。しかし，振幅スペクトルは，FS 係数の大きさ（実数の場合は絶対値）を示しているため，直流成分 $c_0 < 0$ の場合，振幅 $|c_0| = -c_0$，位相 $\arg(c_0) = \pi$ と読み替える必要がある。

$$c_0 = |c_0|e^{j\arg(c_0)} = -c_0 e^{j\pi} \qquad (c_0 < 0)$$

すなわち，複素 FS 係数が正の実数である場合ではその位相は 0 であり，負の実数である場合ではその位相は π である。

また，複素 FS 係数の位相を便利上 $\tan^{-1}\dfrac{\mathrm{Im}(c_k)}{\mathrm{Re}(c_k)}$ と表すことが多いが，この式にあいまいさが含まれている。数学的に $\tan^{-1}(\cdot)$ 関数の値域は $(-\pi/2, \pi/2)$ となるが，位相 $\arg(c_k) \in (-\pi, \pi]$ なので，実部 $\mathrm{Re}(c_k)$ と虚部 $\mathrm{Im}(c_k)$ の数値結果によっ

て，式 (4.10) に示すように場合分けの必要がある。式 (4.10) に示す場合分けの各条件を順に①〜⑤として，複素平面上の例を図 **4.12** に示す。

$$\arg(c_k) = \begin{cases} \tan^{-1}\dfrac{\mathrm{Im}(c_k)}{\mathrm{Re}(c_k)}, & \mathrm{Re}(c_k) > 0 \\ \tan^{-1}\dfrac{\mathrm{Im}(c_k)}{\mathrm{Re}(c_k)} + \pi, & \mathrm{Re}(c_k) < 0,\ \mathrm{Im}(c_k) \geq 0 \\ \tan^{-1}\dfrac{\mathrm{Im}(c_k)}{\mathrm{Re}(c_k)} - \pi, & \mathrm{Re}(c_k) < 0,\ \mathrm{Im}(c_k) < 0 \\ \dfrac{\pi}{2}, & \mathrm{Re}(c_k) = 0,\ \mathrm{Im}(c_k) > 0 \\ -\dfrac{\pi}{2}, & \mathrm{Re}(c_k) = 0,\ \mathrm{Im}(c_k) < 0 \end{cases} \tag{4.10}$$

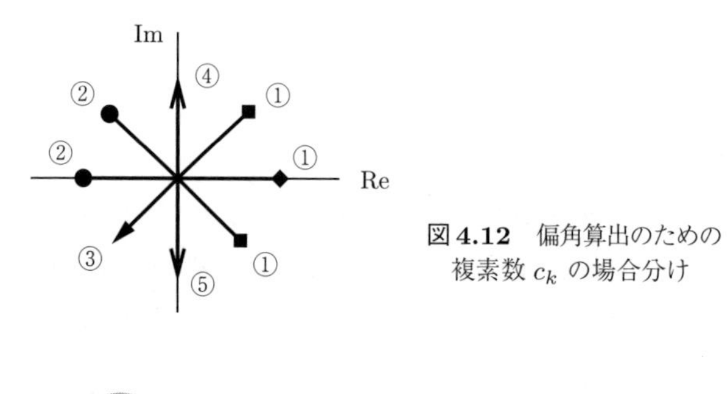

図 **4.12**　偏角算出のための複素数 c_k の場合分け

4.3 特殊関数のフーリエ級数展開

4.3.1 インパルス列

インパルス列 $\delta_{T_0}(t)$ は，周期 T_0 の関数であるため，その FS 係数は，$\delta_{T_0}(t)$ を $x(t)$ として式 (4.5) に代入することで求められる。

$$\mathrm{FS}[\delta_{T_0}(t)][k] = \frac{1}{T_0}\int_{-T_0/2}^{T_0/2} \delta_{T_0}(t) e^{-jk\frac{2\pi}{T_0}t} dt = \frac{1}{T_0} \tag{4.11}$$

すなわち，インパルス列 $\delta_{T_0}(t)$ は，次式のように FS 展開できる。

$$\delta_{T_0}(t) = \frac{1}{T_0}\sum_{k=-\infty}^{\infty} e^{jk\frac{2\pi}{T_0}t} \tag{4.11$'$}$$

一般的に，FS 係数は整数番号 k に依存する複素数であり，スペクトルを示すためには実部と虚部，または振幅と位相の 2 種類が必要である。この場合では k に依存しない正の実数となるため，各複素正弦波成分の実部と振幅は定数の $1/T_0$ で，虚部と位相はすべて 0 である。図 **4.13**(a) と (b) に，インパルス列関数とその FS 係数の一部をそれぞれ示す。

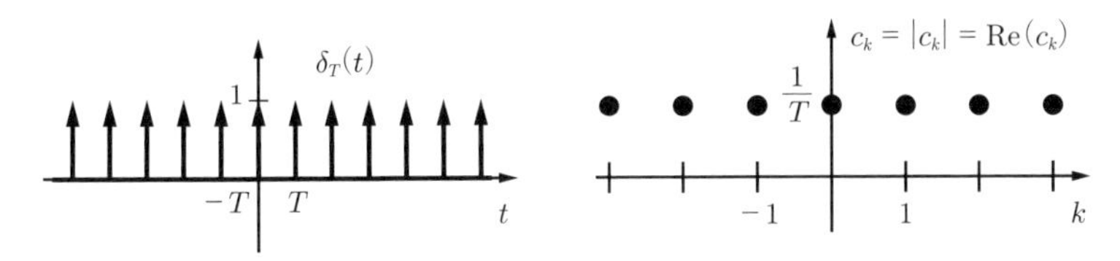

図 **4.13**　インパルス列関数と FS 係数

4.3.2 実数正弦波

ω と θ は周波数スペクトルの変数記号として使うため，ここで周波数と初期位相はそれぞれ Ω と Θ となる「特定な正弦波」を考える。この正弦波の基本周期は $T_0 = 2\pi/\Omega$ となる。

$$x(t) = x(t + T_0) = A\cos(\Omega t + \Theta) \quad (\Omega > 0)$$

FS 係数は式 (4.5) の内積より求めることは一般的であるが，この特例はオイラーの式による変形と式 (4.6) による FS 展開とを直接対応させることができる。

$$\cos(\Omega t + \Theta) = \frac{1}{2}e^{-j\Theta}e^{-j\Omega t} + \frac{1}{2}e^{j\Theta}e^{j\Omega t}$$
$$\cos(\Omega t + \Theta) = \cdots + c_{-1}e^{-j\Omega t} + c_0 + c_1 e^{j\Omega t} + \cdots$$

各加算項の基底関数 $e^{jk\Omega t}$ はたがいに直交するため，対応項の係数の一意性が確保できる。よって

$$\mathrm{FS}[A\cos(\Omega t + \Theta)][k] = \begin{cases} \dfrac{A}{2}e^{j\Theta}, & k = 1 \\ \dfrac{A}{2}e^{-j\Theta}, & k = -1 \\ 0, & \text{その他} \end{cases} \tag{4.12}$$

が得られる。図 **4.14** に振幅スペクトルと位相スペクトルを示す。

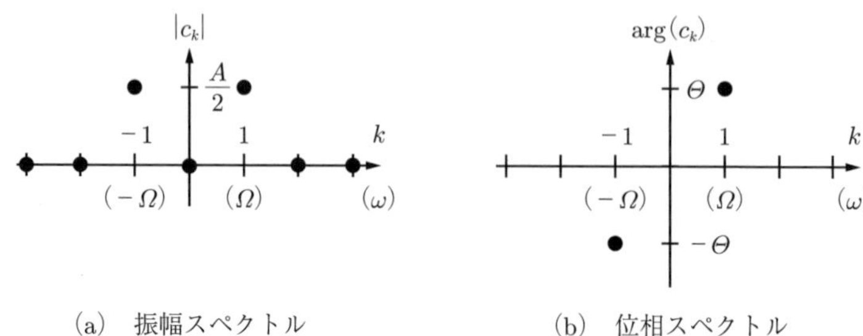

(a)　振幅スペクトル　　　　(b)　位相スペクトル

図 4.14　実数正弦波 $A\cos(\Omega t+\Theta)$ の FS スペクトル

周期信号の複素 FS 展開は，直交性と LTI 伝達システムの固有性を兼ね備える複素正弦波を基底関数としているが，実数値周期信号に対しては周波数別の実数正弦波成分に分解することと本質的に同等である。この 1 成分の振幅や初期位相と FS 係数との関係は，式 (4.9) と同様である。スペクトルのグラフより，振幅と位相のイメージを理解しておきたい。特例として，$\Theta=0$ の場合では余弦関数，$\Theta=-\pi/2$ の場合では正弦関数それぞれの複素 FS 係数を**図 4.15** に示す。

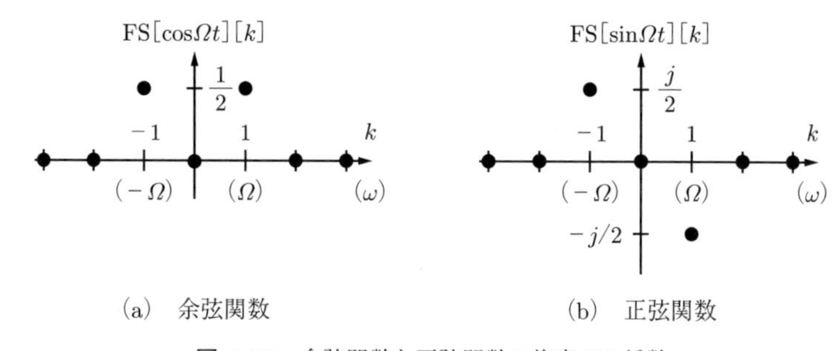

(a)　余弦関数　　　　(b)　正弦関数

図 4.15　余弦関数と正弦関数の複素 FS 係数

4.3.3　周期矩形パルス

周期矩形パルスの数式と波形例は，例題 4.1 に示されている。時間領域の有限区間信号，または周波数領域の有限帯域幅を表現するために便利なモデル関数である。ここでは，その周波数スペクトルについて考察する。

例題 4.1 の解答に算出した FS 係数を，式 (4.13) に示す **sinc 関数**より表せる。

$$\mathrm{sinc}(x) := \begin{cases} \dfrac{\sin x}{x}, & x \neq 0 \\ 1, & x = 0 \end{cases} \tag{4.13}$$

$x=0$ で $\sin(x)/x$ の関数値は定義できないが，$x \to 0$ の極限値はロピタルの定理より一意に求められるため，$x=0$ は除去可能な特異点である。

図 4.16 に，sinc 関数の一部を示す。独立変数 $x=0$ で最大値 1 となり，$x = n\pi$ $(n \in \mathbb{Z} \setminus \{0\})$ で 0 となるよう振動する。振動の高さは原点から離れるほど減少するが，持続区間は $\pm\infty$ にわたることが定義式よりわかる。応用上，零点 $n\pi$ を整数 n にするよう，規格化した関数 $\sin(\pi x)/(\pi x)$ を $\mathrm{sinc}(x)$ と定義する場合もあるが，あいまいさ回避のため本書は採用しない。

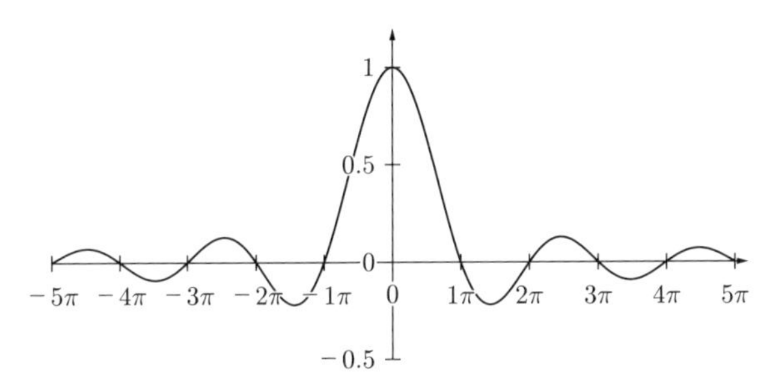

図 4.16　sinc 関数

例題 4.1 に示した周期矩形パルスと sinc 関数より表したその FS 係数を，それぞれ式 (4.14) と式 (4.15) に示す。

$$x(t) = x(t+T_0) = \begin{cases} A, & |t| < \dfrac{D}{2} \\ 0, & \dfrac{D}{2} < |t| \leq \dfrac{T_0}{2} \end{cases} \tag{4.14}$$

$$\mathrm{FS}[x(t)][k] = A\frac{D}{T_0}\,\mathrm{sinc}\left(k\pi\frac{D}{T_0}\right) \tag{4.15}$$

$\mathrm{sinc}(0) = 1$ の補完によって，式 (4.15) は，$k=0$ の DC 成分も例題 4.1 の結果と一致することがわかる。また，式 (4.15) より，周期矩形パルス信号のスペクトルは実数値偶関数であり，その形状はデューティー比 D/T_0 に依存することがわかる。

ここで，平均値を規格化するよう $A = (D/T_0)^{-1}$ とし，デューティー比が変化した場合での 2 周期分の波形とそのスペクトルの一部を**図 4.17** に示す。FS 係数は，k が整数に限られているが，各デューティー比において，k を連続変数とした場合の sinc 関数曲線も示している。

時間領域の矩形パルス幅が狭いほど，周波数スペクトルが広がる。このことは，式 (4.15) にも示唆されているが，グラフより直観的にわかる。特例として，$D/T_0 = 1$

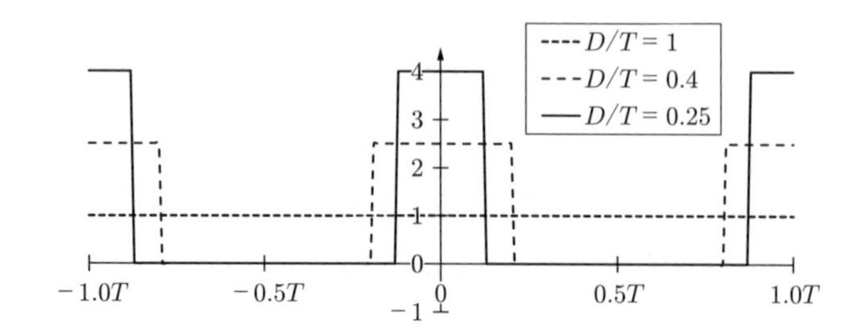

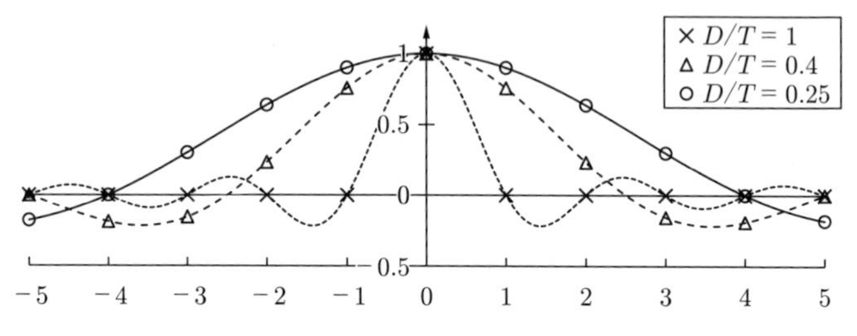

図 **4.17**　デューティー比が変化した周期矩形パルスと FS 係数

の場合では DC 成分のみとなるため，FS 係数は $k = 0$ 以外にすべて 0 であり，これら $k \neq 0$ の整数はちょうど sinc 関数の零点である。

4.4　フーリエ級数展開の特性

4.4.1　線　　形　　性

FS 展開の線形性は，式 (4.16) に示される。

$$\mathrm{FS}[a \cdot x(t) + b \cdot y(t)][k] = a \cdot \mathrm{FS}[x(t)][k] + b \cdot \mathrm{FS}[y(t)][k] \tag{4.16}$$

ここで a と b は，t に依存しない定数である。このことは，FS 係数を求める式 (4.5) より容易に確認できる。FS 展開の本質は基底関数の線形結合に分解することと理解しておきたい。

ただし，式 (4.16) が成り立つ必要条件として，$x(t)$ と $y(t)$ は同じ周期であることは注意すべきである。すなわち，式 (4.16) に示す $x(t)$ と $y(t)$，およびその線形結合である $a \cdot x(t) + b \cdot y(t)$ 計 3 つの信号それぞれの FS 係数は，すべて同じ基底関数に基づくものである必要がある。

例題 4.3　次の (1), (2) に示す合成信号の FS 係数をそれぞれ求めよ。

(1) $x(t) = 3\cos(2t) + 2\cos(3.5t)$　　(2) $x(t) = 5\sin(\pi t) + 4\cos(3t)$

【解答】

(1)　まず，$x(t)$ の基本周期を確認する。$\cos(2t)$ の周期は $2\pi/2 = 4\pi/4$, $\cos(3.5t)$ の周期は $2\pi/3.5 = 4\pi/7$ なので，$x(t)$ の基本周期はその最小公倍数の 4π であるとわかる。

$\cos(2t)$ と $\cos(3.5t)$ とをそれぞれ単独に考える場合，FS 係数は図 4.15 に示すように，$\mathrm{FS}[\cos(\Omega t)][k] = \{\ldots, 0, 1/2, \underline{0}, 1/2, 0, \ldots\}$ と同じになるが，ここでは周期 $T_0 = 4\pi$ として見直す必要がある。なお，この場合の基調波周波数は $\omega_0 = 2\pi/T_0 = 0.5$ となる。周期と周波数の反比例関係より，この ω_0 は，$\omega_1 = 2$ と $\omega_2 = 3.5$ との最大公約数であることがわかる。この場合，$\cos(2t)$ と $\cos(3.5t)$ は，それぞれ 4 次高調波と 7 次高調波の成分である。

$$\mathrm{FS}[\cos(2t)][k] = \left\{\ldots, 0, \frac{1}{2}, 0, 0, 0, \underline{0}, 0, 0, 0, \frac{1}{2}, 0, \ldots\right\}$$

$$\mathrm{FS}[\cos(3.5t)][k] = \left\{\ldots, 0, \frac{1}{2}, 0, 0, 0, 0, 0, 0, \underline{0}, 0, 0, 0, 0, 0, 0, \frac{1}{2}, 0, \ldots\right\}$$

FS 展開の線形性によって

$$\begin{aligned}\mathrm{FS}[3\cos(2t) + 2\cos(3.5t)][k] &= 3\mathrm{FS}[\cos(2t)][k] + 2\mathrm{FS}[\cos(3.5t)][k] \\ &= \left\{\ldots, 0, 1, 0, 0, \frac{3}{2}, 0, 0, 0, \underline{0}, 0, 0, 0, \frac{3}{2}, 0, 0, 1, 0, \ldots\right\}\end{aligned}$$

が得られる。**図 4.18** に，$3\cos(2t)$, $2\cos(3.5t)$, および $3\cos(2t) + 2\cos(3.5t)$ それぞれの FS 係数を示す。

FS 係数の独立変数 k は，高調波の「次数」の意味をもち，基調波周波数を明示していないため，複数信号の合成において注意が必要となる。一方，図 4.18 に示すように，スペクトルの各成分に対応する周波数がそれぞれ特定されているため，複数信号の合成はそれぞれの周波数成分の合成であると理解しやすい。

(2)　ここで $\sin(\pi t)$ と $\cos(3t)$ もそれぞれ周期信号であるが，T_1/T_2 は無理数であり，共通周期は存在しないため，$x(t) = 5\sin(\pi t) + 4\cos(3t)$ は周期信号ではない。よって，この合成信号に対して FS 展開できない。

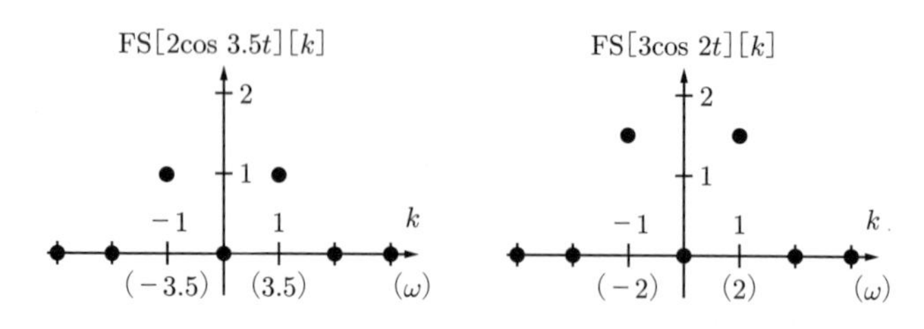

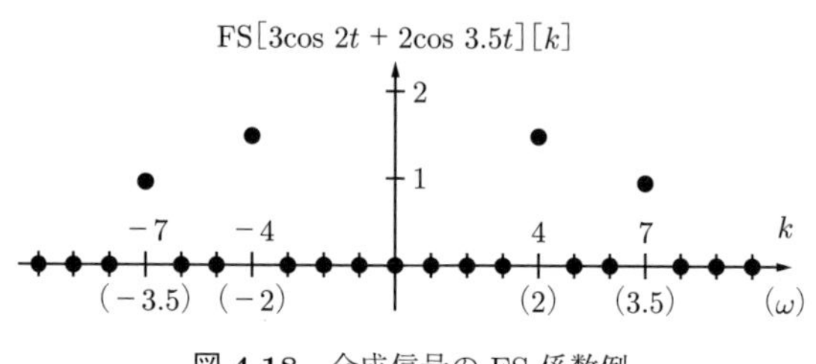

図 4.18　合成信号の FS 係数例

◇

4.4.2 共役対称性

FS 展開に用いる基底関数は式 (4.1) に示され，$r_k^*(t) = r_{-k}(t)$ の関係を満たす。これより，FS 展開の共役対称性は一般的に式 (4.17) のように表せる。

$$\mathrm{FS}[x^*(t)][k] = \mathrm{FS}[x(t)]^*[-k] \tag{4.17}$$

時間信号は実数値信号である場合，$x^*(t) = x(t)$ のため，FS 係数は $c_k^* = c_{-k}$ の関係を満たし，以下の特性が挙げられる。

- FS 係数は独立変数 k に対し，大きさ（振幅スペクトル）と実部は偶関数，偏角（位相スペクトル）と虚部は奇関数である。

特例として FS 係数が負の実数となる場合，偏角 $\arg c_k = \arg c_{-k} = \pi$ が得られ，一見奇関数対称性を満たさなくなるが，この場合では偏角の折り返しによって π と $-\pi$ は同意であることを考慮に入れる必要がある。

- 偶関数信号の FS 係数は実数であり，奇関数信号の FS 係数は純虚数である。

これは，FS 係数の実部は時間信号の余弦関数 $\cos(\omega_k t)$ の各成分，FS 係数の虚部は時間信号の正弦関数 $\sin(\omega_k t)$ の各成分にそれぞれ対応するためである。例えば偶関数信号は，任意奇関数と直交するため，$\sin(\omega_k t)$ 成分は含まれないので，FS 係数に虚部が現れない。

4.4.3 時間変形と時間微分

周期信号の時間変形として，時間反転と時間シフトを考察する。時間伸縮では信号の周期が変化するため，ここで議論しない。また，周期信号の時間微分は同周期の周期信号になることは，微分の定義より確認できる。一方，信号の平均値（DC 成分）が 0 でない場合に時間のランニング積分は周期信号にならないため，時間積分についてもここでは議論しない。

なお，時間信号に対するこれらの操作は，次に示すようにいずれも線形操作である。したがって，時間信号の操作による FS 係数の変化を検討するために，FS 展開の 1 成分のみを考えればよい。

$$s(t) = ax(t) + by(t) \Longrightarrow \begin{cases} s(-t) = ax(-t) + by(-t) \\ s(t+\tau) = ax(t+\tau) + by(t+\tau) \\ \dfrac{d}{dt}s(t) = a\dfrac{d}{dt}x(t) + b\dfrac{d}{dt}y(t) \end{cases}$$

1) 時間反転

$$\mathrm{FS}[x(-t)][k] = \mathrm{FS}[x(t)][-k] \tag{4.18}$$

時間反転は，時間信号の周波数スペクトルの周波数反転に対応する。基底関数は $r_k(-t) = r_{-k}(t)$ の特性をもつため，$x(t)$ の $\pm k$ の 2 成分の時間反転

$$\mathrm{FS}[x(t)][k]e^{jk\frac{2\pi}{T}(-t)} + \mathrm{FS}[x(t)][-k]e^{-jk\frac{2\pi}{T}(-t)}$$

と $x(-t)$ の $\pm k$ の 2 成分

$$\mathrm{FS}[x(-t)][k]e^{jk\frac{2\pi}{T}t} + \mathrm{FS}[x(-t)][-k]e^{-jk\frac{2\pi}{T}t}$$

との対応関係より確認できる。

2) 時間シフト

$$\mathrm{FS}[x(t+\tau)][k] = e^{jk\frac{2\pi}{T_0}\tau} \cdot \mathrm{FS}[x(t)][k] \tag{4.19}$$

時間シフト τ は，時間信号の FS 係数の位相変化 $(k2\pi/T_0)\tau$ に対応する。基底関数は正弦波であるため，時間シフト τ は位相変化 $\omega\tau$ と一致するためである。

$$\begin{aligned}\mathrm{FS}[x(t+\tau)][k]e^{jk\frac{2\pi}{T_0}t} &= \mathrm{FS}[x(t)][k]e^{jk\frac{2\pi}{T_0}(t+\tau)} \\ &= \left(\mathrm{FS}[x(t)][k]e^{jk\frac{2\pi}{T_0}\tau}\right)e^{jk\frac{2\pi}{T_0}t}\end{aligned}$$

3) 時間微分

$$\mathrm{FS}\left[\frac{d}{dt}x(t)\right][k] = jk\frac{2\pi}{T_0}\cdot\mathrm{FS}[x(t)][k] \tag{4.20}$$

時間信号の時間微分は，FS 係数の $jk2\pi/T_0$ 倍の増幅に対応する。基底関数となる複素正弦波の時間微分は $j\omega$ 倍増幅に一致する。

$$\begin{aligned}\mathrm{FS}\left[\frac{d}{dt}x(t)\right][k]e^{jk\frac{2\pi}{T_0}t} &= \frac{d}{dt}\left(\mathrm{FS}[x(t)][k]e^{jk\frac{2\pi}{T_0}t}\right) \\ &= \mathrm{FS}[x(t)][k]\frac{d}{dt}\left(e^{jk\frac{2\pi}{T_0}t}\right) \\ &= \left(jk\frac{2\pi}{T_0}\cdot\mathrm{FS}[x(t)][k]\right)e^{jk\frac{2\pi}{T_0}t}\end{aligned}$$

時間シフトと時間微分の操作に対して複素正弦波は固有関数の特性をもっている。FS 展開には複素正弦波を基底関数としているため，元の時間信号に対するこれらの操作は，当該成分の FS 係数にそれぞれの該当固有値での増幅と相当する。一方，時間反転の場合では，複素正弦波の逆回転に相当するため，正と負の周波数成分の入れ替えとなる。

4.4.4 パーセバルの等式

FS 展開の基底関数の直交性より，合成信号の 2 次ノルムの二乗は各成分の 2 次ノルムの二乗和と等しい。周期信号 $x(t) = x(t+T_0)$ において次式が成り立つ。

$$\langle x(t), x(t)\rangle = \sum_{k=-\infty}^{\infty}\left\langle \mathrm{FS}[x(t)][k]e^{jk\frac{2\pi}{T_0}t}, \mathrm{FS}[x(t)][k]e^{jk\frac{2\pi}{T_0}t}\right\rangle$$

ここで内積の区間は 1 周期とすると，式 (4.21) が得られる。

$$\frac{1}{T_0}\int_{T_0}|x(t)|^2dt = \sum_{k=-\infty}^{\infty}|\mathrm{FS}[x(t)][k]|^2 \tag{4.21}$$

式 (4.21) は**パーセバルの等式**（Parseval's identity）と呼ばれる。式の左辺は，時間領域信号の実効値の二乗，あるいは平均パワー，右辺は周波数領域の FS 係数のエネルギーの意味をそれぞれもつため，この特性は工学的に時間信号と周波数スペクトルとのエネルギー保存則を示すものと解釈できる。

4.5　フーリエ級数展開の収束性

4.5.1　ディリクレ収束条件

式 (4.5) と式 (4.6) はそれぞれ，既知周期信号よりその FS 係数を，既知 FS 係数よりその合成周期信号を求める方法を示している。既知 FS 係数より合成した信号を FS 展開すれば，元の FS 係数が一意的に求められることは，基底関数の線形独立性によって裏付けられている。一方，任意の周期信号に対して，式 (4.5) より求めた FS 係数を式 (4.6) に代入することで得た合成信号は，はたして元の信号になるだろうか？

これは，式 (4.22) が成立する条件の問題となり，その本質は，FS 展開の収束性，または FS 展開に用いた基底関数の完備性の問題に帰す。

$$\lim_{N\to\infty}\sum_{k=-N}^{N}\left(\frac{1}{T_0}\int_{T_0}x(\tau)e^{-jk\frac{2\pi}{T_0}\tau}d\tau\right)\cdot e^{jk\frac{2\pi}{T_0}t}=x(t) \tag{4.22}$$

FS 展開の考え方は，現代社会の応用問題の解決に，はかりしれないほど貢献しているが，この問題の理論上の不備は FS 展開の公表を数十年も遅らせたと語り継がれている。数学的に挙げられる「任意関数」は，応用問題の「興味ある事象」より，はるかに豊富であることは難点であると言える。

ここで，この問題に対して現在広く受け入れられている**ディリクレ**（Dirichlet）**収束条件**の概要を紹介する。なお，この条件は十分条件であるが，必要条件ではないので，この問題に対する理論上の完全解決にまだ至っていない。

まず，記述の便利上，式 (4.22) 左辺の部分和を次式に示す $S_N(t;x(t))$ とする。

$$S_N(t;x(t))=\sum_{k=-N}^{N}\left(\frac{1}{T_0}\int_{T_0}x(\tau)e^{-jk\frac{2\pi}{T_0}\tau}d\tau\right)\cdot e^{jk\frac{2\pi}{T_0}t} \tag{4.23}$$

元周期信号 $x(t)$ の不連続点を含めて，$x(t)$ はディリクレ収束条件を満たす場合，

$S_N(t)$ は次式のように収束する。

$$\lim_{N\to\infty} S_N(t; x(t)) = \lim_{\varepsilon\to 0} \frac{x(t+\varepsilon)+x(t-\varepsilon)}{2} \tag{4.24}$$

ここで右辺は，$x(t)$ の不連続点において，左極限値と右極限値の中間値となり，連続点では $x(t)$ となることがわかる。なお，ディリクレ収束条件は以下となる。

- 1 周期区間内での 1 次ノルムは有限である。

$$\int_{T_0} |x(t)|dt < \infty$$

本来，この議論に先立って，FS 係数 $(1/T_0)\int_{T_0} x(t)e^{-jk\frac{2\pi}{T_0}t}dt$ が有限である必要性が求められるが，基底関数 $e^{-jk\frac{2\pi}{T_0}t}$ は有界であるため，この条件は FS 係数が存在する十分条件にもなっている。

- 任意有限区間内に，$x(t)$ の極点の数は有限である（反例：$\sin t^{-1}$）。
- 任意有限区間内に，$x(t)$ は有限個の第一種不連続点を除いて連続である。

ここで第一種不連続点とは，不連続点において左極限値と右極限値ともに有限かつ確定であることを指す（反例：$\tan t$）。

4.5.2　ディリクレ核

ディリクレ収束条件の厳密な証明は煩雑になるため，ここで省略するが，直観的に理解するために，インパルス列の FS 展開を用いて説明する。

δ 関数の素粒子関数特性によって，任意関数は遅延 δ 関数の線形結合より表せる。この特性を示す式は，信号と δ 関数との畳み込み積分となっているが，周期信号の場合では，積分を 1 周期区間内に適用すればよい。すなわち，信号と δ 関数との畳み込み積分を，次式のように，周期信号とインパルス列との**巡回畳み込み**（circular convolution）**積分**に置き換えられる。

$$x(t) = x(t+T_0) = \int_{T_0} x(\tau)\delta_{T_0}(t-\tau)d\tau \tag{4.25}$$

インパルス列 $\delta_{T_0}(t)$ の部分合成信号 $S_N(t; \delta_{T_0}(t))$ は，FS 展開の収束性を議論するために重要であり，**ディリクレ核**またはディリクレカーネル（Dirichlet kernel）と呼ばれ，これ以降 $D_N(t; T_0)$ と記す。その FS 係数を代入し次式となる。

$$D_N(t;T_0) = S_N(t;\delta_{T_0}(t)) = \frac{1}{T_0}\sum_{k=-N}^{N} e^{jk\frac{2\pi}{T_0}t} \tag{4.26}$$

ディリクレ核は，式 (4.26) の定数 $1/T_0$ の省略や $T_0 = 2\pi$ の特例などとして定義される場合もあるが，FS 展開の収束性の検討に対して本質的に変わらない。本書は，インパルス列との比較の便利上，式 (4.26) を用いる。

式 (4.23) の総和と積分演算の順番を入れ替えると，一般周期信号の部分合成は，元信号とディリクレ核との巡回畳み込み積分より表せる。

$$S_N(t;x(t)) = \int_{T_0} x(\tau)D_N(t-\tau;T_0)d\tau \tag{4.27}$$

式 (4.25) と比較すると，$D_N(t;T_0)$ は $\delta_{T_0}(t)$ に収束すれば，$S_N(t;x(t))$ も $x(t)$ に収束することがわかる。

$$\lim_{N\to\infty} D_N(t;T_0) = \delta_{T_0}(t) \Longrightarrow \lim_{N\to\infty} S_N(t;x(t)) = x(t)$$

ただし，遅延 δ 関数の線形結合より表せる任意関数とは，一般応用問題での「興味のある事象」であり，上述ディリクレ条件を満たさないものを議論しない。

式 (4.26) の総和において，$\pm k$ のペアの項ごとにオイラーの式を適用すると，ディリクレ核の実数関数形は次式に表せる。

$$D_N(t;T_0) = \frac{1}{T_0} + \frac{2}{T_0}\sum_{m=1}^{N} \cos\left(m\frac{2\pi}{T_0}t\right) \tag{4.26$'$}$$

さらに，ディリクレ核の実数関数形は，以下のように示すこともできる。

$$D_N(t;T_0) = \frac{1}{T_0}\cdot\frac{\sin\dfrac{(2N+1)\pi t}{T_0}}{\sin\dfrac{\pi t}{T_0}} \tag{4.26$''$}$$

ここで，$t = nT_0$ $(n \in \mathbb{Z})$ において $D_N(nT_0;T_0) = (2N+1)/T_0$ の補完が必要である。式 (4.26$''$) は，式 (4.26) を等比数列の和として求められる。

$$T_0D_N(t;T_0) = \sum_{k=-N}^{N} e^{jk\frac{2\pi}{T_0}t}$$

$$= e^{-jN\frac{2\pi}{T_0}t}\frac{1-e^{j(2N+1)\frac{2\pi}{T_0}t}}{1-e^{j\frac{2\pi}{T_0}t}}$$

$$= \frac{e^{-j(2N+1)\frac{\pi}{T_0}t}\left(1-e^{j(2N+1)\frac{2\pi}{T_0}t}\right)}{e^{-j\frac{\pi}{T_0}t}\left(1-e^{j\frac{2\pi}{T_0}t}\right)}$$

$$= \frac{-2j\sin((2N+1)\pi t/T_0)}{-2j\sin(\pi t/T_0)}$$

図 4.19 に，ディリクレ核のグラフ例を示す。ディリクレ核は，N によらない包絡の中に，N が大きくなるにつれて振動が激しくなるものとわかる。

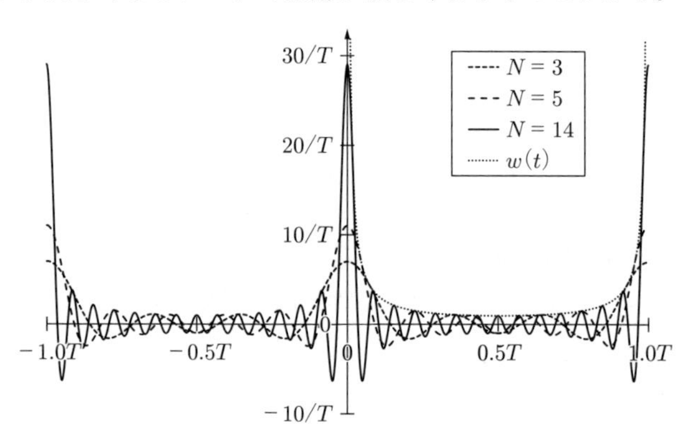

図 4.19　ディリクレ核の例

包絡関数を $w(t)$ とし，式 (4.26″) は次式のように示せる。図 4.19 の $t > 0$ 側には $w(t)$ の一部を示している。

$$D_N(t;T_0) = w(t)\sin\frac{(2N+1)\pi}{T_0}t, \qquad w(t) = \frac{1}{T_0\sin\dfrac{\pi t}{T_0}}$$

$t = nT_0$ では $w(t) = \infty$ となるが，これらの不連続点を除いて $w(t)$ は数学的に連続関数とみなせる。**リーマン・ルベーグ**（Riemann-Lebesgue）**の補題**によって

$$\lim_{N\to\infty}\int_a^b D_N(t;T_0)dt = \lim_{N\to\infty}\int_a^b w(t)\sin\left(\frac{(2N+1)\pi}{T_0}t\right)dt = 0$$
$$\left(0 < a < b < \frac{T_0}{2}\right)$$

が成り立つ。この補題は直観的に，連続関数を周期が限らなく小さい正弦関数より十分細かく正負交互に振り分ければ，その合計は0となると理解してよい。

さらに，式(4.26′)より，$D_N(t;T)$はNの値によらず次の特性が挙げられる。

$$\int_{T_0} D_N(t;T_0)dt = 1$$

ディリクレ核の周期性と偶関数対称性も考慮し

$$\lim_{N\to\infty}\int_a^b D_N(t;T_0)dt = 1 \qquad \left(-\frac{T_0}{2} \leq a < 0 < b \leq \frac{T_0}{2}\right)$$

が得られる。δ関数の式(1.28)と同等であるため，ディリクレ核はインパルス列に収束することが確認できる。

$$\lim_{N\to\infty} D_N(t;T_0) = \delta_{T_0}(t)$$

図4.19から，Nを大きくすることで，ディリクレ核のピーク値が大きくなり，「面積1」をピークの近傍にかき集めることがイメージできる。しかしディリクレ核の関数形は1.5.3項に示した図1.22と異なり，ピークの両側は減衰振動している。すなわち，面積のかき集めは，波形を横方向に縮めるのではなく，連続包絡下の細かい正負の打ち消しによって実現される。この仕組みと前述したディリクレ収束条件とイメージ的に相応している。数学的な観点から，インパルス列になるためには，Nを∞にしなければならないことは，インパルス列のFS係数は$1/T_0$一定で無限まで続くことよりも示唆されている。

4.5.3　ギブス現象

応用問題にて扱う信号は，数学観点のディリクレ収束条件を満たすと言える。時系列で変動の早いものはより細かい表現，すなわちより高い周波数成分を必要とすることは想像できるが，無限のFS係数を扱うのも非現実的である。有限個のFS係数しか使わない場合，「一点集中」のδ関数はディリクレ核のように拡散する。これによって一般関数のFS展開はどのような誤差が発生するか，式(4.24)に示す中間値収束の確認と併せて検討する。

跳躍不連続点を含む周期信号の例として，図4.5に示す矩形振動波のFS部分合成は，例題4.2に求めたFS係数を用いて，次式に示される。

$$S_N(t; x(t)) = \sum_{k=-N}^{N} c_k \cdot e^{jk\frac{2\pi}{T_0}t}, \quad c_k = \begin{cases} 0, & k = 2m \\ \dfrac{-j2}{k\pi}, & k = 2m+1 \end{cases} \quad (m \in \mathbb{Z})$$

$$S_N(t; x(t)) = \frac{4}{\pi}\left(\sin\frac{2\pi}{T_0}t + \frac{1}{3}\sin 3\frac{2\pi}{T_0}t + \frac{1}{5}\sin 5\frac{2\pi}{T_0}t + \cdots + \frac{1}{N}\sin N\frac{2\pi}{T_0}t\right)$$

ここで N は正の奇数である。矩形振動波の部分合成信号例を**図 4.20**(a) に，不連続点での拡大例を図 (b) にそれぞれ示す。

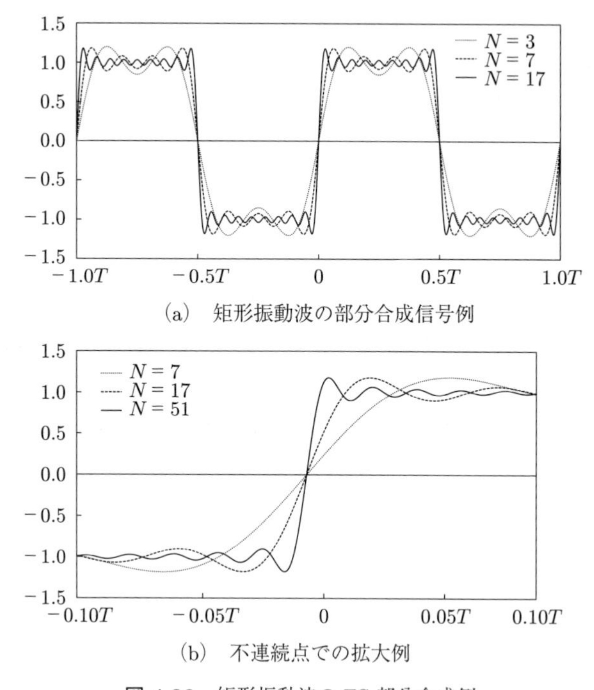

図 4.20　矩形振動波の FS 部分合成例

図 4.20 より，FS 係数の打ち切りによって，元信号の不連続点の近傍にてリップルが発生することが見て取れる。また，N を大きくしても，オーバーショットのピーク値はほぼ一定となる。すなわち，N を大きくすると，このリップルは横方向で不連続点に収束するが，オーバーショットの大きさは減らない。なお，オーバーショットのピーク値と元信号値との差は，元信号の開き幅（左極限値と右極限値との差分）の約 9%である。この特性を，**ギブス**（Gibbs）**現象**と呼ぶ。

ギブス現象は，式 (4.28) と図 **4.21** に示す**正弦積分**（sine integral）**関数**より説明できる。

$$\mathrm{Si}(x) := \int_0^x \mathrm{sinc}\,\xi d\xi \tag{4.28}$$

正弦積分関数は，sinc 関数のランニング積分であり，積分下限は 0 と定義されているため，$x \geq 0$ を定義域とする場合もある。sinc 関数は偶関数対称性をもつため，図 4.21 に示すように，$\mathrm{Si}(x)$ を奇関数として $x < 0$ にも拡張できる。FS 部分合成の特性を記述できるので，周波数帯域制限の影響を議論するための便利な関数として使われる。

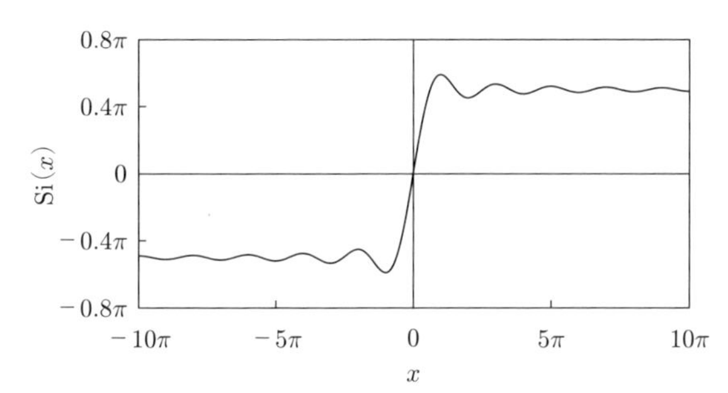

図 **4.21**　正弦積分関数

図 4.21 は，図 4.20 の N が大きい場合の結果とほぼ同じ形に見受けられる。この理由について概略的に説明する。ここで便利上，$t = 0$ を信号 $x(t)$ の不連続点，左極限値を x^-，右極限値を x^+ とする。

式 (4.27) に示すように，FS 部分合成信号は，元信号とディリクレ核との畳み込み積分となる。合成信号のリップルはディリクレ核の振動部の積分によるもので，N が大きくなると不連続点の近傍に集まることは，不連続点近傍の範囲での積分は支配的になっているとイメージできる。この場合

$$\sin\frac{\pi t}{T_0} \approx \frac{\pi t}{T_0} \quad (|t| \ll T_0) \Longrightarrow D_N(t;T_0) \approx \frac{(2N+1)}{T_0}\,\mathrm{sinc}\,\frac{(2N+1)\pi}{T_0}t$$

より，ディリクレ核が sinc 関数とみなすことができる。また，不連続点近傍の十分狭い範囲内において，元信号は

$$x(t) \approx \begin{cases} x^+, & 0 < t \\ x^-, & t < 0 \end{cases} \quad (|t| \ll T_0)$$

と近似できる。$D_N(t;T_0)$ と $x(t)$ の近似式を式 (4.27) に代入し，さらに式 (4.28) に示す正弦積分関数を用いると，N が十分大きい場合では，不連続点の近傍での FS 部分合成信号は

$$S_N(t;x(t)) \approx \frac{x^+ + x^-}{2} + \frac{x^+ - x^-}{\pi}\mathrm{Si}\frac{(2N+1)\pi t}{T_0} \qquad (|t| \ll T_0)$$

と示される。正弦積分関数は，原点では 0，原点より離れると右方向は $\pi/2$，左方向は $-\pi/2$ に収束するので，FS 部分合成信号は右側が x^+，左側が x^-，不連続点にて $(x^+ + x^-)/2$ にそれぞれ収束することがわかる。また，正弦積分関数のピーク値は図 4.16 に示す sinc 関数の第 1 零点までの積分より示される。

$$\max_x \mathrm{Si}(x) = \mathrm{Si}(\pi) = \int_0^{\pi} \mathrm{sinc}\,\xi d\xi \approx \frac{\pi}{2} + 0.089\pi$$

これより，FS 部分合成信号に現れるリップルのオーバーショットの最大値は，左側では x^- より $0.089(x^- - x^+)$，右側では x^+ より $0.089(x^+ - x^-)$，それぞれ大きくなることがわかる。このイメージを図 **4.22** に示す。

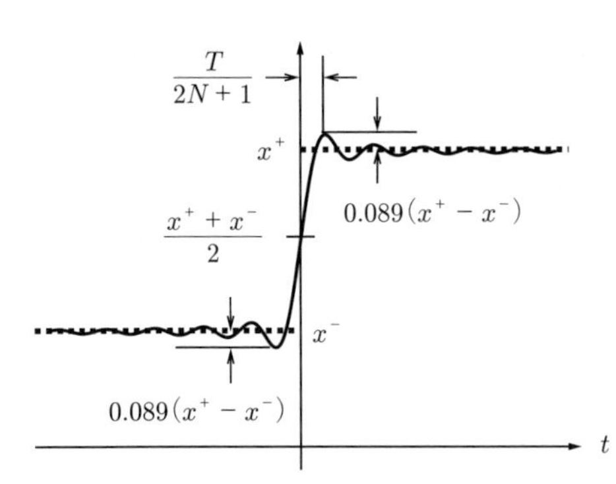

図 **4.22**　不連続点近傍での FS 部分合成信号のイメージ

章　末　問　題

【1】 FS 係数が次に与えられた場合の各周期信号の実数関数形を示せ。ここで基本周期 $T_0 = \pi$ とする。なお，未定義部分の FS 係数は 0 とする。

(1) $\{-1, \underline{2}, -1\}$　　(2) $\{2, 1-j, \underline{1}, 1+j, 2\}$

(3) $\{2, 0, 1-j, 0, \underline{1}, 0, 1+j, 0, 2\}$

【2】 例題 4.2 の FS 係数結果は奇数番のみ非零値が取り得る。逆に偶数番のみ非零値が

取りうる FS 係数である場合の信号にはどの特徴があるかを考察し，次式に示す FS 係数が成り立つ信号 $y(t)$ と $x(t)$ との関係を説明せよ。

$$\mathrm{FS}[y(t)][k] = \begin{cases} \mathrm{FS}[x(t)][n], & k = 2n \\ 0, & k = 2n+1 \end{cases}$$

【3】 例題 4.1 に示した周期矩形パルス信号の振幅を $A = 1$，デューティー比を $D/T_0 = 1/2$ とした場合の信号を $x(t)$ とする。

(1) 例題 4.1 の結果より $\mathrm{FS}[x(t)][k]$ を示せ。

(2) $x(t)$ の FS 展開表現式に $t = 0$ を代入して，以下に示すライプニッツ級数より円周率を求める公式を証明せよ。

$$\frac{\pi}{4} = \sum_{m=0}^{\infty} \frac{(-1)^m}{2m+1} = 1 - \frac{1}{3} + \frac{1}{5} - \frac{1}{7} + \frac{1}{9} - \frac{1}{11} + \cdots$$

(3) $y(t) = x(t - T_0/4) - 1/2$ とし，FS の線形性と時間シフト特性などを利用して $\mathrm{FS}[y(t)][k]$ を求め，例題 4.2 の矩形振動波の FS 係数 c_k と比較せよ。

【4】 周期三角形パルス信号を $x(t) = x(t+2)$, $x(t) = 1 - |t|$ $(|t| \leq 1)$ とする。

(1) $\mathrm{FS}[x(t)][k]$ を定義式より求めよ。

(2) $y(t) = \dfrac{d}{dt}x(t)$ とし，$\mathrm{FS}[x(t)][k]$ の結果に FS の時間微分特性を適用して，$\mathrm{FS}[y(t)][k]$ を求め，例題 4.2 の c_k と比較せよ。

【5】 $x(t) = x(t+T) = -x(t+T/2)$ は周期信号の半波対称性といい，これを満たす信号の FS 係数は $\mathrm{FS}[x(t)][2m] = 0$ の特性があり，すなわち $x(t)$ に奇数次高調波しか含まれないことを証明せよ。

第 5 章

連続フーリエ変換

フーリエ級数展開は，離散パラメータの複素正弦波を直交基底関数として信号を分解するため，各基底関数係数の計算や成分の物理的意味の直観的な理解に便利であり，共振モード分析などの応用問題にもしばしば有効である。しかし対応する信号の周期性に制限があるため，非周期信号，または周期が異なる信号どうし，さらに信号の伸縮変形や一般的なシステムのメカニズムを議論することは困難である。この制限を突破する方法が，**フーリエ変換**（FT, Fourier transform）である。フーリエ変換はフーリエ級数展開から拡張されたものと理解してよいが，基底関数の観点から，その本質は連続パラメータの複素正弦波を用いることにある。本章では，フーリエ変換の基本概念と特性を説明し，フーリエ変換に基づいた信号処理の基礎的な応用手法を紹介する。

5.1 連続フーリエ変換の基本概念

5.1.1 フーリエ級数展開の拡張

フーリエ級数展開が，周期関数しか扱えない理由は，次式に示す離散パラメータの基底関数にある。

$$r_k(t) = e^{jk\omega_0 t} \qquad \left(k \in \mathbb{Z},\ \omega_0 = \frac{2\pi}{T_0}\right)$$

この基底関数は，直交性と LTI システム固有関数の特性を兼ね備えている一方，基調波周波数 ω_0 の整数倍しか表せない制限がある。

例題 4.3 において，周波数はそれぞれ $\omega_1 = 2$ と $\omega_2 = 3.5$ の 2 つの成分を同時に扱うために，$\omega_0 = 0.5$ とすれば両方とも「整数倍」の条件を満たす。しかし，$\omega_1 = \pi$ と $\omega_2 = 3$ の場合では，両方とも割り切れる ω_0 が存在しない。この問題は，数学の「微小幅」という極限の概念を導入することで解決できる。

すなわち，どのような ω であっても，十分に小さい ω_0 に対して，ω/ω_0 を整数として扱える。ω_0 と周期 T_0 との逆数関係より，基調波周波数を無限小にする考え方は，非周期信号を周期が ∞ の周期信号として扱う見方に合意する。

$$\omega_0 \to 0 \Longrightarrow T_0 = \frac{2\pi}{\omega_0} \to \infty \tag{5.1}$$

フーリエ級数展開のもう1つの不都合として，FS係数は整数番号を独立変数として扱うことが挙げられる。これは，共振モードなどの応用問題に対して，具体的なスケールに依存しないパターンの特性を議論する場合では便利である。しかし，例えば例題4.3において，$\omega_1 = 2$ と $\omega_2 = 3.5$ の2つの正弦波をそれぞれ独立で見る場合，いずれも $k = 1$ の成分のみであるが，同時に議論すると，それぞれ $k = 4$ と $k = 7$ の成分となる。これらの整数番号は，具体的な ω_0 に依存することが原因であり，「無限小」と抽象化される ω_0 であれば，整数 $k = \omega/\omega_0$ の値はなおさらナンセンスである。この問題は，独立変数を，ω_0 の値に依存しない周波数 $\omega = k\omega_0$ にすれば容易に解決できる。すなわち，式(5.2)に示すように，FS係数 $\mathrm{FS}[x(t)][k]$ を $c(\omega)$ に置き換える。

$$c(\omega_{[k]}) = c(k\omega_0) = \mathrm{FS}[x(t)][k] \tag{5.2}$$

したがって，式(5.1)と式(5.2)にそれぞれ示すように，フーリエ級数展開を以下のように拡張することで，非周期信号にも適用できる。

- 基本周期を無限大 $\Leftrightarrow$ 基調波周波数を無限小に近似する
- スペクトルの独立変数を周波数に置き換える

この場合，式(4.6)に示す周期信号 $x(t)$ の合成は式(5.3)のように表せる。

$$\begin{aligned} x(t) = x(t+T_0) &= \lim_{N\to\infty}\sum_{k=-N}^{N}\mathrm{FS}[x(t)][k]\cdot e^{jk\omega_0 t} \\ &= \lim_{N\to\infty}\sum_{k=-N}^{N}c(k\omega_0)\cdot e^{jk\omega_0 t} = \lim_{N\to\infty}\sum_{k=-N}^{N}\frac{T_0}{2\pi}c(k\omega_0)e^{jk\omega_0 t}\cdot\omega_0 \end{aligned} \tag{5.3}$$

$\omega_0 \to 0$ の場合，右辺はリーマン和の形式に一致し，ω_0 を微小幅 $d\omega$ とすれば，各成分 k の総和は，$\omega = k\omega_0$ をダミー変数とした積分より表せる。数式の読み替えによって，積分の範囲は $\pm N\omega_0$ の間になるが，$N \to \infty$ と $\omega_0 \to 0$ の極限だけでは特定できない。ただ，合成信号の任意性を考慮すると，$\omega \in (-\infty, \infty)$ とすることが合理的であると判断できる。これは，実数は連続で非可算（uncountable）であり，集合の**濃度**（cardinality）は整数より大きいため，N は前章の ∞ よりもはるかに大きいと直観的に理解してよい。

したがって，式 (5.3) を次式のように表せる。

$$x(t) = \lim_{\Omega\to\infty} \frac{1}{2\pi} \int_{-\Omega}^{\Omega} T_0 c(\omega) \cdot e^{j\omega t} d\omega = \frac{1}{2\pi} \int_{-\infty}^{\infty} T_0 c(\omega) \cdot e^{j\omega t} d\omega \qquad (5.3')$$

ここで，$T_0 = 2\pi/d\omega \to \infty$ のため，被積分項の $T_0 c(\omega)$ は理解しにくい。

FS 係数を式 (5.2) に示すように置き換え，式 (4.5) より

$$T_0 c(\omega) = T_0 \mathrm{FS}[x(t)][k_{(\omega)}] = \int_{T_0} x(t) e^{-j\omega t} dt \qquad (5.4)$$

が得られる。この積分範囲について，一般的な周期信号に対し，1 周期分であれば具体的な始点と終点に制限がない。しかし，非周期信号を抽象的な $T_0 \to \infty$ の周期信号にみなす拡張では，隣り合う周期の境目が興味のある信号範囲内に現れると都合が悪い。加えて，信号の奇偶対称性の検討にも配慮すると，積分の範囲は，$\pm T_0/2 \to \pm\infty$ にすると都合が良い。よって，$T_0 c(\omega)$ は次式より表せる。

$$T_0 c(\omega) = \lim_{T_0\to\infty} \int_{-T_0/2}^{T_0/2} x(t) e^{-j\omega t} dt = \int_{-\infty}^{\infty} x(t) e^{-j\omega t} dt \qquad (5.4')$$

式 (5.2) に示すように，$c(\omega)$ は FS 係数を表しているが，これと周期 T_0 との乗積 $T_0 c(\omega)$ は，$T_0 \to \infty$ に拡張されたフーリエ級数展開のスペクトルの意味をもっていることが，式 (5.3′) と式 (5.4′) より示唆される。

この $T_0 c(\omega)$ を理解するために，4.3.3 項に紹介した周期矩形パルスを例として，式 (4.14) の $A = 1$, $D = 1$ を固定し，周期 T_0 のみを変化させた場合でのイメージを**図 5.1** に示す。T_0 の増加にそって，各複素正弦波成分の周波数間隔が細かくなり，$T_0 \to \infty$ の場合 $T_0 c(\omega)$ は一定な連続関数に近づくことが見て取れる。なお，FS 係数の特性によって，一般的に $T_0 c(\omega)$ は複素数値関数となるが，この例では信号が偶関数対称の実数値関数であるため，$T_0 c(\omega)$ は実数値関数となっている。

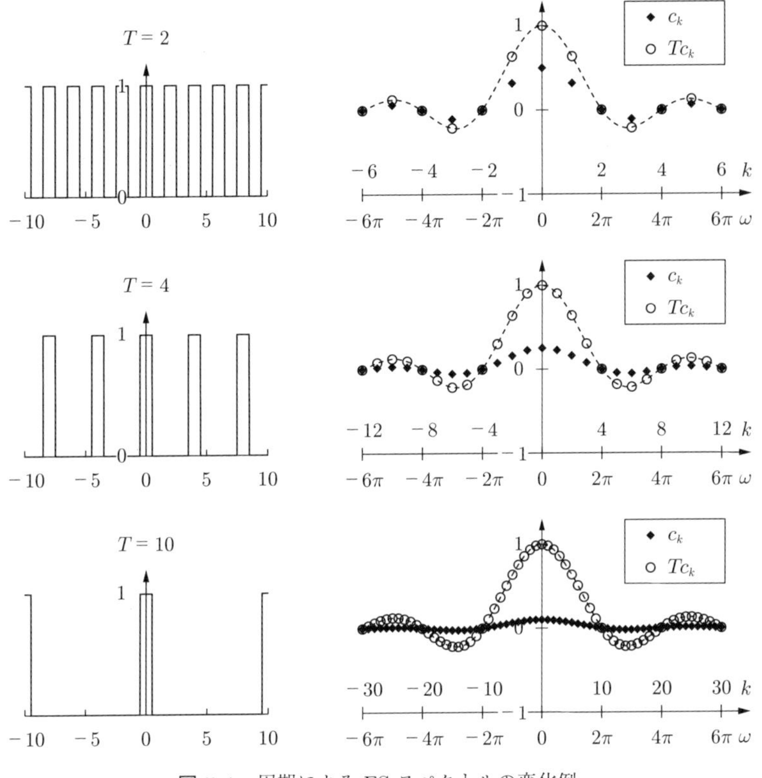

図 **5.1**　周期による FS スペクトルの変化例

5.1.2　フーリエ変換と逆変換

フーリエ変換（FT, Fourier transform）は，式 (5.5) に示す連続パラメータの基底関数を用いて，信号の分解や合成を議論する。

$$r(t;\omega) = e^{j\omega t} \qquad (\omega \in \mathbb{R}) \tag{5.5}$$

この場合，パラメータ別の基底関数の線形結合は，積分形式となる。

$$x(t) = \int a(\omega)e^{j\omega t}d\omega$$

ここで $a(\omega)$ はパラメータ ω を独立変数とした関数であり，合成信号 $x(t)$ の「成分表」である。この積分形式は，$T_0 \to \infty$ に拡張されたフーリエ級数展開の式 (5.3′) と一致することがわかる。

式 $(5.3')$ と式 $(5.4')$ の $T_0c(\omega)$ を $X(\omega)$ と記し，$x(t)$ と $X(\omega)$ の 2 つの関数がフーリエ変換によって対応される。$x(t)$ から $X(\omega)$ 求める式 $(5.4')$ は，フーリエ変換といい，変換演算を $\mathrm{F}[\cdot]$ と記す。$X(\omega)$ から $x(t)$ を求める式 $(5.3')$ は，**逆フーリエ変換**（IFT, inverse Fourier transform）といい，変換演算を $\mathrm{F}^{-1}[\cdot]$ と記す。FT と IFT それぞれの変換式は以下に示す。

$$\mathrm{F}[x(t)](\omega) = X(\omega) := \int_{-\infty}^{\infty} x(t) \cdot e^{-j\omega t} dt \tag{5.6}$$

$$\mathrm{F}^{-1}[X(\omega)](t) = x(t) = \frac{1}{2\pi} \int_{-\infty}^{\infty} X(\omega) \cdot e^{j\omega t} d\omega \tag{5.7}$$

$X(\omega)$ は信号 $x(t)$ のスペクトルであり，これ以降，連続フーリエ変換のスペクトルを特定する場合には FT スペクトルと呼ぶ。LTI システムの固有関数特性と直交性を兼ね備えた複素正弦波を基底関数とし，かつ適用できる信号の周期制限もないため，フーリエ変換は強力な信号解析手法として広く応用されている。なお，式 (5.6) と式 (5.7) に示したように，変換と逆変換の演算式に対称性があり，数学的な美しさも評価されている。

式 (5.7) の係数 $1/(2\pi)$ は，前項に述べた $T_0c(\omega)$ を FT スペクトル $X(\omega)$ と定義したことによる。異なる定義方式もあり，例えば $X(\omega) = T_0c(\omega)/\sqrt{2\pi}$ と定義すれば

$$X(\omega) = \frac{1}{\sqrt{2\pi}} \int_{-\infty}^{\infty} x(t) \cdot e^{-j\omega t} dt, \qquad x(t) = \frac{1}{\sqrt{2\pi}} \int_{-\infty}^{\infty} X(\omega) \cdot e^{j\omega t} d\omega$$

と表せる。特に信号とそのスペクトルとの独立変数は時間，角周波数にかかわらない場合，2 種類の定義域の関数間の変換とみなされ，変換式の係数が同じであれば，便利となる場合がある。もう 1 種の係数定義として，$X(\omega) = T_0c(\omega)/(2\pi)$ とすることである。この場合，変換と逆変換は以下に表せる。

$$X(\omega) = \frac{1}{2\pi} \int_{-\infty}^{\infty} x(t) \cdot e^{-j\omega t} dt, \qquad x(t) = \int_{-\infty}^{\infty} X(\omega) \cdot e^{j\omega t} d\omega$$

さらに，時間信号を扱う場合では，角周波数 ω より，周波数 $f = \omega/(2\pi)$ の物理的意味が比較的に明確であるので，応用上ではスペクトルの定義域を周波数 f とすることがしばしば見受けられる。この場合，変換と逆変換は以下に示される。

$$\tilde{X}(f) = \int_{-\infty}^{\infty} x(t) \cdot e^{-j2\pi f t} dt \tag{5.6'}$$

$$x(t) = \int_{-\infty}^{\infty} \tilde{X}(f) \cdot e^{j2\pi ft} df \tag{5.7$'$}$$

この表現方式は，応用上の物理的意味がより明確化され，かつ数式に係数がなくあいまいさも避けられる。$\omega = 2\pi f$ のため，式 (5.6) と式 (5.6$'$) より

$$\tilde{X}(f) = X(2\pi f)$$

がわかる。式 (5.7) の角周波数領域で積分する際に，$d\omega = 2\pi \cdot df$ によって係数 $1/(2\pi)$ が現れる。

4.2.1 項に述べたように，スペクトルは信号の側面図と考えられ，信号本位の見方であれば，3 種類の $X(\omega)$ の定義方式のいずれでも，式 (5.8) が成立する。

$$x(t) = \frac{1}{2\pi} \int_{-\infty}^{\infty} \int_{-\infty}^{\infty} x(\tau) e^{-j\omega\tau} d\tau \cdot e^{j\omega t} d\omega \tag{5.8}$$

周波数領域の積分ダミー変数を f とすれば，$d\omega = 2\pi \cdot df$ より次式が得られ，式 (5.6$'$) を式 (5.7$'$) に代入した結果と一致する。

$$x(t) = \int_{-\infty}^{\infty} \int_{-\infty}^{\infty} x(\tau) e^{-j2\pi f\tau} d\tau \cdot e^{j2\pi ft} df \tag{5.8$'$}$$

本書は基礎理論を紹介する便利上，これ以降おもに式 (5.6) と式 (5.7) を採用する。$X(\omega)$ は一般的に複素数値関数であり，その大きさ $|X(\omega)|$ と偏角 $\arg X(\omega)$ はそれぞれ振幅スペクトルと位相スペクトルである。

最後に，FS 係数 c_k と FT スペクトル $X(\omega)$ の物理単位を考えよう。複素正弦波 $e^{j\omega t}$ は無名数であるため，その複素振幅の物理単位は合成信号と一致する。FS 展開の場合，成分 $e^{jk\omega_0 t}$ の複素振幅は c_k であり，FT の場合では成分 $e^{j\omega t}$ の複素振幅は $X(\omega)d\omega/(2\pi)$ となる。したがって，これらの物理単位は以下になる。

$\mathrm{FS}[x(t)][k]$ の物理単位 $= x(t)$ の物理単位

$\mathrm{F}[x(t)](\omega)$ の物理単位 $= x(t)$ の物理単位 $\times$ 時間の物理単位

なお，独立変数を f とした場合のスペクトル $\tilde{X}(f)$ の物理単位も式 (5.6) の $X(\omega)$ と同様である。例として時間領域の信号値の物理単位を〔V〕，時間の物理単位を〔s〕とすれば，FT スペクトルの物理単位は〔V·s〕となり，「周波数領域」や「単位周波

数幅」のコンセプトを明示するため，〔V/Hz〕または〔V·Hz^{-1}〕と記す場合がある。

例題 5.1　片側指数減衰信号 $x(t) = 5e^{-3t} \cdot u(t)$ の FT スペクトル $X(\omega)$ を求めよ。ここで $u(t)$ は単位ステップ関数である。

【解答】　$x(t)$ を FT 変換の式 (5.6) に代入し，$X(\omega)$ が求められる。

$$X(\omega) = \int_{-\infty}^{\infty} 5e^{-3t}u(t) \cdot e^{-j\omega t}dt = \int_{0}^{\infty} 5e^{-3t}e^{-j\omega t}dt$$
$$= \left[\frac{5e^{-(3+j\omega)t}}{-(3+j\omega)}\right]_{t=0}^{\infty} = \frac{5}{3+j\omega}$$

振幅スペクトルと位相スペクトルはそれぞれ以下となり，**図 5.2** に示す。

$$|X(\omega)| = \frac{5}{\sqrt{9+\omega^2}}, \qquad \arg X(\omega) = \arg(3 - j\omega) = -\tan^{-1}\frac{\omega}{3}$$

複素数の偏角は原則式 (4.10) に従うが，この例では実部が $3 > 0$ なので上式となる。

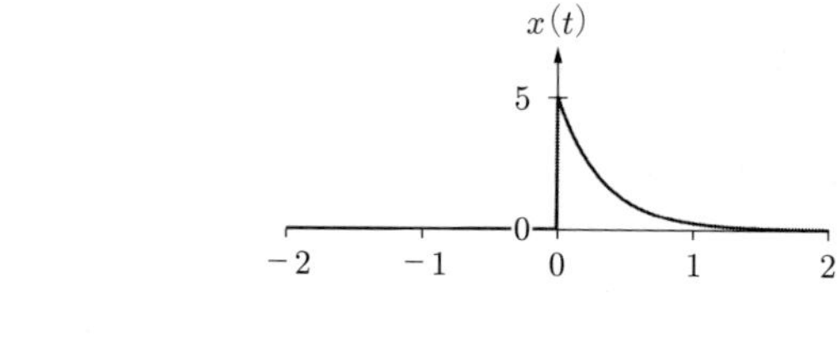

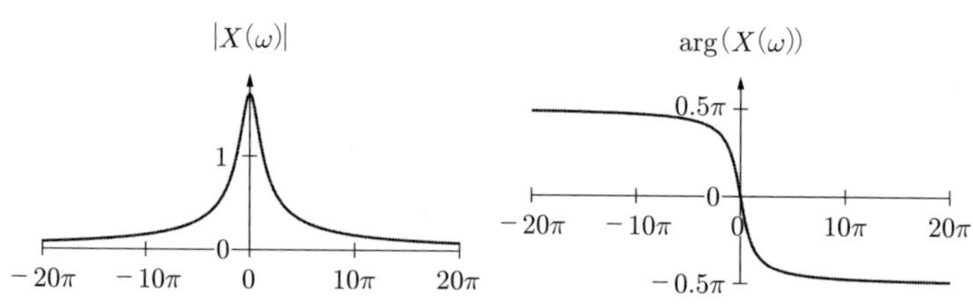

図 **5.2**　片側指数減衰信号のスペクトル例

◇

5.1.3　フーリエ変換の広義収束

フーリエ変換は FS 展開の拡張より定義されるため，収束条件は原則 4.5.1 項に述べたディリクレ条件と一致する。しかし，$T_0 \to \infty$ の拡張より，信号の 1 次ノルム有限の条件について慎重に対応する必要がある。

信号 $x(t)$ の 1 次ノルム有限は，$|x(t)| \geq 0$ のため，積分範囲の拡大による 1 次ノルムの極限値が存在すると同意である。

$$\int_{-\infty}^{\infty} |x(t)| dt < \infty \Longleftrightarrow \exists S = \lim_{M \to \infty} \int_{-M}^{M} |x(t)| dt$$

これは，十分広い時間領域内の $|x(t)|$ の積分は，$|x(t)|$ 全体の積分に限りなく近づけると理解できる。

$$\forall \varepsilon > 0,\ \exists M;\ \left| \int_{-\infty}^{\infty} |x(t)| dt - \int_{-M}^{M} |x(t)| dt \right| < \varepsilon$$

これ以降，この条件を満たす場合を**有限区間収束**と呼ぶ。この有限区間とは，区間外の信号値は必ずしも 0 である必要がなく，$|t|$ の増加によって $|x(t)|$ が十分に早く減衰することを意味する。

一般的な応用上「興味のある信号」は，この条件を満たすと言える。しかし，持続時間 ∞ の数学モデル信号は，有力なツールとしてしばしば活用できる。持続時間 ∞ の信号は FT の収束条件を満たさないため，式 (5.6) より算出されたスペクトルの「原始形」は，数式上不特定な関数となることがある。この場合，局所積分によって「原始形」スペクトルを，扱いやすい**広義の超関数**（generalized function）に読み替えられることがある。この主旨は，関数値が積分収束の領域において，式 (5.6) より算出した結果に関わらず，$X(\omega)$ を式 (5.9) に示すように，微小帯域幅 $\Delta\omega$ 内の局所平均値とみなせることである。

$$X(\omega) = \frac{1}{\Delta\omega} \int_{\omega-\Delta\omega/2}^{\omega+\Delta\omega/2} \left(\int_{-\infty}^{\infty} x(t) \cdot e^{-j\Omega t} dt \right) d\Omega \tag{5.9}$$

ここで，$\Delta\omega$ は $X(\omega)$ が変化しないとみなせるほど小さければよい。すなわち，FT スペクトルは密度関数として信号を合成するため，式 (5.7) さえ満たせばよい。

超関数の概念を利用して，扱いにくいスペクトル関数形を，なめらかな関数に読み替えられる場合もある。超関数の一例として，δ 関数が挙げられる。4.5.2 項に紹介したディリクレ核の極限関数形 $D_\infty(t; T_0)$ は，$t = nT_0$ を除き，ありうる時刻での関数値は激しく振動して特定できないが，積分関数としての振る舞いは δ 関数と一致するため，図 1.22 に示すような比較的にわかりやすい形の δ 関数に置き換えられる。

例題 5.2　次の各信号の FT スペクトルを求めよ。

(1)　単位定数関数 $x(t) = 1$

(2)　**符号関数**（signum function）　$x(t) = \mathrm{sgn}(t)$

$$\mathrm{sgn}(t) := \begin{cases} -1, & t < 0 \\ 0, & t = 0 \\ 1, & t > 0 \end{cases} \tag{5.10}$$

【解答 ①】

(1) $x(t) = 1$ を式 (5.6) に代入し，次の結果が得られる。

$$X(\omega) = \int_{-\infty}^{\infty} e^{-j\omega t} dt = \lim_{M\to\infty} \frac{e^{jM\omega} - e^{-jM\omega}}{j\omega} = \lim_{M\to\infty} \frac{2\sin(M\omega)}{\omega}$$
$$= \lim_{M\to\infty} 2M\,\mathrm{sinc}(M\omega)$$

しかしこの解には，以下の 2 つの問題があり，局所積分を考察する必要がある。

- $X(0) = 2M \to \infty$ ので，$\omega = 0$ は特異点である。
- $\omega \neq 0$ において，$\lim_{M\to\infty} \sin(M\omega)$ は ω によって激しく振動する。

まず，積分範囲が特異点 $\omega = 0$ を含める場合，$a < 0 < b$ とし

$$\int_a^b X(\omega) d\omega = 2 \lim_{M\to\infty} \int_{Ma}^{Mb} \mathrm{sinc}(\Omega) d\Omega = 2 \int_{-\infty}^{\infty} \mathrm{sinc}(\Omega) d\Omega = 2\pi$$

が得られる。この結果は積分の幅 $b - a$ に依存しない。一方，a, b が同符号，すなわち積分範囲は $\omega = 0$ を含めない場合では，範囲内の $2/\omega$ は連続関数となり，リーマン・ルベーグの補題より

$$\int_a^b X(\omega) d\omega = 0$$

が得られる。これら $X(\omega)$ の区間別積分特性より，以下の結果が示される。

$$\mathrm{F}[1](\omega) = 2\pi\delta(\omega) \tag{5.11}$$

なお，この結果を式 (5.7) に代入して，元信号 $x(t) = 1$ が確認できる。

(2) 符号関数

式 (5.10) に与えられた符号関数を式 (5.6) に代入し

$$X(\omega) = \int_{-\infty}^{0} -1 \cdot e^{-j\omega t} dt + \int_0^{\infty} 1 \cdot e^{-j\omega t} dt = \frac{2}{j\omega} - \lim_{M\to\infty} \frac{2\cos(M\omega)}{j\omega}$$

が求まり，(1) と同様に，$\omega = 0$ の特異点と $\cos(M\omega)$ の振動の 2 つの問題がある。

$\omega \neq 0$ の領域においては，$\cos(M\omega)$ の局所平均値が 0 であるため

$$X(\omega) = \frac{2}{j\omega}$$

が得られる。$\omega = 0$ において，符号関数の奇関数対称性より

$$X(0) = \int_{-\infty}^{\infty} \mathrm{sgn}(t)dt = 0$$

と考えられる。ここで，$X(\omega) = 2/(j\omega)$ の $\omega = 0$ における局所積分特性も，上記の結果を満たす。

$$\frac{1}{\Delta\omega}\left(\int_{-\Delta\omega/2}^{0^-} \frac{2}{j\Omega}d\Omega + \int_{0+}^{\Delta\omega/2} \frac{2}{j\Omega}d\Omega\right) = 0$$

上式は**コーシー主値**（Cauchy principal value）の概念を利用しているが，直観的に，$2/(j\omega)$ は奇関数であるため $\pm\Delta\omega/2$ にわたる積分が 0 になると理解してよい。

以上より，符号関数のスペクトルは次式に示される。

$$\mathrm{F}[\mathrm{sgn}(t)](\omega) = \mathrm{SGN}(\omega) = \frac{2}{j\omega} \tag{5.12}$$

すなわち，$\omega \neq 0$ においては局所平均値のコンセプトを利用して振動するものを「平滑化」し，$\omega = 0$ の特異点においては局所平均値との一致性によって $X(0) = 0$ と補完せずに，スペクトルをよりシンプルな数式より表せる。この結果より，振幅スペクトルと位相スペクトルは以下の式と**図 5.3** に示す。

$$|\mathrm{SGN}(\omega)| = \begin{cases} \dfrac{2}{|\omega|}, & \omega \neq 0 \\ 0, & \omega = 0 \end{cases}, \qquad \arg(\mathrm{SGN}(\omega)) = \begin{cases} \dfrac{\pi}{2}, & \omega < 0 \\ -\dfrac{\pi}{2}, & \omega > 0 \end{cases}$$

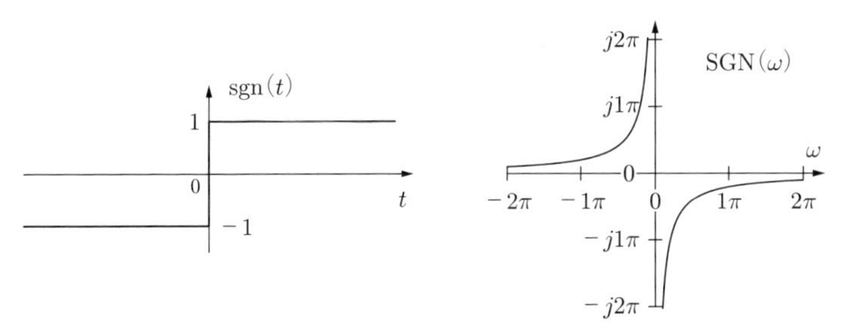

図 5.3 符号関数の FT スペクトル

【解答②】 局所平均値を利用して，このような持続時間 ∞ のモデル信号のスペクトルを使いやすい形式の関数に表すことができるが，積分の検討はやや煩雑になる。これらの問題は，FS 展開の拡張に基づいて，より便利に解決できる場合がある。すなわち，連続独立変数 ω を，微小幅 $d\omega$ で分割された離散変数 $kd\omega$ とみなし，以下に示す FT スペクトルと FS 係数の関係を利用すればよい。

$$\mathrm{F}[x(t)](kd\omega) = \frac{2\pi}{d\omega}\mathrm{FS}[x(t)][k] \tag{5.13}$$

(1) 単位定数関数は振幅 1 の直流成分（$k = 0$）しか含まれていないため，FS 係数は以下となり，式 (4.2) よりも確認できる。

$$\mathrm{FS}[1][k] = \begin{cases} 1, & k = 0 \\ 0, & k \neq 0 \end{cases}$$

式 (5.13) 式の見方より，$d\omega$ で分割された FT スペクトルは

$$\mathrm{F}[1](\omega) = \begin{cases} \dfrac{2\pi}{d\omega}, & |\omega| < \dfrac{d\omega}{2} \\ 0, & |\omega| > \dfrac{d\omega}{2} \end{cases}$$

と考えられ，式 (1.31) に示す δ 関数の便利形より，式 (5.11) の結果が得られる。

(2) 式 (5.10) に示す符号関数は，例題 4.2 の矩形振動波を $T_0 \to \infty$ に拡張されたものとみなせる。例題 4.2 で得られた FS 係数を式 (5.13) に代入し次式が得られる。

$$\mathrm{F}[\mathrm{sgn}(t)](kd\omega) = \begin{cases} 0, & k = 2m \\ \dfrac{4}{jkd\omega}, & k = 2m+1 \end{cases}$$

これより，$\mathrm{F}[\mathrm{sgn}(t)](\omega)$ は，無限小間隔 $d\omega$ ごと（k がそれぞれ偶数・奇数）に 0 と $4/(j\omega)$ の 2 つの値を交互に取ることが示される。ここでもやはり局所平均値の考え方が必要となり，複素振幅密度としては平均値の $2/(j\omega)$ が考えられ，式 (5.12) の結果が得られる。 ◇

5.2 フーリエ変換の特性

5.2.1 線形性と共役対称性

フーリエ変換の線形性は次式に示される。

$$\mathrm{F}[ax(t) + by(t)](\omega) = a\mathrm{F}[x(t)](\omega) + b\mathrm{F}[y(t)](\omega) \tag{5.14}$$

$$\mathrm{F}^{-1}[aX(\omega)+bY(\omega)](t)=a\mathrm{F}^{-1}[X(\omega)](t)+b\mathrm{F}^{-1}[Y(\omega)](t) \tag{5.14'}$$

これらの関係は式 (5.6) と式 (5.7) より容易に確認でき，かつ式 (5.14) と式 (5.14′) は同等であり，FT と IFT ともに線形変換であることがわかる。

また，フーリエ変換のスペクトルには以下に示す共役対称性がある。

$$\mathrm{F}[x^*(t)](\omega)=\mathrm{F}[x(t)]^*(-\omega) \tag{5.15}$$

実数値信号の場合では，$x^*(t)=x(t)$ ので，$X^*(\omega)=X(-\omega)$ となり，スペクトルの振幅と実部は偶関数，位相と虚部は奇関数となることがわかる。さらに，実数値信号を奇関数成分と偶関数成分の合成として考えると

$$x(t)=x_{odd}(t)+x_{even}(t)$$

$$\mathrm{F}[x_{even}(t)](\omega)=\mathrm{Re}(\mathrm{F}[x(t)](\omega))=\mathrm{F}[x(t)]_{even}(\omega)$$

$$\mathrm{F}[x_{odd}(t)](\omega)=j\mathrm{Im}(\mathrm{F}[x(t)](\omega))=\mathrm{F}[x(t)]_{odd}(\omega)$$

の諸関係が成り立つ。すなわち

- 偶関数対称の実数値信号のスペクトルは偶関数対称の実数値関数である。
- 奇関数対称の実数値信号のスペクトルは奇関数対称の純虚数値関数である。

複素数値信号の場合では，式 (5.15) も成り立つ。純虚数値信号の部分については，実数値信号の定数 j 倍とみなされるので，前述した実数値信号スペクトルの実部と虚部の対称性が入れ替えることになる。これらの対称関係は，**表 5.1** にまとめて示す。

表 5.1　信号と FT スペクトルの対称性

信号	実・偶	実・奇	虚・偶	虚・奇
FT スペクトル	実・偶	虚・奇	虚・偶	実・奇

5.2.2　微　分　積　分

信号の時間微分とスペクトルの周波数微分によるそれぞれの対応領域での変化を以下に示す。

$$\mathrm{F}\left[\frac{d^n}{dt^n}x(t)\right](\omega)=(j\omega)^n\cdot\mathrm{F}[x(t)](\omega) \tag{5.16}$$

$$\mathrm{F}^{-1}\left[\frac{d^n}{d\omega^n}X(\omega)\right](t) = (-jt)^n \cdot \mathrm{F}^{-1}[X(\omega)](t) \tag{5.17}$$

式 (5.17) に示すスペクトルの微分について，離散周波数領域の FS 展開において議論できないが，式 (5.6) の両辺に ω に対して微分することで確認できる。時間領域での微分演算は周波数スペクトルの $j\omega$ 倍増幅に対応するため，応用問題によって $j\omega$ を**微分演算子**と呼ぶ場合がある。

積分演算については，積分範囲や直流成分の考慮が必要とされ，微分より扱いにくい。ここで時間信号のランニング積分のみを紹介する。

$$\mathrm{F}\left[\int_{-\infty}^{t} x(\tau)d\tau\right](\omega) = \frac{1}{j\omega}\cdot \mathrm{F}[x(t)](\omega) + \pi\delta(\omega)\mathrm{F}[x(t)](0) \tag{5.18}$$

この結果の導出について簡単に説明する。まず，単位ステップ関数 $u(t)$ を式 (5.6) に代入し，積分変数の置換 $\tau' = t - \tau$ より

$$U(\omega) = \int_{-\infty}^{\infty} u(\tau')\cdot e^{-j\omega\tau'}d\tau' = \int_{0}^{\infty} e^{-j\omega\tau'}d\tau' = e^{-j\omega t}\int_{-\infty}^{t} e^{j\omega\tau}d\tau$$

$$\int_{-\infty}^{t} e^{j\omega\tau}d\tau = U(\omega)e^{j\omega t}$$

が得られる。ただし，ここで積分変数置換による積分範囲について，$t - \infty = -\infty$ としたので，$t \to \infty$ においてあいまいさがある。また，$t \to -\infty$ まで持続する信号であれば，積分始点のあいまいさによってランニング積分結果の信号は特定できない。すなわち，式 (5.18) の結果が成り立つ条件として，$x(t)$ は有限区間収束の「一般的な」信号であると考えたい。

信号 $x(t)$ のランニング積分については，式 (5.7) の両辺に積分し，上記の結果を利用して，次式が得られる。

$$\begin{aligned}\int_{-\infty}^{t} x(\tau)d\tau &= \frac{1}{2\pi}\int_{-\infty}^{t}\int_{-\infty}^{\infty} X(\omega)\cdot e^{j\omega\tau}d\omega d\tau \\ &= \frac{1}{2\pi}\int_{-\infty}^{\infty} X(\omega)\int_{-\infty}^{t} e^{j\omega\tau}d\tau d\omega \\ &= \frac{1}{2\pi}\int_{-\infty}^{\infty} X(\omega)U(\omega)\cdot e^{j\omega t}d\omega\end{aligned}$$

この結果と式 (5.7) と比較すると，信号 $x(t)$ のランニング積分のスペクトルは $X(\omega)U(\omega)$ であることがわかる。ここで単位ステップ関数と例題 5.2 の符号関数

の関係を利用して，以下のように単位ステップ関数の FT スペクトル $U(\omega)$ が得られ，式 (5.18) の結果が確認できる。

$$u(t) = \frac{1}{2} + \frac{1}{2}\,\mathrm{sgn}(t), \qquad U(\omega) = \pi\delta(\omega) + \frac{1}{j\omega} \tag{5.19}$$

式 (5.18) の意味についてもう少し補足する。第 1 項の $(j\omega)^{-1}\cdot\mathrm{F}[x(t)](\omega)$ は，FT の微分特性の式 (5.16) と併せて，ランニング積分と微分とは逆演算であることを示唆している。ただし，式 (5.18) において $\omega = 0$ は特異点である。これは，全体面積が $\mathrm{F}[x(t)](0) = 0$ の信号 $x(t)$ であっても，ランニング積分信号の全体面積は 0 となるに限らないことより理解できる。第 2 項の $\pi\delta(\omega)\mathrm{F}[x(t)](0)$ は，ランニング積分信号の中に，$\mathrm{F}[x(t)](0)/2$ の直流成分が含まれていることを示唆している。これは，$x(t)$ の有限区間の以降，ランニング積分結果は定数 $\mathrm{F}[x(t)](0)$ で無限に続き，これの直流成分は $t \in (-\infty, \infty)$ の全域にわたる $\mathrm{F}[x(t)](0)/2$ の定数関数に相当することより理解できる。

5.2.3 横 軸 変 形

信号とスペクトルの横軸一次関数変形によるそれぞれの対応領域での変化は以下に示す。

$$\mathrm{F}[x(at+b)](\omega) = \frac{1}{|a|}\mathrm{F}[x(t)]\left(\frac{\omega}{a}\right)\cdot e^{jb\frac{\omega}{a}} \qquad (a \neq 0) \tag{5.20}$$

$$\mathrm{F}^{-1}[X(a\omega+b)](t) = \frac{1}{|a|}\mathrm{F}^{-1}[X(\omega)]\left(\frac{t}{a}\right)\cdot e^{-jb\frac{t}{a}} \qquad (a \neq 0) \tag{5.21}$$

これらの関係も FT と IFT の定義式より，数式的に確認できる。結果の意味を理解するため，以下に場合分けで説明する。

● 時間反転と位相共役

$$\mathrm{F}[x(-t)](\omega) = \mathrm{F}[x(t)](-\omega) \tag{5.20$'$}$$

$a = -1,\ b = 0$ の特例であり，この場合では式 (5.20) と式 (5.21) と同等である。時間反転信号のスペクトルは，元のスペクトルの周波数反転となることが示される。特に実数値信号の場合，スペクトルの共役対称性より，$\mathrm{F}[x(-t)](\omega) = \mathrm{F}[x(t)]^*(\omega)$ となるため，時間反転信号の各 $e^{j\omega t}$ 成分の複素振幅が元の共役となることを示している。そのゆえ，応用分野によって時間反転のことを**位相共役**（pahse conjugate）と呼ぶ場合がある。

この特性は，奇関数と偶関数の反転特性

$$x(-t) = x_{even}(-t) + x_{odd}(-t) = x_{even}(t) - x_{odd}(t)$$

および信号とスペクトルの共役対称特性よりも理解できる。

$$\begin{aligned} \mathrm{F}[x(-t)](\omega) &= \mathrm{F}[x_{even}(t)](\omega) - \mathrm{F}[x_{odd}(t)](\omega) \\ &= \mathrm{F}[x(t)]_{even}(\omega) - \mathrm{F}[x(t)]_{odd}(\omega) \\ &= \mathrm{F}[x(t)](-\omega) \end{aligned}$$

● 伸縮

$$\mathrm{F}[x(at)](\omega) = \frac{1}{|a|}\mathrm{F}[x(t)]\left(\frac{\omega}{a}\right) \tag{5.20$''$}$$

$b = 0$ の特例であり，定数 a を $1/a$ に置き換えることで式 (5.20) と式 (5.21) は同等であることがわかる。この関係は，信号を時間軸 a 倍縮めると，スペクトルは周波数軸 a 倍広がり，かつ振幅は a 倍小さくなることを示している。各成分の正弦波を時間軸で縮めることは，当該成分の周波数が高くなるに相当すると理解できる。振幅の変化については，FS 展開より ∞ に拡張された基本周期 T_0 は a 倍短くなるためと理解してよい。

なお，この関係は，定数 $a \neq 0$ さえ満たせば成立し，$a < 0$ の場合では時間反転の特性も含まれている。

● 時間シフト

$$\mathrm{F}[x(t+b)](\omega) = \mathrm{F}[x(t)](\omega) \cdot e^{jb\omega} \tag{5.20$'''$}$$

時間シフトは式 (5.20) の $a = 1$ の特例である。角周波数 ω の正弦波が時間 b だけ前進することは，初期位相に $b\omega$ の増加に相当する。したがって，時間領域信号の前進 b によって，振幅スペクトルが変化せず，位相スペクトルは元より $b\omega$ が増加する。

$$|\mathrm{F}[x(t+b)](\omega)| = |\mathrm{F}[x(t)](\omega)|$$

$$\arg(\mathrm{F}[x(t+b)](\omega)) = \arg(\mathrm{F}[x(t)](\omega)) + b\omega$$

● 周波数シフト

$$\mathrm{F}^{-1}[X(\omega+b)](t) = \mathrm{F}^{-1}[X(\omega)](t) \cdot e^{-jbt} \tag{5.21$'$}$$

式 (5.21) の $a=1$ の特例である。信号本位の見方では，次式と同等である。

$$\mathrm{F}[x(t) \cdot e^{j\Omega t}](\omega) = \mathrm{F}[x(t)](\omega - \Omega) \tag{5.21$''$}$$

信号に特定な周波数 Ω の正弦波を乗算させることで，信号のスペクトルは Ω だけシフトされる。

時間領域での乗算は，信号 $x(t)$ に対して線形処理であるが時不変ではない。ただし，信号の加工，伝送，解析などそれぞれの処理プロセスにおける得意な周波数帯域に，信号のスペクトルを移動させることを可能にしたため，特に通信などの分野にて大いに利用されている。このような時間領域の乗算処理は，信号の周波数を変化させるため，応用分野によって**変調**（modulation）と呼ぶことがある。

5.2.4　双　対　性

フーリエ変換と逆変換の対称性を記述するもので，次式に示す。

$$\mathrm{F}_{(\omega)\mapsto(t)}[\mathrm{F}_{(t)\mapsto(\omega)}[x(t)](\omega)](t) = 2\pi x(-t) \tag{5.22}$$

信号 $x(t)$ の FT スペクトル $X(\omega)$ を「信号」としてさらにフーリエ変換すると，元信号の時間反転かつ 2π 増幅した関数形の「スペクトル」が得られる。変換元関数と変換先関数の独立変数は t と ω の入れ替えがあるため，式 (5.22) の FT 変換記号の $\mathrm{F}[\cdot]$ に下付きで明記した。式 (5.22) は以下の記述と同等である。

$$\mathrm{F}[x(t)](\omega) = X(\omega) \Longrightarrow \mathrm{F}[X(t)](\omega) = 2\pi x(-\omega) \tag{5.22$'$}$$

式 (5.6) と式 (5.7) に，FT と IFT との演算上の対称性を示しており，信号やスペクトルの関数形の対称性と区別するために，フーリエ変換の**双対性**（duality）と呼ぶ。これまでは信号本位の見方で，式 (5.7) は，$x(t)$ を基底関数 $r(t;\omega) = e^{j\omega t}$ に分解するものと考えてきた。一方，スペクトルの観点から，式 (5.6) は，$X(\omega)$ を基

底関数 $q(\omega;\, t) = e^{-jt\omega}$ に分解するものとみなすこともできる。基底関数 $r(t;\, \omega)$ はパラメータ ω に対した直交関数系であり，基底関数 $q(\omega;\, t)$ はパラメータ t に対した直交関数系でもある。すなわち，立場によって，「変換」と「逆変換」のコンセプトは入れ替えられる。

5.2.5 パーセバルの定理

フーリエ級数展開のパーセバルの等式に類似し，信号とスペクトルの 2 次ノルムは次の関係があり，**パーセバルの定理**と呼ぶ。

$$\int_{-\infty}^{\infty} |x(t)|^2 dt = \frac{1}{2\pi} \int_{-\infty}^{\infty} |\mathrm{F}[x(t)](\omega)|^2 d\omega \tag{5.23}$$

式 (5.23) は，時間領域信号と周波数領域スペクトルとのエネルギー保存則を示している。$|\mathrm{F}[x(t)](\omega)|^2$ は，**エネルギースペクトル**（energy spectrum）と呼ばれ，$(2\pi)^{-1}|\mathrm{F}[x(t)](\omega)|^2$ は周波数領域のエネルギー密度関数の意味をもっている。

エネルギースペクトルは信号全体エネルギーの周波数別での配分を示しているが，応用上では有限時間幅の信号処理を行う際に，しばしば**パワースペクトル**（power spectrum）を用いる。物理的にパワーとは単位時間のエネルギーであるため，パワースペクトルは有限時間幅信号 $x_D(t)$ のエネルギースペクトルの時間幅 D での平均値 $D^{-1}|\mathrm{F}[x_D(t)](\omega)|^2$ となる。

5.3 特殊関数のフーリエ変換

5.3.1 δ 関数と定数関数

δ 関数のフーリエ変換と逆変換の結果を，それぞれ以下に示す。

$$\mathrm{F}[\delta(t)](\omega) = 1 \tag{5.24}$$

$$\mathrm{F}^{-1}[2\pi\delta(\omega)](t) = 1 \tag{5.25}$$

δ 関数を式 (5.6) や式 (5.7) に代入することで容易に確認できる。

両方の結果とも定数 1 であるが，式 (5.24) においては，周波数領域の複素数値スペクトルが定数 1 であり，インパルス列の FS 係数の特徴と一致する。式 (5.25) においては時間領域の信号値が定数 1 の直流信号となり，例題 5.2 の (1) と同等である。

ここで，δ 関数は「単位面積」より定量化され，$\delta(at) = \delta(t)/|a|$ が成り立つため，スペクトルの独立変数を ω から $f = \omega/(2\pi)$ に変えると，$2\pi\delta(\omega) = \delta(f)$ がわかる。この場合，式 (5.25) は次式となる。

$$\mathrm{F}^{-1}[\delta(f)](t) = 1$$

δ 関数と定数関数とは，たがいに FT や IFT の結果であり，このような 2 種類の関数を**フーリエペア**（Fourier pair）と呼ぶ。これらのイメージを**図 5.4** に示す。また，フーリエ変換の双対性によって，特に偶関数対称の信号とスペクトルの関数形はフーリエペアとなることがわかる。

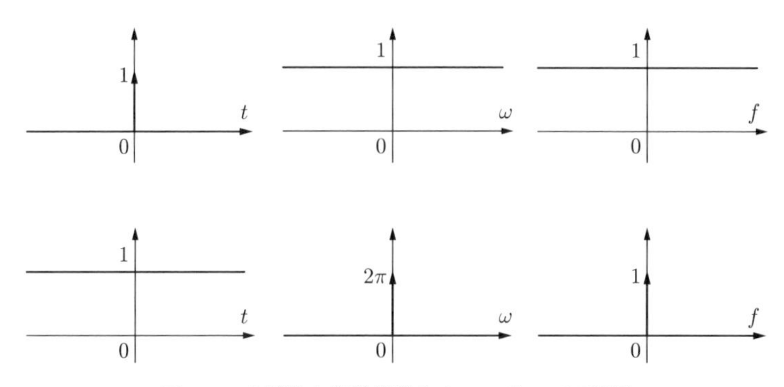

図 5.4　δ 関数と定数関数とのフーリエペア関係

横軸シフトした δ 関数において，式 (5.6) や式 (5.7) に代入することや横軸シフト特性によって，以下の関係が得られる。

$$\mathrm{F}[\delta(t+b)](\omega) = e^{jb\omega} \tag{5.26}$$

$$\mathrm{F}^{-1}[2\pi\delta(\omega+\Omega)](t) = e^{-j\Omega t} \tag{5.27}$$

式 (5.26) は時間シフトによる位相変化を示しており，式 (5.27) はまた，信号 $e^{-j\Omega t}$ には $\omega = -\Omega$ の成分しか含まれていないため，そのスペクトルは $\omega = -\Omega$ の一点のみに $2\pi\delta(0)$ の値として集中することと理解できる。

5.3.2 正　弦　波

式 (5.27) より，一般形の複素正弦波のスペクトルは式 (5.28) になる。

$$\mathrm{F}[Ae^{j(\Omega t+\Theta)}](\omega) = 2\pi Ae^{j\Theta}\delta(\omega-\Omega) \tag{5.28}$$

実数余弦関数と正弦関数を複素正弦関数より表現できるため，式 (5.27) を利用すれば，以下の関係が得られ，**図 5.5** に示す。

$$\mathrm{F}[\cos\Omega t](\omega) = \pi\delta(\omega+\Omega) + \pi\delta(\omega-\Omega) \tag{5.29}$$

$$\mathrm{F}[\sin\Omega t](\omega) = j\pi\delta(\omega+\Omega) - j\pi\delta(\omega-\Omega) \tag{5.30}$$

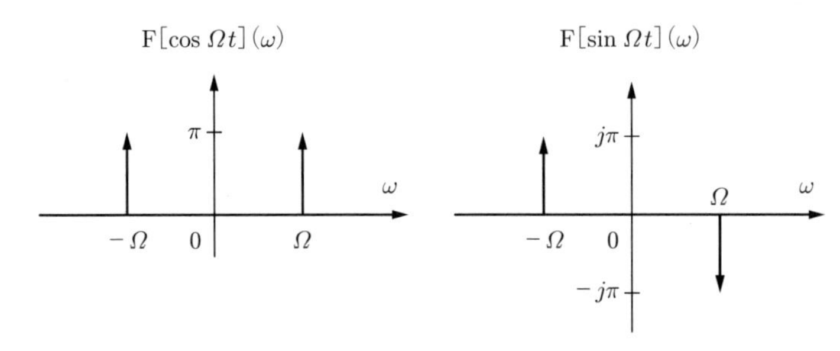

図 5.5　余弦関数と正弦関数の FT スペクトル

図 4.15 に示す FS 係数と比較すると，$\omega = \pm\Omega$ 以外にスペクトルが 0 であること，余弦関数のスペクトルは実数で偶関数対称，正弦関数のスペクトルは純虚数で奇関数対称であることは一致している。$\omega = \pm\Omega$ での振幅について，FS 係数は 1/2 であるのに対し，FT スペクトルは $\pi\delta(0)$ となっている。これは，式 (5.13) に示す FS 係数と FT スペクトルの関係よりも理解できる。

一般形の実数正弦波について，オイラーの式と式 (5.13) より次式が得られる。

$$\mathrm{F}[A\cos(\Omega t+\Theta)](\omega) = \pi Ae^{j\Theta}\delta(\omega-\Omega) + \pi Ae^{-j\Theta}\delta(\omega+\Omega) \tag{5.31}$$

振幅は $\omega = \pm\Omega$ にて偶関数対称の $\pi A\delta(0)$ であり，位相は $\omega = \pm\Omega$ にて奇関数対称の $\pm\Theta$ であることがわかる。式 (5.31) はまた

$$A\cos(\Omega t+\Theta) = A\cos\Theta\cos\Omega t - A\sin\Theta\sin\Omega t$$

のように余弦関数と正弦関数の線形結合に分け，さらに式 (5.29) と式 (5.30) を適用することで確認できる。

5.3.3 インパルス列

時間領域のインパルス列は次式に示す δ 関数が周期的に並んでるものである。

$$\delta_T(t) = \sum_{k=-\infty}^{\infty} \delta(t - kT)$$

これを式 (5.6) に代入し

$$\mathrm{F}[\delta_T(t)](\omega) = \sum_{k=-\infty}^{\infty} \mathrm{F}[\delta(t - kT)](\omega) = \sum_{k=-\infty}^{\infty} e^{-jkT\omega}$$

が求まるが，スペクトルの関数形はわかりにくい。

ここで，インパルス列の FS 展開式を参照し

$$\delta_T(t) = \frac{1}{T} \sum_{k=-\infty}^{\infty} e^{jk\frac{2\pi}{T}t}$$

複素指数関数の総和は以下となり，式 (5.32) の結果が示唆される。

$$\sum_{k=-\infty}^{\infty} e^{-jkT\omega} = \frac{2\pi}{T} \cdot \delta_{2\pi/T}(\omega)$$

$$\mathrm{F}[\delta_T(t)](\omega) = \frac{2\pi}{T} \cdot \delta_{2\pi/T}(\omega) \tag{5.32}$$

なお，式 (5.32) の結果は，インパルス列の FS 展開形を式 (5.6) に適用することよりも確認できる。

$$\begin{aligned}\mathrm{F}[\delta_T(t)](\omega) &= \frac{1}{T} \sum_{k=-\infty}^{\infty} \mathrm{F}\left[e^{jk\frac{2\pi}{T}t}\right](\omega) \\ &= \frac{2\pi}{T} \sum_{k=-\infty}^{\infty} \delta\left(\omega - k\frac{2\pi}{T}\right) = \frac{2\pi}{T} \cdot \delta_{2\pi/T}(\omega)\end{aligned}$$

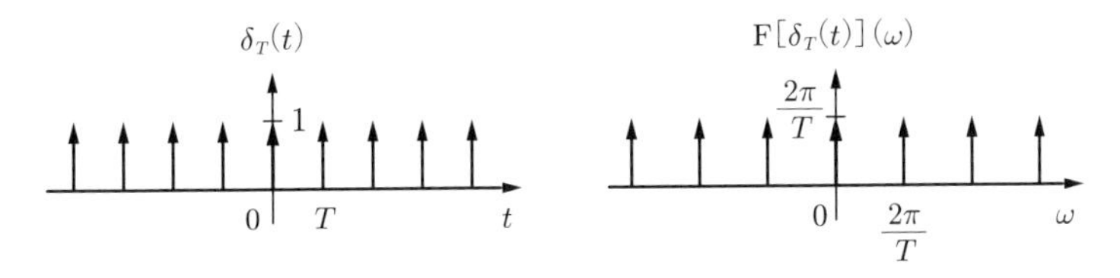

図 5.6 インパルス列とインパルス列とのフーリエペア関係

これより，インパルス列信号のFTスペクトルもインパルス列であることがわかる。そのイメージを**図 5.6** に示す。

図 5.6 とインパルス列の FS 係数を示す図 4.13 と比較すると，式 (5.13) に示す FS 係数と FT スペクトルとの関係が確認できる。

5.3.4 周　期　信　号

周期信号の解析にはFS展開が有効であるが，$t \in (-\infty, \infty)$ にわたる信号全体を1つの任意信号として，FTの議論もできる。ただし，この場合信号の1次ノルムは有限ではないので，FTスペクトルも通常関数形にならない。FS展開を示す式 (4.2) に式 (5.6) の FT を適用し，周期 T の周期信号 $x(t) = x(t+T)$ の FT スペクトルは次式に示される。

$$\mathrm{F}[x(t)](\omega) = \sum_{k=-\infty}^{\infty} 2\pi \cdot \mathrm{FS}[x(t)][k] \cdot \delta\left(\omega - k\frac{2\pi}{T}\right) \tag{5.33}$$

この結果は，FS 係数と FT スペクトルとの関係を示す式 (5.13) と一致する。

図 5.7 に，これらの関係のイメージ例を示す。インパルス列信号は周期信号の特例であるため，図 5.6 にも同様な関係が示されている。

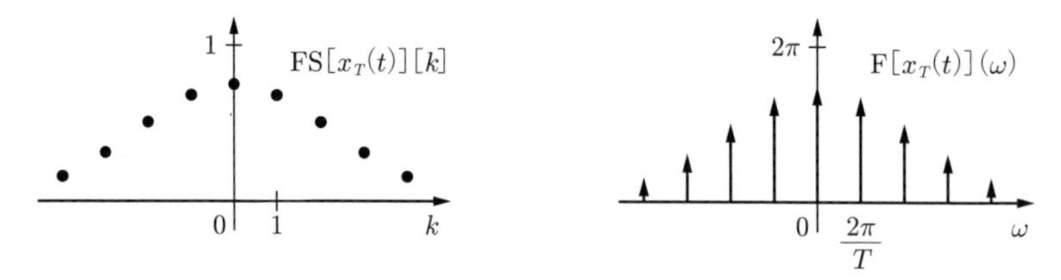

図 5.7　周期信号の FS 係数と FT スペクトルの関係例

周期 T の時間信号の FT スペクトル $X(\omega)$ は，独立変数 ω が連続であるが，$\omega = k2\pi/T$ を除いてすべて 0 である。これは，周期信号にこれらの周波数成分しか含まれないこと，かつ，これらの周波数成分は，すべて周期 T の周期信号であることを意味する。また，同じ周期信号に対し，式 (5.33) と図 5.7 に示す FS 係数 ${}_{\mathrm{FS}}X[k]$ と FT スペクトル $X(\omega)$ との関係は，離散分布関数から連続分布関数へのインパルス再建であることがわかる。ここでインパルス再建のインパルス列は周波数領域の $2\pi\delta_{2\pi/T}(\omega)$ であり，周波数領域の間隔 $2\pi/T$ は元時間領域の周期信号の周期 T と対応する。

5.3.5 矩形パルス関数と sinc 関数

振幅 A, 幅 D の矩形パルス関数は，単位パルス関数 $p(x)$ の変形より表せる。

$$A \cdot p\left(\frac{x}{D}\right) = \begin{cases} A, & |x| < \dfrac{D}{2} \\ 0, & |x| > \dfrac{D}{2} \end{cases}$$

これまで周期矩形パルス信号の FS 係数を紹介したが，ここでは $x = 0$ が中心の 1 つの矩形パルスのみを考える。なお，FT の線形性によって，これ以降便利上 $A = 1$ とする。

矩形パルス信号のスペクトルと矩形スペクトルの信号はそれぞれ以下となる。

$$\mathrm{F}\left[p\left(\frac{t}{D}\right)\right](\omega) = D \cdot \mathrm{sinc}\left(\frac{D}{2}\omega\right) \tag{5.34}$$

$$\mathrm{F}^{-1}\left[p\left(\frac{\omega}{2\pi B}\right)\right](t) = B \cdot \mathrm{sinc}(\pi B t) \tag{5.35}$$

いずれも FT と IFT 定義式の式 (5.6) と式 (5.7) より求められ，一部の積分計算は例題 4.1 の解答と類似する。ここで，時間 t 領域の矩形パルス信号の幅を D，周波数 f 領域の矩形パルススペクトルの幅を B とした理由は，それぞれの物理的意味，デューティーと**帯域**または**バンド**（band）に合わせるためである。

これらの結果のイメージを**図 5.8** に示し，矩形パルス関数と sinc 関数とはフーリエペアであることがわかる。なお，これらの関数はいずれも偶関数であるため，スペクトルも実数値の偶関数である。

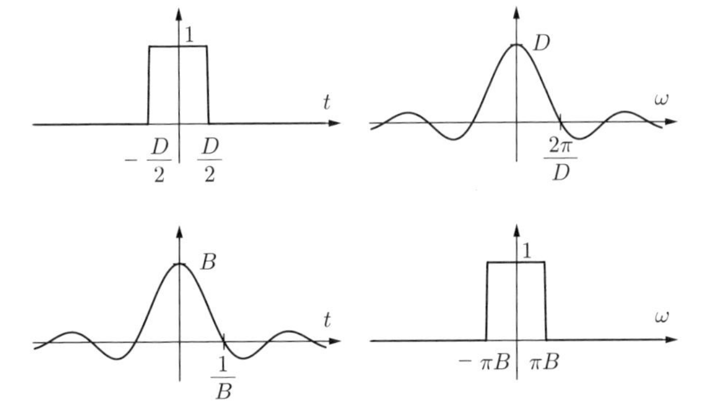

図 5.8　矩形パルス関数と sinc 関数とのフーリエペア関係

ここで，式 (5.34) の結果について，2 点ほど考察する。まず，$\omega = 0$ において，スペクトルの値 $X(0)$ は信号 $x(t)$ の「全体面積」であることが式 (5.6) より示される。振幅 1，時間幅 D の矩形パルス信号の面積は D であるため，この場合 $\omega = 0$ でのスペクトル値は D となる。

次に，$\mathrm{F}[p(t/D)](\omega)$ の零点，すなわち $\mathrm{F}[p(t/D)](\omega) = 0$ の周波数は

$$\omega = n \cdot \frac{2\pi}{D} \qquad (n \in \mathbb{Z},\ n \neq 0)$$

となっていることが示されている。時間幅 D は，このような周波数の複素正弦波の周期であるため，複素正弦波と直流信号との直交性より，これらの周波数成分は信号 $p(t/D)$ に含まれていないことが理解できる。

例題 5.3　遅延 δ 関数の FT スペクトルと FT の積分特性より，単位パルス関数の FT スペクトルを導け。

【解答】　単位パルス関数 $p(t)$ は単位ステップ関数より合成できる。

$$p(t) = u\left(t + \frac{1}{2}\right) - u\left(t - \frac{1}{2}\right)$$

さらに，単位ステップ関数は δ 関数のランニング積分より表せるため

$$p(t) = \int_{-\infty}^{t} \left[\delta\left(\tau + \frac{1}{2}\right) - \delta\left(\tau - \frac{1}{2}\right)\right] d\tau$$

が得られる。ここで被積分関数の FT スペクトルは以下となる。

$$\mathrm{F}\left[\delta\left(t + \frac{1}{2}\right) - \delta\left(t - \frac{1}{2}\right)\right](\omega) = e^{j\frac{\omega}{2}} - e^{-j\frac{\omega}{2}} = 2j\sin\frac{\omega}{2}$$

これにランニング積分の FT 特性式 (5.18) を適用し

$$\mathrm{F}[p(t)](\omega) = \frac{1}{j\omega}\left(2j\sin\frac{\omega}{2}\right) = \mathrm{sinc}\,\frac{\omega}{2}$$

が求まる。なお，この結果は $D = 1$ での式 (5.34) の特例であることが確認できる。 ◇

5.4 フーリエ変換の基礎的な応用

5.4.1 畳み込み積分

2 つの時間領域信号の畳み込み積分のスペクトルは，それぞれのスペクトルの乗

算となる。類似な特性は周波数領域のスペクトルの畳み込み積分にもあり，これらを式 (5.36) と式 (5.37) に示す。

$$\mathrm{F}[x(t) * y(t)](\omega) = \mathrm{F}[x(t)](\omega) \cdot \mathrm{F}[y(t)](\omega) \tag{5.36}$$

$$\mathrm{F}[x(t) \cdot y(t)](\omega) = \frac{1}{2\pi}\mathrm{F}[x(t)](\omega) * \mathrm{F}[y(t)](\omega) \tag{5.37}$$

畳み込み積分の双線形性を利用し，以下に例として基底関数 $e^{j\omega t}$ に着目する場合の式 (5.36) の証明を示す。

$$\begin{aligned}
x(t) * y(t) &= x(t) * \frac{1}{2\pi}\int_{-\infty}^{\infty} Y(\omega)e^{j\omega t}d\omega = \frac{1}{2\pi}\int_{-\infty}^{\infty} Y(\omega)\left(x(t) * e^{j\omega t}\right)d\omega \\
&= \frac{1}{2\pi}\int_{-\infty}^{\infty} Y(\omega)\left(\int_{-\infty}^{\infty} x(\tau)\, e^{j\omega(t-\tau)}d\tau\right)d\omega \\
&= \frac{1}{2\pi}\int_{-\infty}^{\infty} Y(\omega)\left(\int_{-\infty}^{\infty} x(\tau)e^{-j\omega\tau}d\tau\right)e^{j\omega t}d\omega \\
&= \frac{1}{2\pi}\int_{-\infty}^{\infty} Y(\omega)X(\omega)e^{j\omega t}d\omega
\end{aligned}$$

FT の時間遅延特性を利用しても確認できる。

$$\begin{aligned}
\mathrm{F}[x(t) * y(t)] &= \mathrm{F}\left[\int_{-\infty}^{\infty} y(\tau)x(t-\tau)d\tau\right] = \int_{-\infty}^{\infty} y(\tau)\mathrm{F}[x(t-\tau)]d\tau \\
&= X(\omega)\int_{-\infty}^{\infty} y(\tau)e^{-j\omega\tau}d\tau = X(\omega) \cdot Y(\omega)
\end{aligned}$$

2 つの関数間の畳み込み積分と乗算は，FT や IFT によって入れ替え，演算としてのフーリエペア関係をもっている。また，式 (5.37) の係数 $1/(2\pi)$ は畳み込み積分演算の積分ダミー変数を角周波数とするために現れるものである。

例題 5.4　次の有限区間信号の FT スペクトルを求めよ。

$$x(t) = \begin{cases} \cos(5t), & |t| \le 2 \\ 0, & |t| > 2 \end{cases}$$

【解答】　この信号は連続正弦波と矩形パルスの乗算とみなせる。

$$x(t) = \cos(5t) \cdot p\left(\frac{t}{4}\right)$$

また，正弦波と矩形パルス信号のスペクトルは以下になる。

$$\mathrm{F}[\cos(5t)](\omega) = \pi\delta(\omega+5) + \pi\delta(\omega-5), \qquad \mathrm{F}\left[p\left(\frac{t}{4}\right)\right](\omega) = 4\,\mathrm{sinc}(2\omega)$$

よって式 (5.37) より FT スペクトルは以下のように求まる。これらを図 **5.9** に示す。

$$\begin{aligned}\mathrm{F}[x(t)](\omega) &= \frac{1}{2\pi}\mathrm{F}[\cos(5t)](\omega) * \mathrm{F}\left[p\left(\frac{t}{4}\right)\right](\omega)\\ &= 2\,\mathrm{sinc}(2\omega+10) + 2\,\mathrm{sinc}(2\omega-10)\end{aligned}$$

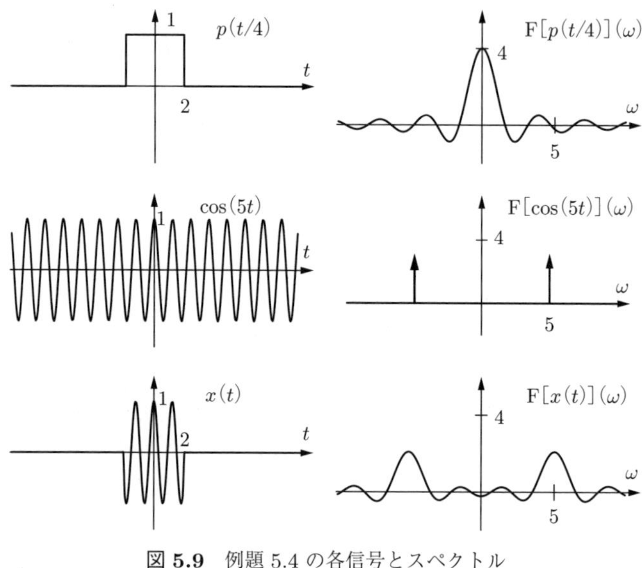

図 **5.9**　例題 5.4 の各信号とスペクトル

◇

5.4.2　窓関数とスペクトル漏洩

信号のフーリエ解析は無限長の基底関数 $e^{j\omega t}$ に基づくもので，各周波数成分も理論上では $t \in (-\infty, \infty)$ にわたる。しかし実際の応用においては有限長の信号しか処理できない。興味のある範囲内の信号を切り出すことは，数学的にある有限区間の関数を無限長信号に乗算させることとみなせる。この有限区間の関数を時間領域の**窓関数**（window function）と呼ぶ。時間領域の窓関数との乗算は，周波数スペクトルの畳み込み積分に相当するため，無限長信号のスペクトルに影響する。これはスペクトルの**漏洩**（ろうえい）（spectral leakage）と呼ぶ。

例題 5.4 は**矩形窓**（rectangular window）の例であり，スペクトルの漏洩は矩形パルスのスペクトルである sinc 関数となっている。具体的な目的に応じて，ほかの窓関数を利用することもある。比較として**図 5.10** に一例を示す。

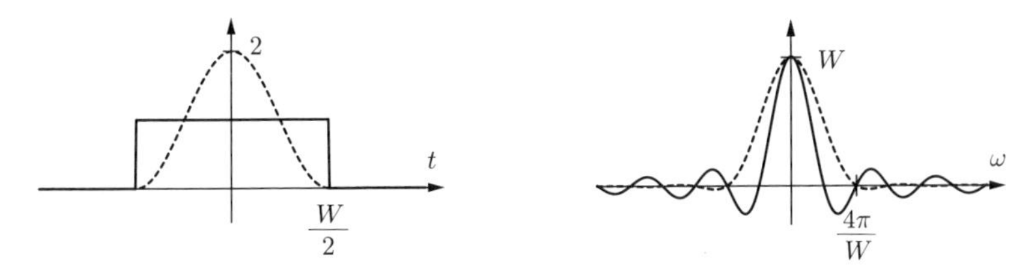

図 5.10　窓関数によるスペクトル漏洩の比較例

このような漏洩を議論する際に，中心周波数近傍の成分を**メインローブ**（main-lobe），第一零点以上に離れた起伏を**サイドローブ**（sidelobe）とそれぞれ呼ぶことがある。矩形窓以外によく使われているほとんどの窓関数の主旨は，**切り捨て**（truncation）の境目を和らげることで，漏洩のサイドローブの振幅を減少させることである。図 5.10 に示すように，この場合では中心周波数近傍のメインローブの横幅が大きくなる。そのため，強く含まれている成分の中心周波数から離れた領域での微弱な成分の検出に有利となるが，近隣周波数成分の分解能が低下するトレードオフがある。なお，窓関数の考え方は，時間信号の周波数成分解析のみならず，周波数フィルタの整形や，独立変数が時間ではない画像処理などにも幅広く利用されている。

5.4.3　線形時不変システムの周波数応答

畳み込み積分は LTI システムの作用を表せる演算であるため，LTI システムの入出力信号の関係を，以下に示せる。

$$H\{x(t)\} = x(t) * H\{\delta(t)\} \Longrightarrow \mathrm{F}[H\{x(t)\}] = \mathrm{F}[x(t)] \cdot \mathrm{F}[H\{\delta(t)\}]$$

すなわち，システムの IRF を $h(t) = H\{\delta(t)\}$，出力を $y(t) = H\{x(t)\}$ とすれば，入出力信号のそれぞれのスペクトルの関係を，式 (5.38) に表せる。

$$Y(\omega) = H(\omega) \cdot X(\omega) \tag{5.38}$$

ここで $H(\omega)$ はインパルス応答関数 $h(t)$ の FT スペクトルであり，システムの周波数応答（frequency response）と呼ぶ。

時間領域の IRF は LTI システムの個性をもっているが，入力信号に対する LTI システムの作用は，周波数領域にて非常に明快に表され，あたかも LTI システム作用の紐解くとなる。これは，FT の基底関数 $e^{j\omega t}$ が LTI システムの固有関数であるためである。LTI システム固有関数の一般形である e^{st} のパラメータを，$s = j\omega$ の特例として，周波数応答 $H(\omega)$ は，この固有関数 $e^{j\omega t}$ の固有値である。そのゆえ，式 (5.38) は，しばしば次式のように記すこともある。

$$Y(j\omega) = H(j\omega) \cdot X(j\omega) \tag{5.38$'$}$$

システムの実体の有無にかかわらず，線形時不変操作は，信号の周波数成分の振幅と位相を変化させるが，当該成分の周波数を変えないことが肝要である。これに対し，時変操作の場合では一般的に周波数の変化が伴う。前項に紹介した窓関数によるスペクトル漏洩はその一例である。

例題 5.5　**図 5.11** に示す回路において，回路理論より以下の微分方程式が立てられる。$v_S(t)$ と $v_C(t)$ をそれぞれ入出力とする場合，このシステムの周波数応答を求めよ。

$$v_S(t) = CL\frac{d^2}{dt^2}v_C(t) + CR\frac{d}{dt}v_C(t) + v_C(t)$$

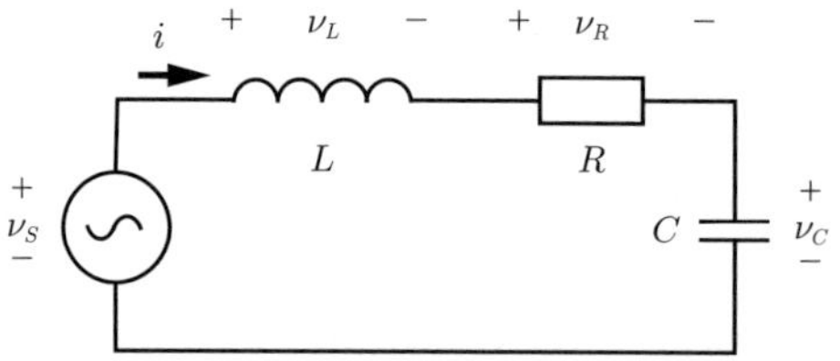

図 5.11

【解答】　入出力の関係式より LTI システムであることが判断できる。IRF が容易に得られる場合，システムの周波数応答はそのスペクトルより求められるが，この問題では $e^{j\omega t}$ の固有関数特性を利用して，入出力信号それぞれの $e^{j\omega t}$ 成分の関係を調べればよい。すなわち

$$v_S(t) = X(\omega)e^{j\omega t}, \qquad v_C(t) = Y(\omega)e^{j\omega t}$$

を微分方程式に代入し

$$X(\omega) = -CL\omega^2 Y(\omega) + jCR\omega Y(\omega) + Y(\omega)$$

が得られる。式 (5.38) より，周波数応答は以下に求まる。

$$H(\omega) = \frac{Y(\omega)}{X(\omega)} = \frac{1}{1 - CL\omega^2 + jCR\omega}$$

$H(\omega)$ は素子定数 L, R, C の具体的な値に依存するが，**図 5.12** に一例を示す。

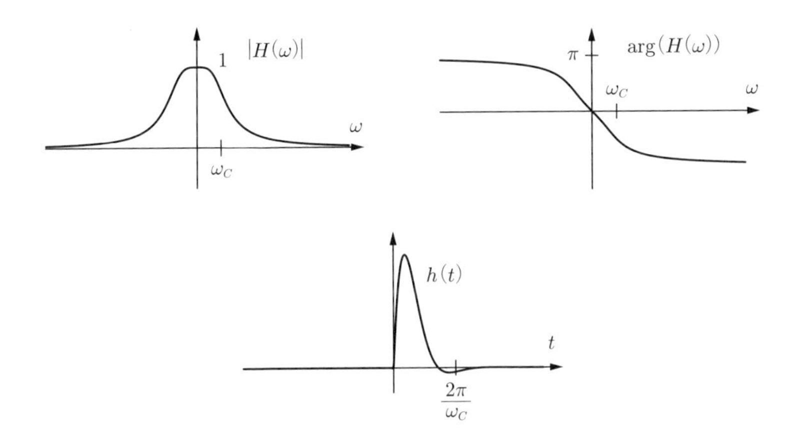

図 5.12 例題 5.5 周波数応答のイメージ例

5.4.4 低域通過フィルタ

システムの周波数応答は，周波数領域での処理を具現化するものであり，入力信号に対する周波数フィルタとみなせる。例題 5.5 に示すシステムは，高い周波数に対して $|H(\omega)|$ が小さくなるため，**低域通過フィルタ**，または**ローパスフィルタ**（LPF, low pass filter）と呼ぶ。

周波数応答は $\omega = 0$ を中心とする矩形パルス関数 $p\left(\dfrac{\omega}{2\omega_c}\right)$ であれば，ある周波数 ω_c を境に，$|\omega| < \omega_c$ の低い周波数成分を完全に通過させ，$|\omega| > \omega_c$ の高い周波数成分を完全に遮断できるので，**理想ローパスフィルタ**とも呼ばれる。ここで ω_c を**遮断周波数**（cut-off frequency）と呼ぶ。

しかしこの場合でのインパルス応答関数は sinc 関数となり，理論上では有限区間に収束しない。そのため，時間領域での演算が必要な場合では計算コスト膨大化の問題がある。また，理想 LPF は因果的システムではないので，リアルタイムの信号処理に適用できない。

一方，例題 5.5 の LPF は，図 5.12 に示すように，$h(t) = 0$ $(t < 0)$ の因果性を満たすが，$|H(\omega)|$ による周波数成分の「通過」と「遮断」は完全ではなく，$\arg H(\omega)$ による位相の変化も起きる。なお，このような物理世界の現象に基づくほとんどのシステムの周波数応答は，周波数 ω のべき乗代数多項式からなる**有理関数**（rational function）より表せる特徴がある。その理由は，LTI システムにモデル化できる物理現象は，ほとんど線形**常微分方程式**（ODE, ordinary differential equation）より記述できることにある。そのため，「現実世界」での LPF の振幅応答は，十分に高い周波数に対して周波数のべき乗に反比例する特性がある。例題 5.5 では十分高い周波数において $|H(\omega)| \propto \omega^{-2}$ なので，2 次 LPF とも呼ぶ。

図 5.13 に，理想 LPF を $H_I\{\cdot\}$，例題 5.5 の LPF を $H_2\{\cdot\}$ とし，入力信号 $x(t)$ を処理した結果のイメージ例を示す。理想 LPF の場合では $|\omega| > \omega_c$ の高い周波数成分を完全に遮断できるが，時間信号の中に ω_c 成分のリップルが多く，かつ入力信号が立ち上がる前から応答する**プリエコー**（pre-echo）が目立っていることがわかる。具体的なフィルタの設計は，時間領域 IRF と周波数応答特性の両方に配慮することが多い。

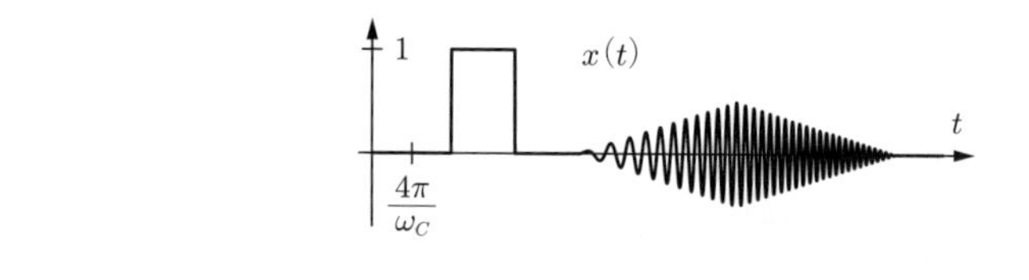

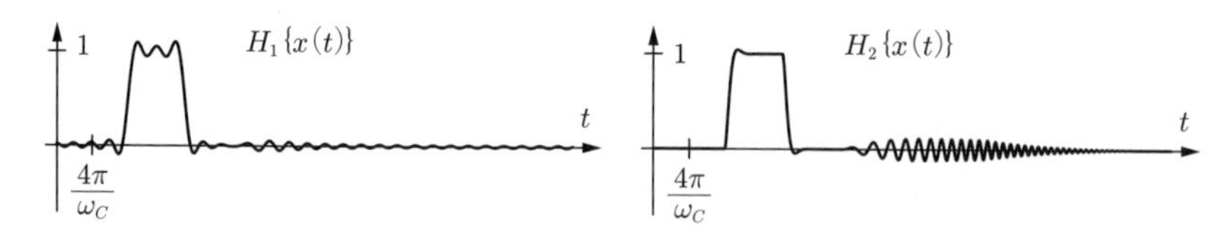

図 5.13　ローパスフィルタの処理結果例

5.4.5 相　関　関　数

相関（correlation）とは，独立変数の定義域が同じの 2 つの関数の演算であり，以下に定義される。

$$\mathrm{corr}(x(t), y(t))(t) = R_{xy}(t) = x(t) \star y(t) := \int_{-\infty}^{\infty} x^*(\tau - t) y(\tau) d\tau \tag{5.39}$$

式 (5.39) より，相関演算は，片方の信号の共役反転との畳み込み積分と同等である。畳み込み積分と異なり，交換律は成立しないことを留意したい。

$$x(t) \star y(t) = x^*(-t) * y(t)$$

$$R_{xy}(t) = R_{yx}^*(-t)$$

応用問題の性格上，2 つ異なる信号の相関演算を**相互相関**（cross correlation），同じ信号の相関演算を**自己相関**（auto correlation）と，それぞれ明示して呼ぶことが多い。FT の畳み込み積分の特性とスペクトルの対称性によって，相関関数の FT スペクトルは次式に表せる。

$$\mathrm{F}[R_{xy}(t)](\omega) = \mathrm{F}[x(t)]^*(\omega) \cdot \mathrm{F}[y(t)](\omega) \tag{5.40}$$

これより，自己相関関数の FT スペクトルはエネルギースペクトルとなることがわかる。

$$\mathrm{F}[R_{xx}(t)](\omega) = |\mathrm{F}[x(t)](\omega)|^2$$

これら相関関数の FT スペクトルと元信号のスペクトルとの関係は，**ウィーナー・ヒンチンの定理**（Wiener–Khinchin theorem）とも呼ばれている。

式 (5.39) に，相互相関関数は横軸シフトされた信号 $x(t)$ と信号 $y(t)$ との内積であることを示している。内積は 2 つの関数の類似度を評価できるので，相互相関関数は，信号 $y(t)$ の中に信号 $x(t)$ を検出することや，2 つの信号に含まれている同じ特徴信号の時間差を計測するなどのためによく使われている。

一例として**図 5.14** に，特徴信号 $x(t)$ が異なる時刻に 2 つ含まれる $y(t)$ の相互相関と自己相関結果を示す。

ここで $y(t)$ には一部のランダムノイズ $n(t)$ も含まれているが，相互相関信号のピーク位置より $x(t)$ の発生時刻がわかる。実数信号の自己相関関数においては，偶関数となるため図 5.14 には $t \geq 0$ のみを示している。なお，自己相関の結果 $t = 0$

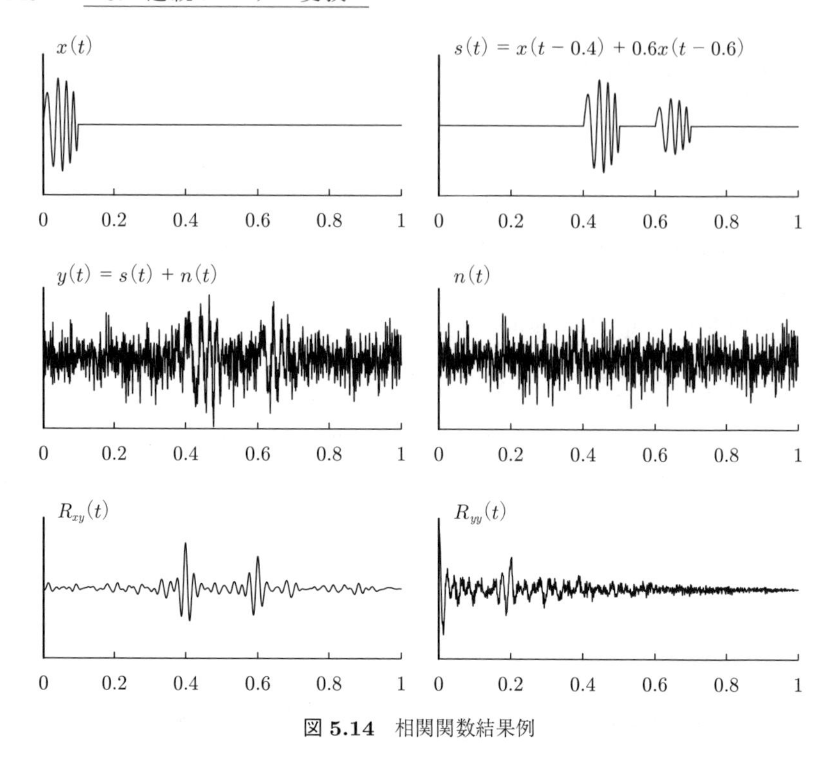

図 5.14　相関関数結果例

にて最大相関性をもち，$R_{yy}(0) = \|y(t)\|^2$ のため，最も大きい関数値となるが，類似度の高い 2 つの信号が含まれる場合，それらの相対時間差は，原点を除いた第 1 ピークの位置より判断できる。

5.4.6　変　調　復　調

変換，フィルタ，畳み込み，相関と並べて，変調復調は信号処理のコア技術の 1 つとして，特に通信分野にて広く活用されている。本項では変調復調の基本コンセプトを，FT スペクトルの周波数シフトと LPF との併用より紹介する。

広い意味では，信号を別信号に変えること，別信号から元信号を復元することをそれぞれ，**変調**（modulation）と**復調**（demodulation）と呼ぶ場合がある。ここでは，信号の周波数帯域の変更と復元に絞って述べる。

FT スペクトルの周波数シフト特性を利用して，信号 $x(t)$ の周波数帯域 $|\omega| \leq B$ を，$\omega \in [\omega_c - B, \omega_c + B]$ の領域にシフトさせるためには，時間領域にて $e^{j\omega_c t}$ と乗算

するとよい。ここで ω_c は搬送波周波数，または**キャリア周波数**（carrier frequency）であり，遮断周波数と同じ記号になるが混乱しないように留意しよう。なお，一般的に $\omega_c \gg B$，すなわち，搬送波周波数は信号周波数より十分に高いとする。

$$y(t) = x(t)e^{j\omega_c t} \Longrightarrow Y(\omega) = \mathrm{F}[x(t)e^{j\omega_c t}] = X(\omega - \omega_c) \tag{5.41}$$

$$X(\omega) = 0 \ (\omega \notin [-B, B]) \Longrightarrow Y(\omega) = 0 \ (\omega \notin [\omega_c - B, \omega_c + B])$$

復調する場合には $y(t)$ のスペクトルを左 ω_c だけシフトすればよいので，時間領域にて $e^{-j\omega_c t}$ との乗算より実現できる。

$$\tilde{x}(t) = y(t)e^{-j\omega_c t} \Longrightarrow \tilde{X}(\omega) = \mathrm{F}[y(t)e^{-j\omega_c t}] = Y(\omega + \omega_c) = X(\omega) \tag{5.42}$$

このような周波数帯域のシフト操作によって，興味のある信号の伝送や計算処理などを都合のよい帯域に施すことができる。例えば，信号をもっと高い周波数帯域に変調することで，通信の場合では送受信システムの効率向上や多チャンネルの同時送受信が可能となる。また，高周波数帯域の信号を低周波数領域にシフトすることで，微小な周波数差分を容易に検出できる。

実はフーリエ変換も，この考え方より解読できる。信号全体に対する積分は，すべての $\omega \neq 0$ の振動成分を 0 にし，被積分信号の DC 成分のみが算出されるので，式 (5.41) に示すような変調信号を考えると

$$X(-\omega_c) = Y(0) = \int_{-\infty}^{\infty} y(t)dt = \int_{-\infty}^{\infty} x(t)e^{j\omega_c t}dt$$

が得られ，フーリエ変換の定義式と同様な結果が示される。

$\omega_c \gg B$ の場合，$x(t)e^{j\omega_c t}$ は，高周波数で振動する複素正弦波 $e^{j\omega_c t}$ と緩やかに変化する振幅包絡 $x(t)$ との乗算になり，**振幅変調**（AM, amplitude modulation）とも呼ぶ。そのスペクトルは指定した周波数 ω_c の付近に狭い帯域をもつ。特殊な物理現象を表しており，信号解析の計算都合上の便利さもあり，通信以外の領域においても，**解析信号**（analytic signal）や**固有モード関数**（intrinsic mode function）として活用されている。しかし，$e^{j\omega_c t}$ は複素数値信号であるため，今までの技術では物理的に実現できない。

応用上では，式 (5.41) と式 (5.42) に用いた変調用搬送波 $e^{j\omega_c t}$ と復調用の $e^{-j\omega_c t}$ それぞれを，実数値信号 $\cos\omega_c t$ に置き換えればよい。

$$y(t) = x(t)\cos\omega_c t \Longrightarrow Y(\omega) = \frac{1}{2}X(\omega-\omega_c) + \frac{1}{2}X(\omega+\omega_c) \qquad (5.41')$$

$$\tilde{x}(t) = y(t)\cos\omega_c t \Longrightarrow \tilde{X}(\omega) = \frac{1}{2}X(\omega) + \frac{1}{4}X(\omega+2\omega_c) + \frac{1}{4}X(\omega-2\omega_c) \qquad (5.42')$$

式 (5.42′) は，時間領域の演算よりも簡単に確認できる。

$$\tilde{x}(t) = x(t)\cos\omega_c t\cos\omega_c t = \frac{1}{2}x(t) + \frac{1}{2}x(t)\cos 2\omega_c t$$

$\tilde{x}(t)$ は低周波数領域の $x(t)$ と周波数が $2\omega_c$ を中心とした高周波数領域の $x(t)\cos 2\omega_c t$

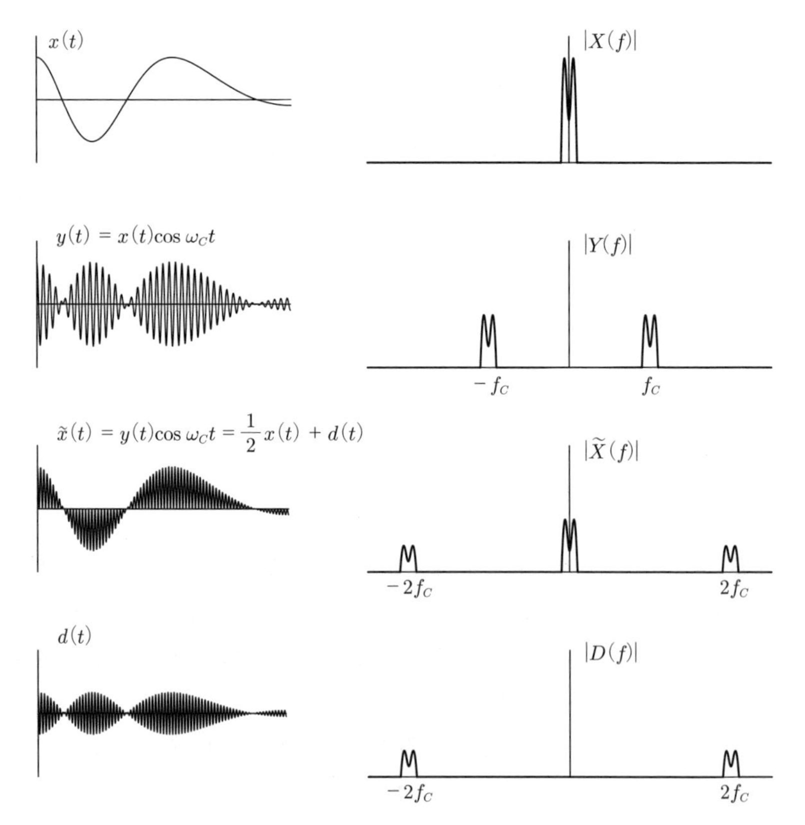

図 5.15　変調・復調の各信号とスペクトルのイメージ例

との合成であるため，LPF より容易に低周波数成分 $x(t)$ を復元することができる。**図 5.15** に，各信号とスペクトルのイメージ例を示す。

さらに，正弦関数と余弦関数との直交性を利用して，搬送波に位相の情報も活用することで，通信効率がもっと向上できる。この考え方に基づいた **PSK**（phase shift keying）や **QAM**（quadrature amplitude modulation）変調方式は，現在のデジタル通信の根幹技術となっている。ここで $\cos\omega_c t$ と $\sin\omega_c t$ を用いて，同時に 2 つの信号 $x(t)$ と $y(t)$ を通信するイメージを示す。2 つの変調波の合成信号は以下とし

$$z(t) = x(t)\cos\omega_c t + y(t)\sin\omega_c t$$

受信側ではこれを $\cos\omega_c t$ と $\sin\omega_c t$ を用いてそれぞれ復調することができる。

$$z(t)2\cos\omega_c t = x(t) + x(t)\cos 2\omega_c t + y(t)\sin 2\omega_c t$$

$$\Longrightarrow \mathrm{LPF}\{z(t)2\cos\omega_c t\} = x(t)$$

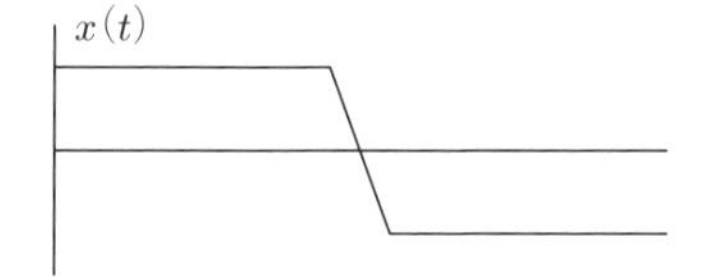

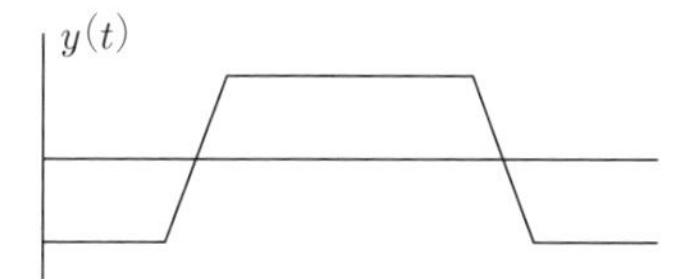

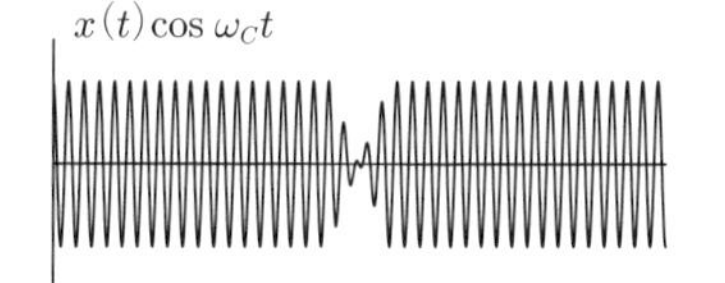

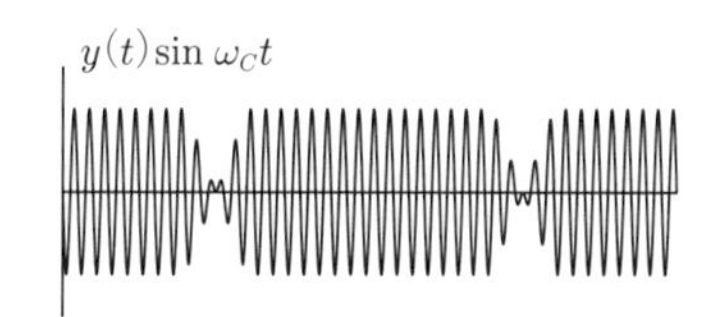

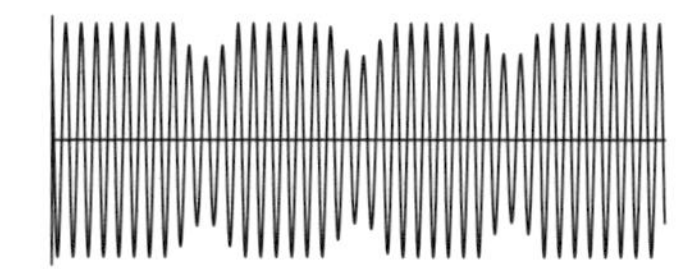

図 5.16　直交搬送波より 2 つ信号の同時通信のイメージ

$$z(t)2\sin\omega_c t = y(t) + x(t)\sin 2\omega_c t - y(t)\cos 2\omega_c t$$

$$\Longrightarrow \mathrm{LPF}\{z(t)2\sin\omega_c t\} = y(t)$$

ここで位相スペクトルはわかりにくいため，図 **5.16** に信号例のみを示す。

章　末　問　題

【１】 $\mathrm{F}[x(t)](\omega) = X(\omega)$ とし，次の各信号のスペクトルを $X(\cdot)$ 関数形より表せ。

(1) $x(3-t)$　　(2) $\dfrac{d}{dt}x(2t)$　　(3) $t \cdot x(t)$　　(4) $\cos(2t-1) \cdot x(t)$

【２】 信号 $x(t) = \cos t$ とし，$\mathrm{F}[x(t)](\omega)$ は $\cos t$ の FT スペクトルとなる。

(1) 時間シフト特性より $\mathrm{F}\left[x\left(t-\dfrac{\pi}{2}\right)\right](\omega)$ を求め $\mathrm{F}[\sin t](\omega)$ と比較せよ。

(2) 畳み込み積分特性より $\mathrm{F}[x(t)\sin t](\omega)$ を求め $\mathrm{F}[\sin(2t)](\omega)$ と比較せよ。

(3) 時間伸縮特性より $\mathrm{F}[x(2t)](\omega)$ を求め $\mathrm{F}[\cos(2t)](\omega)$ と比較せよ。

【３】 三角形パルス信号 $x(t) = p(t/2)\cdot(1-|t|)$ と表せる。$\mathrm{F}[x(t)](\omega)$ をそれぞれ次の 3 種類の方法より求めよ。ここで $p(t)$ は単位パルス関数である。

(1) $x(t)$ を区分関数に表し，FT 定義式より求めよ。

(2) $x(t) = \displaystyle\int_{-\infty}^{t}\left[p\left(\tau+\frac{1}{2}\right) - p\left(\tau-\frac{1}{2}\right)\right]d\tau$ とし，単位パルス関数の FT スペクトルと FT の時間シフト特性と時間積分特性を併用して求めよ。

(3) $x(t) = p(t) * p(t)$ とし，FT の畳み込み特性を利用して求めよ。

【４】 信号 $x(t) = \mathrm{sinc}(\pi t/2)$, $y(t) = \mathrm{sinc}(\pi t)$ とする。$\mathrm{F}[x(t)](\omega)$ と $\mathrm{F}[y(t)](\omega)$ をそれぞれ図示し，信号 $x(t) * y(t)$ を FT スペクトルより求めよ。

【５】 信号 $x(t) = \mathrm{sinc}(\pi t/2)$ とし，次の各信号の FT スペクトルを順番に求めて図示せよ。ここで $\delta_1(t)$ は周期 1 のインパルス列である。

(1) $x(t)$　　(2) $f(t) = x(t)x(t)$　　(3) $g(t) = f(t)\delta_1(t)$

(4) $h(t) = g(t)\cos(\pi t)$　　(5) $y(t) = h(t) + g(t)$

【６】 例題 5.4 のように矩形窓より切り出した正弦波のスペクトルを図 **5.17** の実線に示

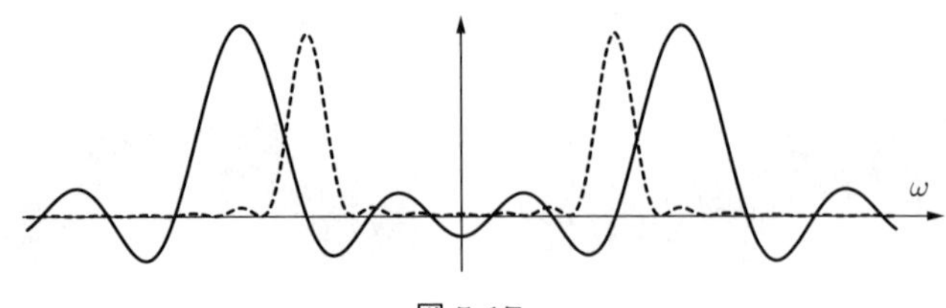

図 **5.17**

す。ピーク位置，メインローブ幅，リップルの大きさの違いより，点線スペクトルに対応する信号の周波数と窓関数の変化を考察せよ。

【7】 例題 2.3 の図 2.7 に示す $x_1(t)$ を入力した場合の出力が $y_1(t)$ となる LTI システムは存在しないことを証明せよ。

第 6 章

離散時間信号のフーリエ変換

フーリエ級数展開は信号を連続関数，スペクトルを離散関数として扱うのに対し，連続フーリエ変換は信号とスペクトルともに連続関数としているため，議論の展開に制限が少なく，信号処理の基礎理論の中核となっている。一方，特にコンピュータを利用する場合では信号やスペクトルの取得，記録，伝送と計算ともにデータの数は有限であり，すなわち信号とスペクトルともに有限幅かつ離散関数として扱う必要がある。本章は信号が離散関数である前提で，スペクトルが連続と離散の場合でのそれぞれの概念特性，および応用上の注意点について説明する。

6.1 離散時間フーリエ変換

6.1.1 基 本 概 念

これ以降，離散時間信号は，サンプリング間隔 T_s ごとでの連続時間信号の信号値から構成されるものとする。

$$ {}_{\mathrm{s}}x[n] = x(nT_s) \quad (n \in \mathbb{Z}) $$

DT 信号に対するフーリエ変換は，**離散時間フーリエ変換**（DTFT）と呼ぶ。これと区別するために，前章に紹介したフーリエ変換を，連続時間フーリエ変換（CTFT）と呼ぶこともある。DT 信号の FT スペクトルを DTFT スペクトルといい，次に定義される。

$$ \mathrm{DTFT}\Big[{}_{\mathrm{s}}x[n]\Big](\omega) = {}_{\mathrm{DT}}X(\omega) := \sum_{n=-\infty}^{\infty} {}_{\mathrm{s}}x[n]e^{-jnT_s\omega} \tag{6.1} $$

式 (5.6) に示す連続時間に対する積分を，DT 信号の信号値が与えられた $t_{[n]} = nT_s$ の各離散時刻での総和となっている。すなわち，DTFT スペクトルは，DT 信号 ${}_{\mathrm{s}}x[n]$ をインパルス再建した CT 信号 $x(t)\delta_{Ts}(t)$ の CTFT スペクトルと一致する。

$$ \mathrm{DTFT}\Big[{}_{\mathrm{s}}x[n]\Big](\omega) = \mathrm{F}[x(t)\delta_{Ts}(t)](\omega) \tag{6.1$'$} $$

なお，次式のように，DTFT スペクトルの独立変数として，角度単位に規格化した $\Omega = T_s\omega$ を用いる流儀もあるが，他種のスペクトルとの比較の便利上，本書は採用しない。

$$X(\Omega) = \sum_{n=-\infty}^{\infty} x[n]e^{-jn\Omega}$$

DTFT の重要な特徴として，スペクトル ${}_{\mathrm{DT}}X(\omega)$ は周期 $\omega_s = 2\pi/T_s$ の周期関数である。複素数回転子 $e^{j\theta}$ は位相 θ に対して 2π が周期であることが起因である。

$$\begin{aligned} {}_{\mathrm{DT}}X(\omega+\omega_s) &= \sum_{n=-\infty}^{\infty} {}_{\mathrm{s}}x[n]e^{-jnT_s\left(\omega+\frac{2\pi}{T_s}\right)} \\ &= \sum_{n=-\infty}^{\infty} {}_{\mathrm{s}}x[n]e^{-jnT_s\omega}e^{-jn2\pi} = {}_{\mathrm{DT}}X(\omega) \end{aligned}$$

時間信号を固定間隔 T_s でサンプリングされることによるもので，この周期 ω_s はサンプリングレート $f_s = 1/T_s$ に対応する角周波数 $\omega_s = 2\pi f_s = 2\pi/T_s$ である。

実数値信号の 1 周波数成分を例として，以下より数式的に確認できる。

$$x(t) = A\cos(\Omega_1 t+\theta), y(t) = A\cos(\Omega_2 t+\theta) \Longrightarrow x(t) \neq y(t) \quad (\Omega_1 \neq \Omega_2)$$

$$x[n] = A\cos(\Omega nT_s+\theta), y[n] = A\cos((\Omega+m\omega_s)nT_s+\theta) \Longrightarrow x[n] = y[n]$$

すなわち，周波数が異なれば，CT 正弦波は異なるものとなるが，DT 正弦波の場合では，周波数の差分が ω_s の整数倍であれば同じ信号となる。**図 6.1** に，複素回転子と実数値信号のイメージを示す。DT 信号は，CT 信号のとびとびの信号値から

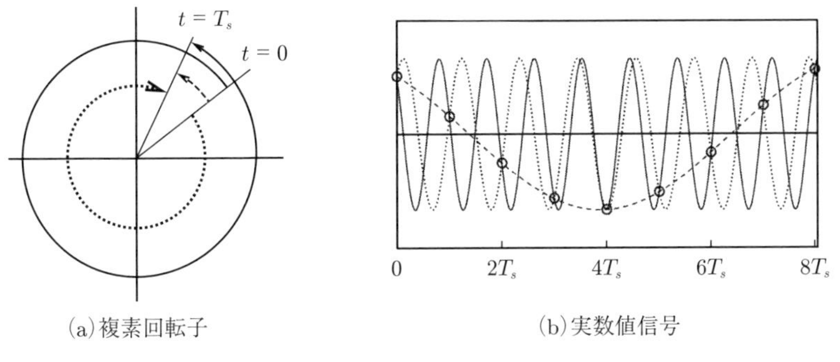

(a)複素回転子　(b)実数値信号

図 6.1　連続時間信号の離散サンプリングのイメージ

構成されるため，サンプリングしていない間に，連続信号は緩やかに変わってきたか，余分に整数周（逆回転含む）を回ってきたかわからない。

時間信号の離散化とスペクトルの周期性との対応関係は DTFT に現れている。この特徴は，時間領域と周波数領域を入れ替えたフーリエ級数展開と類似しており，まとめて**表 6.1** に示す。

表 6.1　DTFT と FS における関数離散化と周期性の関係

	時間信号	周波数スペクトル
FS	周期　$T_0 = \dfrac{2\pi}{\omega_0}$	離散間隔　$\omega_0 = \dfrac{2\pi}{T_0}$
DTFT	離散間隔　$T_s = \dfrac{2\pi}{\omega_s}$	周期　$\omega_s = \dfrac{2\pi}{T_s}$

DTFT スペクトルの周期性を考慮し，スペクトルから離散時間信号を合成する式 (6.2) が示される。これは**逆離散時間フーリエ変換**（IDTFT）という。

$$\mathrm{DTFT}^{-1}[{}_{\mathrm{DT}}X(\omega)][n] = {}_{\mathrm{s}}x[n] = \frac{1}{\omega_s}\int_{\omega_s} {}_{\mathrm{DT}}X(\omega)e^{jnT_s\omega}d\omega \tag{6.2}$$

ここで積分範囲は，任意の 1 周期であればよい。なお，CTFT スペクトルのように積分範囲を $\pm\infty$ とすると，式 (6.2) はインパルス再建された連続時間信号の $t = nT_s$ でのサンプリング，すなわち ${}_{\mathrm{s}}x[n]\cdot\delta(0)T_s$ となる。これは，スペクトル ${}_{\mathrm{DT}}X(\omega)$ の周期ごとに得られる ${}_{\mathrm{s}}x[n]$ は無限個重なったものと理解してよい。

DTFT と IDTFT を示す式 (6.1) と式 (6.2) のいずれも，CTFT スペクトル $X(\omega)$ と異なって，DTFT スペクトル ${}_{\mathrm{DT}}X(\omega)$ の物理単位は，信号値の物理単位と同様であることを示唆している。また，フーリエ級数展開の分解と合成と比較すると，フーリエ変換の双対性が確認できる。

$$x(t) = \sum_k {}_{\mathrm{FS}}X[k]e^{jk\omega_0 t}, \qquad {}_{\mathrm{FS}}X[k] = \frac{1}{T_0}\int_{T_0} x(t)e^{-jk\omega_0 t}dt$$

6.1.2　スペクトルの巡回シフト

式 (6.3) に示すように，DTFT スペクトルの周期性は，インパルス列のフーリエペア関数関係，および畳み込み積分と乗算のフーリエペア演算関係よりも確認できる。このイメージ例を**図 6.2** に示す。

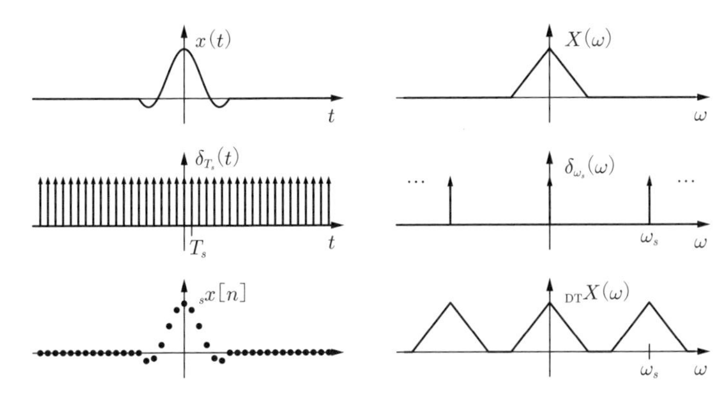

図 6.2 フーリエ変換特性よりイメージした DTFT スペクトルの周期性

$$\mathrm{DTFT}\left[{}_{\mathrm{s}}x[n]\right](\omega) = \mathrm{F}[x(t)\delta_{Ts}(t)](\omega) = \frac{1}{2\pi}\mathrm{F}[x(t)](\omega) * \mathrm{F}[\delta_{Ts}(t)](\omega)$$
$$= \frac{1}{T_s}X(\omega) * \delta_{\omega_s}(\omega) = \frac{1}{T_s}\sum_{k=-\infty}^{\infty} X(\omega - k\omega_s) \qquad (6.3)$$

DTFT スペクトルの周期性は，元 CT 信号の FT スペクトルと間隔 ω_s のインパルス列との畳み込み積分によるものである。これは，スペクトルの**巡回シフト**（circular shift）という。なお，DTFT スペクトルの中に CT 信号のスペクトル $X(\omega)$ 以外は，$X(\omega)$ の分身，または**エイリアス**（alias）と呼ぶ。

DTFT スペクトルは，元 $X(\omega)$ とすべてのエイリアスの加算となる。図 6.2 の例では，エイリアスが周期的に現れているが，元 $X(\omega)$ の形が保たれている。これは，$X(\omega)$ は次の条件を満たす有限区間関数である必要がある。

$$X(\omega) = 0 \quad \left(|\omega| \geq \frac{\omega_s}{2}\right) \qquad (6.4)$$

CT 信号 $x(t)$ に含まれている最高周波数成分の角周波数を ω_m とすれば，式 (6.4) の条件は以下と同等である。

$$\omega_s > 2\omega_m \qquad (6.4')$$

この条件を満たさない場合の DTFT スペクトルのイメージ例を**図 6.3** に示す。$\omega_s/2$ より角周波数の高い成分は，エイリアスによって $\omega_s/2$ より低い領域に現れ，これは周波数の**折り返し**（folding）といい，信号に現れるこの影響は折り返しひずみ（folding

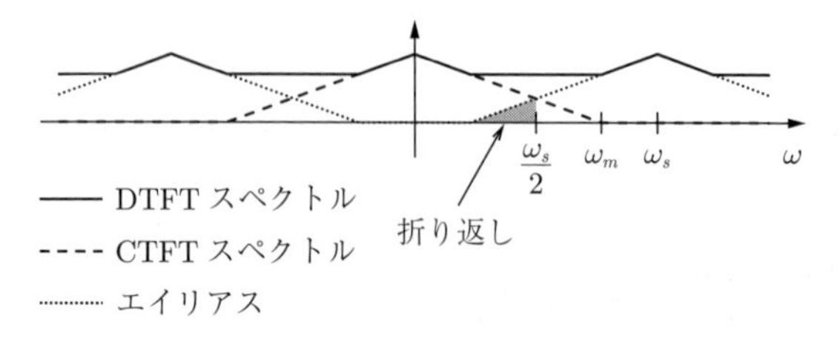

図 6.3　エイリアシングが発生する場合での DTFT スペクトル例

distortion）または**エイリアシング**（aliasing）と呼ぶ。これらは，CT 信号の離散化によって，サンプリングされていない間の情報が捨てられたことによるものと理解してよい。

図 6.3 にはスペクトルをイメージとして示しているが，実際のスペクトルは複素数関数であり，$0 < \omega < \omega_s/2$ 側に折り返されたものは，$|\omega| > \omega_s/2$ の負の高周波数成分である。また，この場合，$\omega = \omega_s/2$ において

$$T_s \cdot {}_{\mathrm{DT}}X\left(\frac{\omega_s}{2}\right) = X\left(\frac{\omega_s}{2}\right) + X\left(-\frac{\omega_s}{2}\right)$$

が考えられ，元 CT 信号のスペクトルが重なるため，エイリアシングの発生しない条件式 (6.4′) の不等式に等号が含まれないことにも留意しよう。

式 (6.4′) の条件を満たさない例として，図 6.1 に示す高い周波数の CT 信号をサンプリングした DT 信号は，見かけ上低い周波数の CT 信号に認識される。また，高速回転する車輪などの連写画像を再生する際に，低速や静止または逆回転に見られることや，細かい構造を有する被写体のデジタル写真には本来存在しない波模様が見られることなども，エイリアシングの具体例である。

6.1.3　サンプリング定理

連続時間信号に含まれる最高周波数成分は，この信号の時間変動の細かさの尺度であると考えられる。式 (6.4′) の条件は，この信号を「正しく」離散化するために必要な時間間隔の細かさを示していると直観的に理解できる。この条件は，連続時間信号をサンプリングする際の重要な指針であり，**標本化定理**，または**サンプリング定理**（sampling theorem）と呼ばれている。

式 (6.4′) の条件が満たされる場合，DTFT スペクトルには CT 信号のスペクトルが保存されているので，DT 信号から元の CT 信号を完全に再現できる。具体的

に，時間間隔 T_s でサンプリングされたDT信号をインパルス再建したのち，遮断周波数 $\omega_s/2$ の理想LPFを通すことで，元のCT信号が得られる。これを式 (6.5) と**図6.4**に示す。

$$X(\omega) = 0 \quad \left(|\omega| \geq \frac{\omega_s}{2}\right) \Longrightarrow \mathrm{F}^{-1}\left[\mathrm{F}\left[\sum_n {}_s x[n]\delta(t-nT_s)\right]\cdot p\left(\frac{\omega}{\omega_s}\right)T_s\right]$$
$$= x(t) \tag{6.5}$$

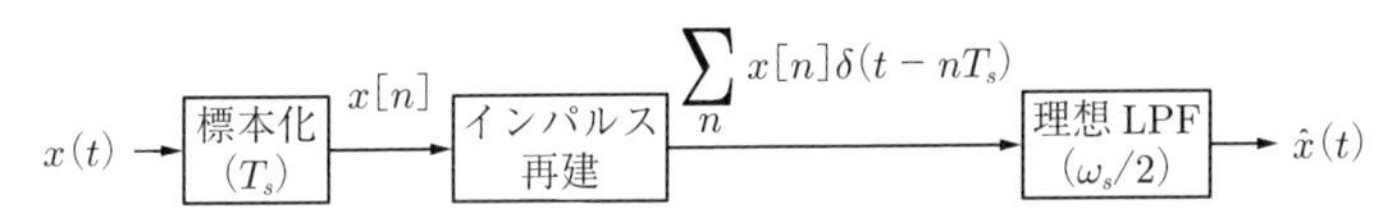

図6.4　離散時間信号から連続時間信号を再現する流れ

離散時間信号から連続時間信号を再現することは，サンプリングされていない信号値を還元することで，信号の内挿，または**補間**（interpolation）とも呼ぶ。また，理想LPF処理のシステム周波数応答関数は矩形パルスとなり，これに対応する時間領域のインパルス応答はsinc関数であるため，sinc関数を補間関数と呼ぶこともある。式 (6.5) に示す周波数領域のLPF処理を時間領域の畳み込み積分に表すと，式 (6.6) になり，これを**sinc補間**という。**図6.5**にそのイメージの一例を示す。

$$\hat{x}(t) = \sum_{n=-\infty}^{\infty} x[n]\cdot \mathrm{sinc}\left(\pi\frac{t-nT_s}{T_s}\right) \tag{6.6}$$

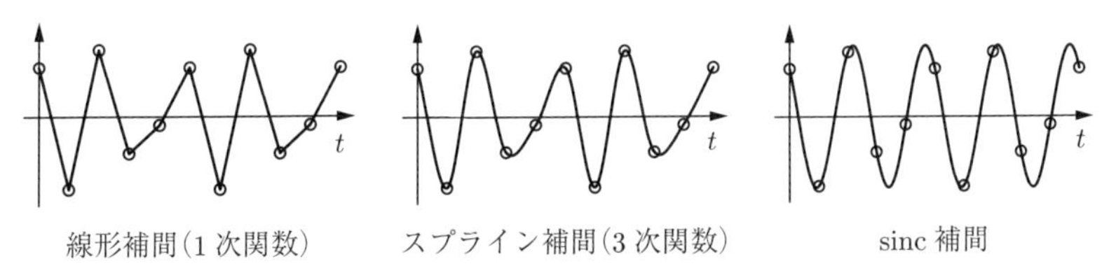

図6.5　離散信号の補間例

式 (6.6) に示すsinc関数は，$x[n]$ の時刻 nT_s において1となり，ほかのサンプルの時刻 mT_s $(m \neq n)$ では0である。これによって再現した $\hat{x}(t)$ はすべてのサンプル時刻にて $x[n]$ と一致する。

実用の便利上，式 (6.4′) の角周波数の代わりに，周波数を用いることが多い。この場合サンプリング定理は次のように記述できる。

> 有限帯域の連続時間信号の最高周波数の2倍より高いサンプリングレートで離散化した離散時間信号より，連続時間信号を再現することができる。

ここで，離散時間信号から連続時間信号を再現できるとは，離散時間信号にエイリアシングが発生しないことと同意であるため，サンプリング定理の要旨は次の表現で示せる。

> エイリアシングが発生しないサンプリング条件：　$f_s > 2f_m$

ここで，$f_s = T_s^{-1}$ はサンプリングレート，f_m は CT 信号に含まれている最高周波数成分の周波数である。なお，サンプリング定理の提案者と言われる**ナイキスト**（Nyquist）にちなんで，応用上では以下の2つの名称が使われることもある。それぞれ異なる視点での指標であり，混乱しないように留意しよう。

- **ナイキスト周波数**：　$f_s/2$（信号周波数の上限，サンプリングレートに依存）
- **ナイキストレート**：　$2f_m$（サンプリングレートの下限，信号周波数に依存）

サンプリング定理はアナログ信号を離散化する際に重要な指標を示しているが，高いサンプリングレートを用いる場合では高速回路や大容量メモリなどによるコストの増大が生じる。具体的な応用問題によって，種々の対策が行われ，ここで3つのコンセプトを簡単に紹介する。

〔1〕 高周波数成分の折り返しを軽減する　　興味のある周波数成分は高くないが，ノイズの影響を含めて原始信号に不要な高い周波数成分が含まれている場合，サンプリングする前にあらかじめ $f_s/2$ 以下の遮断周波数の LPF をかけることで，取得した離散信号に折り返し雑音の影響を軽減できる。この方法は最も一般的に利用され，**アンチエイリアシング**（anti-aliasing）とも呼ぶ。

〔2〕 低周波数成分のエイリアスを利用する　　興味のある信号の主周波数成分は高いが，有効帯域が十分に狭い場合，低いサンプリングレートで信号の低周波数成分のエイリアススペクトルを取得することができる。この手法は**サブナイキスト**（sub-Nyquist）サンプリングと呼ぶ。5.4.6 項に紹介した変調技術のコンセプトとも一部が類似する。

〔3〕 周期的なエイリアスを抑制する　　エイリアシングは等間隔サンプリングに

よって発生する現象であり，理論上ではランダムなサンプリング間隔であればエイリアスの発生を抑制できる。このようなサンプリングは**不等間隔サンプリング**（NUS, non-uniform sampling）と呼ぶ。

6.2 離散フーリエ変換

6.2.1 基本概念

フーリエ変換を実際に計算する際に，データ量は有限でなければならない。そのためには，信号とスペクトル共に，離散かつ有限区間である必要がある。この場合には，時間領域の信号と周波数領域のスペクトルともに離散化した，**離散フーリエ変換**（DFT, discrete Fourier transform）が有効である。

DFT の主旨は，離散化と周期性のフーリエペア特性を利用し，時間領域と周波数領域ともに離散化することで，信号とスペクトルの両方にも周期性を持たせ，それぞれ 1 周期分のみを扱うことである。ここで，両方同時に離散化する際のパラメータを**表 6.2** にまとめる。

表 6.2 時間と周波数の離散化パラメータ

	信号 $x(t)$	スペクトル $X(\omega)$
離散間隔	T_s	ω_0
周期	T_0	ω_s
相互関係	$T_0\omega_0 = 2\pi,\ T_s\omega_s = 2\pi$	

表 6.2 に示すパラメータの相互関係より，時間信号と周波数スペクトルそれぞれ 1 周期分に含まれる離散データの数は同じであることがわかる。以降，これを N とする。

$$N = \frac{T_0}{T_s} = \frac{\omega_s}{\omega_0} \tag{6.7}$$

DFT スペクトルを ${}_{\mathrm{D}}X[m]$ とし，式 (6.8) に定義する。${}_{\mathrm{D}}X[m]$ から離散時間信号 ${}_{\mathrm{s}}x[n]$ を求めることは**逆離散フーリエ変換**（IDFT）と呼び，式 (6.9) に示す。

$$\mathrm{DFT}\Big[{}_{\mathrm{s}}x[n]\Big][m] = {}_{\mathrm{D}}X[m] := \sum_{n=0}^{N-1} {}_{\mathrm{s}}x[n]e^{-j\frac{2\pi}{N}mn}$$

$$(m = 0, 1, \cdots, N-1) \tag{6.8}$$

$$\mathrm{DFT}^{-1}\Big[{}_{\mathrm{D}}X[m]\Big][n] = {}_{\mathrm{s}}x[n] = \frac{1}{N}\sum_{m=0}^{N-1} {}_{\mathrm{D}}X[m]e^{j\frac{2\pi}{N}mn}$$

$$(n = 0, 1, \cdots, N-1) \tag{6.9}$$

連続信号に対するFTとIFTを示す式(5.6)と式(5.7)の積分形を，時間間隔T_s，角周波数間隔ω_0のリーマン和に変形すると，それぞれ

$$X(m\omega_0) = \sum_n x(nT_s)e^{-jm\omega_0 nT_s}T_s,$$

$$x(nT_s) = \frac{1}{2\pi}\sum_m X(m\omega_0)e^{jm\omega_0 nT_s}\omega_0$$

が表される。式(6.8)と式(6.9)は，これらの総和の範囲を1周期とし

$${}_{\mathrm{D}}X[m] = \frac{X(m\omega_0)}{T_s}$$

と定義したものであると確認できる。

DFTスペクトルの定義は，$X(m\omega_0)/T_0$や$X(m\omega_0)/\sqrt{T_0 T_s}$とする流儀もある。この場合，式(6.9)に現れる係数$1/N$は式(6.8)に変わるか，両式に同じ$1/\sqrt{N}$が現れることになる。いずれにしても，信号から見れば，次式が成り立つ。

$${}_{\mathrm{s}}x[n] = \frac{1}{N}\sum_{m=0}^{N-1}\sum_{k=0}^{N-1} {}_{\mathrm{s}}x[k]e^{-j\frac{2\pi}{N}mk}e^{j\frac{2\pi}{N}mn} \tag{6.10}$$

表6.3に，信号とスペクトルの離散化と周期性の観点からこれまで紹介した4種類のフーリエ変換の位置づけを示す。直交性とLTIシステム固有性から洗練された

表6.3　各種フーリエ変換とそれぞれの基底関数

時間	連続	離散	
無限幅 （非周期）	FT 連続フーリエ変換 $r(t;\omega) = e^{j\omega t}$	DTFT 離散時間フーリエ変換 $r[n;\omega] = e^{j\omega T_s n}$	連続
周期 （有限幅）	FS フーリエ級数展開 $r(t;m) = e^{jm\omega_0 t}$	DFT 離散フーリエ変換 $r[n;m] = e^{j\frac{2\pi}{N}mn}$	離散
	無限幅（非周期）	周期（有限幅）	周波数

基底関数 $e^{j\omega t}$ の特性により，時間領域と周波数領域の片方の等間隔離散化と他方の周期性との必然関係も確認しておこう。

6.2.2 変換行列と基底ベクトル

DFT における信号とスペクトルともに N 個の数値に構成され，コンピュータでの計算には都合がよい。なお，この場合，信号とスペクトルを N 次元のベクトルより表し，DFT と IDFT は変換行列に置き換えて議論することができる。

まず，記述の便利上，次式に示す**回転因子**（twiddle factor）を導入する。

$$w_N = e^{j\frac{2\pi}{N}} \tag{6.11}$$

回転因子は複素平面の単位円上にある大きさ 1，偏角 $2\pi/N$ の複素数である。その整数べき乗 w_N^k も単位円上にあり，$2\pi/N$ の偏角間隔で k 回転する。

$$|w_N| = |w_N^k| = 1, \qquad \arg(w_N) = \frac{2\pi}{N}, \qquad \arg(w_N^k) = k\frac{2\pi}{N}$$

さらに，回転因子の整数べき乗は次に示す共役対称性と周期性がある。

$$w_N^{-k} = (w_N^k)^*, \qquad w_N^k = w_N^{(k+N)}$$

回転因子は $1^{1/N}$ の第 1 複素数根であり，数学分野では ω より表すことが多いが，角周波数との混乱を避けるために本書は採用しない。なお，DFT の変換行列や演算アルゴリズムを記述する便利上，回転因子を負方向偏角の $e^{-j\frac{2\pi}{N}}$ と定義することが多い。本書はイメージしやすさに配慮し式 (6.11) の定義を用いる。図 **6.6** に $N = 8$ の例を示す。

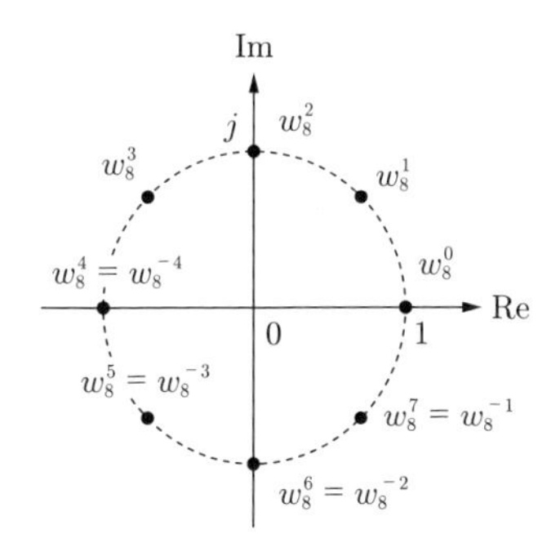

図 **6.6** 複素平面上の回転因子べき乗の回転例

回転因子を用いて，離散フーリエ変換行列は次式に示される。

$$\boldsymbol{W} = \begin{pmatrix} w_N^{-0\cdot0} & w_N^{-0\cdot1} & \cdots & w_N^{-0\cdot(N-1)} \\ w_N^{-1\cdot0} & w_N^{-1\cdot1} & \cdots & w_N^{-1\cdot(N-1)} \\ \vdots & \vdots & \ddots & \vdots \\ w_N^{-(N-1)\cdot0} & w_N^{-(N-1)\cdot1} & \cdots & w_N^{-(N-1)\cdot(N-1)} \end{pmatrix} \tag{6.12}$$

信号 ${}_{\mathrm{s}}x[n]$ とスペクトル ${}_{\mathrm{D}}X[m]$ をそれぞれ N 次元列ベクトル $\boldsymbol{x}$ と $\boldsymbol{f}$ とすると

$$\boldsymbol{x} = \begin{pmatrix} {}_{\mathrm{s}}x[0] & {}_{\mathrm{s}}x[1] & \cdots & {}_{\mathrm{s}}x[N-1] \end{pmatrix}^T,$$

$$\boldsymbol{f} = \begin{pmatrix} {}_{\mathrm{D}}X[0] & {}_{\mathrm{D}}X[1] & \cdots & {}_{\mathrm{D}}X[N-1] \end{pmatrix}^T$$

DFT と IDFT の式 (6.8) と式 (6.9) はそれぞれ以下に表せる。

$$\boldsymbol{f} = \boldsymbol{W}\boldsymbol{x} \tag{6.8$'$}$$

$$\boldsymbol{x} = \frac{1}{N} \cdot \boldsymbol{W}^{\mathrm{H}}\boldsymbol{f} \tag{6.9$'$}$$

ここで $\boldsymbol{W}^{\mathrm{H}}$ は，変換行列 $\boldsymbol{W}$ の共役転置である。式 (6.12) に変換行列 $\boldsymbol{W}$ の対角対称性が示されるため，$\boldsymbol{W}^{\mathrm{H}} = \boldsymbol{W}^*$ の要素は以下となり，IDFT の式 (6.9) と一致することがわかる。

$$(\boldsymbol{W}^{\mathrm{H}})_{m+1,n+1} = (\boldsymbol{W})^*_{n+1,m+1} = (w_N^{-nm})^* = e^{j\frac{2\pi}{N}mn}$$

式 (6.8′) を式 (6.9′) に代入し，式 (6.10) の変形を以下に表せる。

$$\boldsymbol{x} = \frac{1}{N} \cdot \boldsymbol{W}^{\mathrm{H}}\boldsymbol{W}\boldsymbol{x} \tag{6.10$'$}$$

$\boldsymbol{x}$ の任意性より，変換行列と逆変換行列は，たがいに逆行列である。

$$\boldsymbol{I}_{N\times N} = \left(\frac{1}{N} \cdot \boldsymbol{W}^{\mathrm{H}}\right)\boldsymbol{W} = \boldsymbol{W}^{-1}\boldsymbol{W}$$

例題 6.1　4 点の離散信号 $x[n] = \{\underline{1}, 2, -2, 1\}$ の DFT スペクトル $X[m]$ を求めよ。

【解答】 点数 $N=4$ の場合，回転因子 w_4 と変換行列 $\boldsymbol{W}$ はそれぞれ以下となる。

$$w_4 = e^{j\frac{2\pi}{4}} = e^{j\frac{\pi}{2}} = j$$

$$\boldsymbol{W} = \begin{pmatrix} w_4^{-0\cdot0} & w_4^{-0\cdot1} & w_4^{-0\cdot2} & w_4^{-0\cdot3} \\ w_4^{-1\cdot0} & w_4^{-1\cdot1} & w_4^{-1\cdot2} & w_4^{-1\cdot3} \\ w_4^{-2\cdot0} & w_4^{-2\cdot1} & w_4^{-2\cdot2} & w_4^{-2\cdot3} \\ w_4^{-3\cdot0} & w_4^{-3\cdot1} & w_4^{-3\cdot2} & w_4^{-3\cdot3} \end{pmatrix} = \begin{pmatrix} 1 & 1 & 1 & 1 \\ 1 & -j & -1 & j \\ 1 & -1 & 1 & -1 \\ 1 & j & -1 & -j \end{pmatrix}$$

よって，式 $(6.8')$ より

$$\begin{pmatrix} X[0] \\ X[1] \\ X[2] \\ X[3] \end{pmatrix} = \boldsymbol{W} \begin{pmatrix} x[0] \\ x[1] \\ x[2] \\ x[3] \end{pmatrix} = \begin{pmatrix} 1 & 1 & 1 & 1 \\ 1 & -j & -1 & j \\ 1 & -1 & 1 & -1 \\ 1 & j & -1 & -j \end{pmatrix} \begin{pmatrix} 1 \\ 2 \\ -2 \\ 1 \end{pmatrix} = \begin{pmatrix} 2 \\ 3-j \\ -4 \\ 3+j \end{pmatrix}$$

$X[m] = \{\underline{2}, 3-j, -4, 3+j\}$ が求まる。

ここで，式 $(6.9')$ より，$N=4$ の場合での IDFT 変換行列は

$$\boldsymbol{W}^{-1} = \frac{1}{N}\boldsymbol{W}^{\mathrm{H}} = \frac{1}{4} \begin{pmatrix} 1 & 1 & 1 & 1 \\ 1 & j & -1 & -j \\ 1 & -1 & 1 & -1 \\ 1 & -j & -1 & j \end{pmatrix}$$

となるため，スペクトル $X[m]$ から信号 $x[n]$ を確認することもできる。

$$\begin{pmatrix} x[0] \\ x[1] \\ x[2] \\ x[3] \end{pmatrix} = \frac{1}{4} \begin{pmatrix} 1 & 1 & 1 & 1 \\ 1 & j & -1 & -j \\ 1 & -1 & 1 & -1 \\ 1 & -j & -1 & j \end{pmatrix} \begin{pmatrix} X[0] \\ X[1] \\ X[2] \\ X[3] \end{pmatrix}$$

◇

変換と逆変換行列の共役関係によって，式 $(6.9')$ は以下に変形でき，DFT と IDFT の双対性が示される。また，1 つの変換行列を用いて，DFT と IDFT の両方を行うことが可能であることが示唆される。

$$\boldsymbol{x}^* = \boldsymbol{W}\left(\frac{1}{N}\boldsymbol{f}^*\right) \tag{6.9''}$$

変換行列の各要素は回転因子の整数べき乗であるため，これらの共役対称性や周期性を利用して，計算コストを大幅に削減することが可能である。計算を高速化さ

れる DFT は**高速フーリエ変換**（FFT, fast Fourier transform）と呼ぶ。時間領域の畳み込み積分や相関など煩雑な演算は，周波数領域にて容易に計算できるので，FFT はフーリエ変換の魅力を一層高めている。実用性と計算手法の巧妙さがともに卓越しており，FFT は 20 世紀で最も重要なアルゴリズムと評価されるほどであった。また，ソフトウェアやハードウェアに実装されることが多く，応用上ではフーリエ変換のことをしばしば FFT と呼ぶことがある。FFT の主旨は点数の多いデータに対する一括変換を複数回の少数点変換に分ける**分割統治**（divide and conquer）である。ここでその主旨を簡単に紹介する。

$w_N^2 = w_{N/2}$ の特性を利用して，N 点の DFT 変換は，2 回の $N/2$ 点の DFT に置き換えられる。

$$\boldsymbol{W}_{N\times N} = \begin{pmatrix} \boldsymbol{I}_{\frac{N}{2}\times\frac{N}{2}} & \boldsymbol{D}_{\frac{N}{2}\times\frac{N}{2}} \\ \boldsymbol{I}_{\frac{N}{2}\times\frac{N}{2}} & -\boldsymbol{D}_{\frac{N}{2}\times\frac{N}{2}} \end{pmatrix} \begin{pmatrix} \boldsymbol{W}_{\frac{N}{2}\times\frac{N}{2}} & \boldsymbol{0}_{\frac{N}{2}\times\frac{N}{2}} \\ \boldsymbol{0}_{\frac{N}{2}\times\frac{N}{2}} & \boldsymbol{W}_{\frac{N}{2}\times\frac{N}{2}} \end{pmatrix} \boldsymbol{P}_{N\times N}$$

ここで $\boldsymbol{0}$ はすべての要素が 0 の区分行列で，$\boldsymbol{D}$ と $\boldsymbol{P}$ はそれぞれ以下に示す対角行列と**置換行列**（permutation matrix）である。

$$\boldsymbol{D}_{\frac{N}{2}\times\frac{N}{2}} = \begin{pmatrix} 1 & 0 & \cdots & 0 \\ 0 & w_N^{-1} & \cdots & 0 \\ \vdots & \vdots & \ddots & \vdots \\ 0 & 0 & \cdots & w_N^{-(N/2-1)} \end{pmatrix}$$

$$\boldsymbol{P}_{N\times N} = \begin{pmatrix} 1 & 0 & 0 & 0 & \cdots & 0 & 0 \\ 0 & 0 & 1 & 0 & \cdots & 0 & 0 \\ \vdots & \vdots & \vdots & \vdots & \ddots & \vdots & \vdots \\ 0 & 0 & 0 & 0 & \cdots & 1 & 0 \\ 0 & 1 & 0 & 0 & \cdots & 0 & 0 \\ 0 & 0 & 0 & 1 & \cdots & 0 & 0 \\ \vdots & \vdots & \vdots & \vdots & \ddots & \vdots & \vdots \\ 0 & 0 & 0 & 0 & \cdots & 0 & 1 \end{pmatrix}$$

これより通常 N^2 回の乗算を，$2\times(N/2)^2 + N/2$ 回までに，計算コストの削減を図る。同じ手法で次々と半分の点数に分割することで，点数 N は 2 の整数べき乗である場合にこの方法は最も効率がよく，$O(N^2)$ の**計算量**（computational complexity）を $O(N \cdot \log_2 N)$ まで削減できる。詳細は多数の参考書籍に紹介されており，本書は割愛する。

IDFT は，信号ベクトル $\boldsymbol{x}$ の基底ベクトル分解とみなすことができ，基底ベクトル $\boldsymbol{q}_k$ は $\boldsymbol{W}^{\mathrm{H}}$ の列ベクトルとなる。

$$\boldsymbol{q}_k = (w_N^{0k} \quad w_N^{1k} \quad \cdots \quad w_N^{(N-1)k})^T \qquad (k = 0, 1, \cdots, N-1) \tag{6.13}$$

式 (6.9′) に示すように，この基底ベクトルの見方では，信号ベクトル $\boldsymbol{x}$ の係数ベクトルは $N^{-1}\boldsymbol{f}$ となる。

まず，基底ベクトルの直交性を確認する。

$$\langle \boldsymbol{q}_m, \boldsymbol{q}_n \rangle = \sum_{k=0}^{N-1} e^{j\frac{2\pi}{N}(n-m)k} = \begin{cases} \displaystyle\sum_{k=0}^{N-1} 1 = N & , m = n \\ \dfrac{e^{j\frac{2\pi}{N}(n-m)N} - 1}{e^{j\frac{2\pi}{N}(n-m)} - 1} = 0 & , m \neq n \end{cases}$$
$$= N \cdot \delta_{m,n} \tag{6.14}$$

直交基底ベクトルとの内積より，係数ベクトルの要素は以下に示され，DFT の式 (6.8) と一致する。

$$(N^{-1}\boldsymbol{f})_{m+1} = \frac{{}_{\mathrm{D}}X[m]}{N} = \frac{\langle \boldsymbol{q}_m, \boldsymbol{x} \rangle}{\langle \boldsymbol{q}_m, \boldsymbol{q}_m \rangle} = \frac{\langle \boldsymbol{q}_m, \boldsymbol{x} \rangle}{N} = \frac{1}{N} \sum_{n=0}^{N-1} {}_{\mathrm{s}}x[n] e^{-j\frac{2\pi}{N}mn}$$

また，これらの基底ベクトルを DT 信号にみなせば，以下になり

$$q_k[n] = (w_N^k)^n$$

時間インデックス n の指数関数となるため，LTI システムの作用因子に対して，固有信号であることが確認できる。

$$(a \cdot D^l)\{q_k[n]\}[n] = a \cdot q_k[n-l] = a(w_N^k)^{-l} \cdot q_k[n]$$

ここで a は定数倍増幅，$D^l\{\cdot\}$ は離散時間 l の遅延操作である。

6.2.3　時間インデックスと周波数ビン

DFT で処理する信号とスペクトルはともに離散かつ周期関数であり，1 周期内の点数 N はこれらの共通周期である。したがって，整数全体にわたる離散信号とスペクトルの巡回シフトは以下に示される。

$$ {}_{\mathrm{s}}x[n] = {}_{\mathrm{s}}x[n+N], \qquad {}_{\mathrm{D}}X[m] = {}_{\mathrm{D}}X[m+N] \tag{6.15} $$

図 6.2 に，時間信号の離散化によって周波数スペクトルは周期的になるイメージを示した。DFT の場合では，図 6.2 に示す DTFT スペクトルを離散化することで，離散信号も周期的になると理解してよい。これを**図 6.7** に示す。

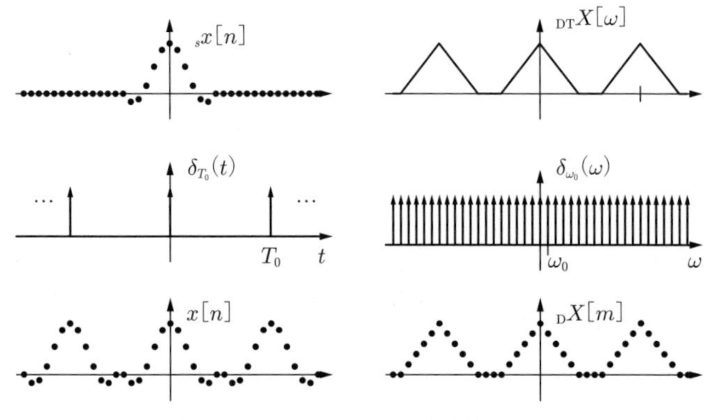

図 6.7　DTFT スペクトル離散化による DFT の信号とスペクトルのイメージ

応用上では，これらそれぞれの 1 周期分のみを取り扱うことで，有限の計算量を可能にした。式 (6.8) と式 (6.9) に示すように，N を周期とする離散周期関数の 1 周期分を，$[0, N-1]$ の区間とすることは，DFT の応用上定着されている。ほぼすべてのプログラミング言語や応用ソフトウェアにおける数値配列の宣言に都合がよいことは 1 つの理由として挙げられる。**図 6.8** にイメージ例を示す。

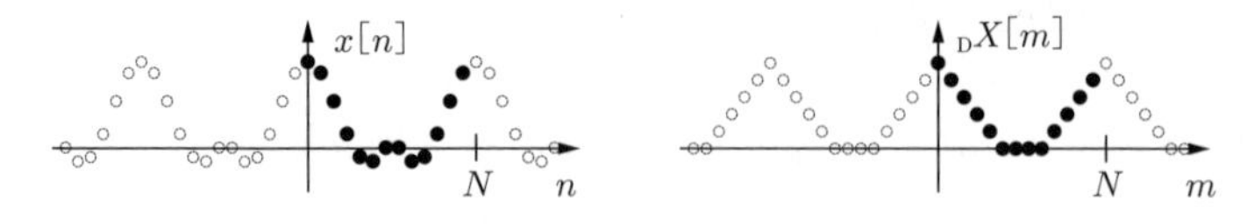

図 6.8　DFT が扱う信号とスペクトル範囲のイメージ例

遅延や変調など横軸シフトに伴う操作，または畳み込み積分や相関処理の区間拡張によって，独立変数の数値は $[0, N-1]$ の範囲外になることがある。この場合，周期 N の任意離散関数 $s[k] = s[k+N]$ において，任意整数 k での関数値を，次式に示すように，$[0, N-1]$ の区間内の 1 点に一意的に対応できる。

$$s[k] = s[k \bmod N] \tag{6.15$'$}$$

ここで mod は**剰余演算**（modulo）で，$(k \bmod N)$ は k と N の除算した**整数剰余**（remainder）であり，$N > 1$ において，$(k \bmod N) \in [0, N-1]$ と定義されている。$k < 0$ の場合では十分に大きい正整数倍の N を足すことで満たされる。この場合 N を**法**（modulus）と呼び，剰余が同じの整数を**合同**（congruence）という。整数剰余と合同の概念を直観的に理解するには，法 $N = 10$ を例とすればよい。通常 10 進法で表す任意の整数であっても，1 の位のみ着目すれば，0〜9 のいずれか 1 つに合同する。ここで，負の整数の場合では，1 の位に 10 を足せばよい。

$$17 \bmod 10 = 1567 \bmod 10 = -223 \bmod 10 = 7$$

回転因子の整数べき乗も同じ周期性をもち，本章でこれまでに示したすべての数式に現れる整数変数 m, n, k は整数全体にわたる合同整数に拡張できる。例えば，基底信号の直交性を示す式 (6.14) は以下と同等である。

$$\frac{1}{N} \sum_{k=l}^{l+N-1} e^{j\frac{2\pi}{N}(n-m)k} = \delta_{(m \bmod N),(n \bmod N)} \quad (\forall l, m, n \in \mathbb{Z}) \tag{6.14$'$}$$

ここで総和の範囲は 1 周期分の N 点とすることだけ制限され，ダミー変数 k の具体的な始点と終点に制限がない。

回転因子の共役を取ることで，DFT と IDFT は交互に変えられるため，数値計算上において離散化された信号とスペクトルとは同じ性質とみなせる。また，式 (6.15) と式 (6.15$'$) に示す巡回シフトの特性においても信号とスペクトルとは同様である。しかし，時間信号を取り扱う応用問題において，時間と周波数の物理概念が大きく異なる。例えば時間の原点 $t = 0$ は，興味のある信号の範囲に合わせて決めればよいが，周波数の原点 $f = 0$ でのスペクトルは直流成分を表す特定な役割を担っている。さらに，一般的に扱う実数値信号に対して周波数スペクトルの共役対称性や折り返しなど，特別に留意する必要がある。

時間信号の遅延による巡回シフトの例は**図 6.9** に示す。実際のアナログ信号は有限区間であっても，DFT スペクトルでの演算後に IDFT より得られる DT 信号は，このような巡回シフトが発生することを留意しよう。離散時間インデックスが $[0, N-1]$ の範囲内である場合，サンプリング間隔を T_s とし，時間インデックスと物理時間との対応は次式になる。

$$t_{[n]} = nT_s, \qquad 0 \leq n \leq N-1 \tag{6.16}$$

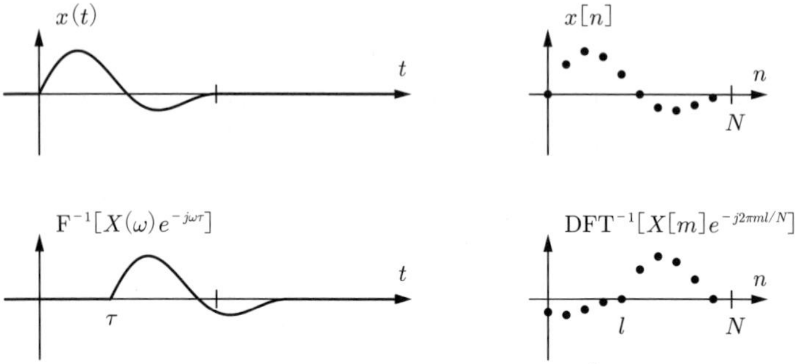

図 6.9　DFT による時間信号の巡回シフト例

離散スペクトルにおいては，離散信号の時間インデックスと区別するために，離散周波数の独立変数を**ビン**（bin）と呼ぶことがある。巡回シフトによって

$${}_{\mathrm{D}}X[-m] = {}_{\mathrm{D}}X[N-m]$$

のため，物理周波数の絶対値が小さいほど低い周波数成分を表しているが，$[0, N-1]$ の範囲内での周波数ビンはこれに限らない。この点について特別に注意する必要がある。**図 6.10** に，DFT スペクトルの周波数対応関係を示す。

すなわち，離散スペクトルの周波数ビンは，$0 \sim N/2$ の間に物理周波数と単調増

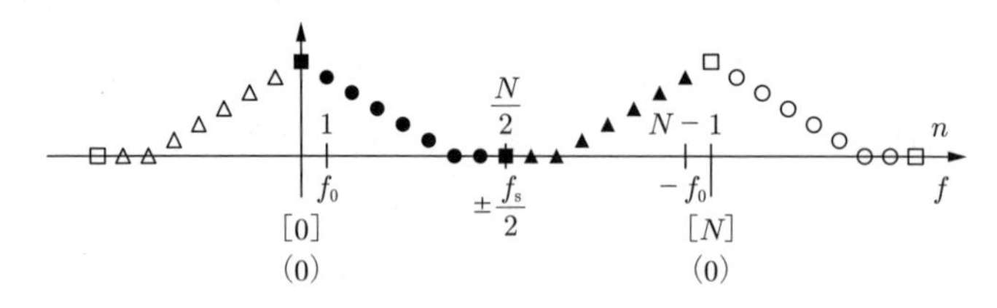

図 6.10　DFT スペクトルの周波数対応関係

加に対応するが，$N/2 \sim (N-1)$ の間では負の高周波数から負の低周波数に対応する。この関係を次式に示す。

$$f_{[m]} = \begin{cases} mf_0, & 0 \leq m < \dfrac{N}{2} \\ -(N-m)f_0, & \dfrac{N}{2} < m \leq N-1 \end{cases} \tag{6.17}$$

ここで，f_0 は離散スペクトルの周波数間隔で，**周波数分解能**（frequency resolution）と呼ぶ。周波数分解能は信号の処理範囲全体時間長の逆数となる。

$$f_0 = \frac{1}{NT_s} = \frac{f_s}{N} \tag{6.18}$$

分解能とは，一般的に位置を特定する能力，または2つの近いものを分離識別できる能力を指す。ここの分解能は離散ビンのアナログ間隔となるため，用語のあいまいさに十分に留意しよう。なお，周波数ビンが $N/2$ である場合，DFT スペクトルは正負最高周波数成分の合計となるため，式 (6.17) には物理周波数と対応させていない。DFT スペクトル ${}_{\mathrm{D}}X[m]$ の値は，FT スペクトル $X(2\pi f_{[m]})$ と一致するには，サンプリング定理に示された条件を満たす必要がある。

6.2.4 信号とスペクトルの補間

式 (6.6) に示したように，サンプリング定理を満たした条件下で得た離散時間信号を用いて，サンプルのない間の信号値を，sinc 関数との畳み込みより補間することはできる。DFT では信号とスペクトルともに離散化されているが，FT の双対性によって，sinc 関数補間の考え方は，周波数領域のスペクトルにも適用できる。しかし畳み込み計算のコストが高く，周波数領域補間の場合ではスペクトルが複素数であるためなおさら回避したい。

時間と周波数領域のいずれも，離散データの間をもっと詳細に調べたい要望に対し，応用上では FFT アルゴリズムの高速化を生かし，補間したい領域の反対領域のデータに**ゼロ・パッディング**（zero padding）を施す手法は有効である。その主旨は，式 (6.18) に示されている時間間隔 T_s と周波数間隔 f_0 との関係より，片方を固定してデータ数 N を増やせばもう片方を小さくすることで分解能を改善することである。データ数 N を増やすため，数値 0 をデータの配列に追加すればよい。

例えば N 点の離散時間信号を補間する場合に，離散スペクトルの高周波数領域に M 個の 0 を追加し，この $N+M$ 点の離散スペクトルの IDFT によって，時間分解能を $T_s \cdot N/(N+M)$ と小さくすることで，同じ物理時間区間内のサンプリング点数を増やせる。このイメージを**図 6.11** に示す。

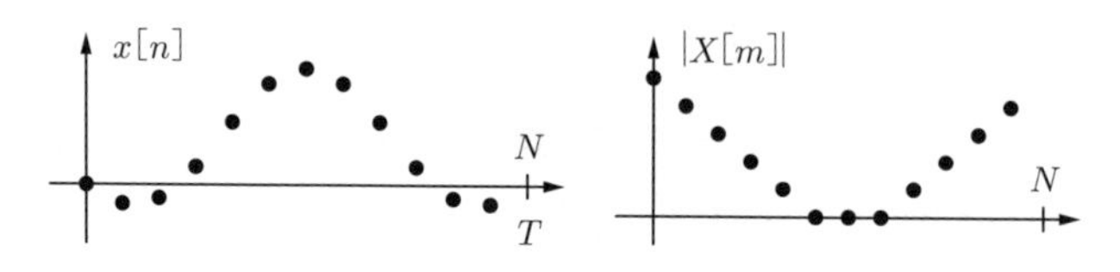

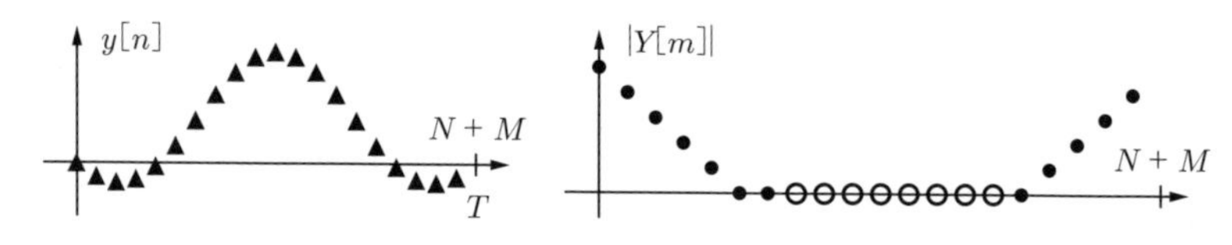

図 6.11　DT 信号補間のイメージ

時間領域の sinc 補間は，スペクトルの観点から，すべてのエイリアスを 0 にすることに相当する。これに対し，ゼロ・パッディングは，スペクトルのエイリアスを遠く押しのけ，擬似的に ω_s を大きくすることを図る。ここで，DFT スペクトルの

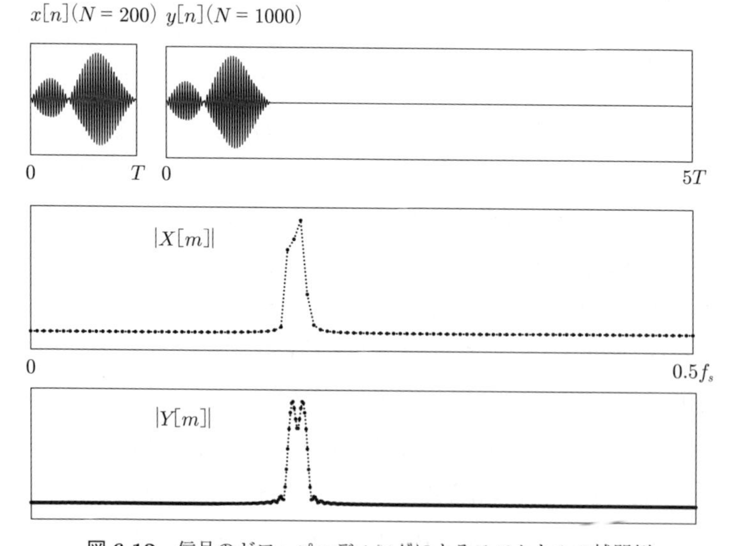

図 6.12　信号のゼロ・パッディングによるスペクトルの補間例

周波数ビンの特性によって，高周波数領域での 0 の追加は，元スペクトル $X[m]$ のビンの $N/2$ の前後に該当することに留意しよう。

離散スペクトルを補間するために DT 信号にゼロ・パッディングを施す場合，$t=0$ の定義の自由度によって，元 DT 信号の後ろに 0 を追加すればよい。信号値 0 の部分を伸ばすだけで，新たな情報が提供されていないように思われるが，DFT の扱う信号は本質的に周期信号であるため，その基本周期を大きくすることによって基調波周波数（周波数分解能）を小さくする仕組みである。**図 6.12** に，DT 信号のゼロ・パッディングによるスペクトル分解能向上の例を示す。

章　末　問　題

【1】 実数値信号 $x(t)$ と $y(t)$ の非零値周波数帯域はそれぞれ 0〜20 kHz と 50〜80 kHz とする。次の各信号の非零値周波数帯域，およびナイキストレートをそれぞれ示せ。

(1) $5x(3t)+2y(t-20)$　　(2) $x(t)y(t)$　　(3) $\dfrac{d}{dt}y(t)$

【2】 サンプリング間隔 0.5 s の信号 $x[n]$ の DTFT スペクトルを ${}_{\mathrm{DT}}X(\omega)$ とする。

(1) ${}_{\mathrm{DT}}X(\omega)$ の周期を〔rad/s〕単位で示せ。

(2) ${}_{\mathrm{DT}}X(3.5\pi)$ が対応する信号の周波数を〔Hz〕単位で示せ。

【3】 $N=8$ の DT 信号 $x[n]$ の DFT スペクトルを $X[m]$ とする。

(1) $X[m]=\{-1, 0.25, 0.5j, 0, 0, 0, -0.5j, 0.25\}$ の場合 $x[n]$ の実数関数形を示せ。

(2) $x[n]=(-1)^n$ の場合 $X[m]$ を求めよ。

【4】 サンプリングレート 1 MHz で取得した 2000 点の信号 $x[n]$ に，10 kHz 以上の周波数成分を遮断するように理想 LPF 処理を施すため，$x[n]$ の DFT スペクトル $X[m]$ を求め，高周波数成分の $X[m]$ を 0 にしてから IDFT より所望の信号が得られる。ここで $X[m]$ を 0 にすべき m の範囲を示せ。

【5】 独立変数の離散と連続を組み合わせた 4 種類のフーリエ変換 FS，FT，DTFT，DFT は，すべて次式に示す複素回転因子の特性から導かれる。

$$\delta_N[n]=\frac{1}{N}\sum_{k=m}^{N+m-1}e^{j2\pi\frac{kn}{N}}$$

ここで $\delta_N[n]$ は周期 N の離散インパルス列である。任意関数 $x(\cdot)$ に対した δ 関数の物差し特性 $x[m]=\sum_{n}\delta[n-m]x[n]$ に合わせ，次式が得られる。

$$x(k\mu)=x(k\mu+N\mu)$$

$$= \sum_{m=-p}^{N-p-1} \left(\sum_{n=-q}^{N-q-1} x(n\mu) e^{-j2\pi\left(m\frac{1}{N\mu}\right)(n\mu)} \mu \right) e^{j2\pi(m\frac{1}{N\mu})(k\mu)} \frac{1}{N\mu}$$

これは次の変数と極限定義の条件下で式 (5.8′) と一致することを示せ。

$$dt = d\tau := \mu \to 0, \qquad t_{[k]} := k \cdot dt, \qquad \tau_{[n]} := n \cdot d\tau$$

$$p = q = N/2 \to \infty, \qquad N\mu \to \infty, \qquad df := (N\mu)^{-1} \to 0,$$

$$f_{[m]} := m \cdot df$$

第 7 章

非定常信号処理への拡張

フーリエ変換は直交かつ線形時不変システムの固有関数を基底とするため，信号やシステムを解析する強力な手法である。しかし基底関数の正弦波は，時間全域にわたり，このような振幅・位相の特性が時間に依存しない信号を**定常信号**（stationary signal）と呼ぶ。

振幅スペクトルは無限長信号の平均しか示されず，位相スペクトルには各周波数成分のタイミング情報を含めているが，合成された信号の時間特性を直観的に理解しにくい。この制限を打開するためには，応用問題の特徴によってアプローチはさまざまである。信号本位の場合では基底関数の直交性を重視し，多種の方法の中に**特異値分解**（SVD, singular value decomposition）が代表的である。システム本位の場合では固有関数特性を重視する。

本章は，フーリエ変換の視点から非定常信号処理への拡張として，信号解析に有効な時間周波数解析とシステム解析に有効なラプラス変換をそれぞれ紹介し，さらに離散時間システムとしてデジタルフィルタの基本概念を解説する。

7.1 信号の時間周波数解析

特定時刻での信号瞬時値はすべての周波数成分に関係するのに対し，特定周波数でのスペクトルは時間領域全体に関係する。この観点から，時間信号は正面図であり，周波数スペクトルは側面図と言える。しかし，**図 7.1** に例示するような周波数成分の重みは時間によって変化する信号において，時間と周波数の両方を独立変数とする上面図が望まれる。

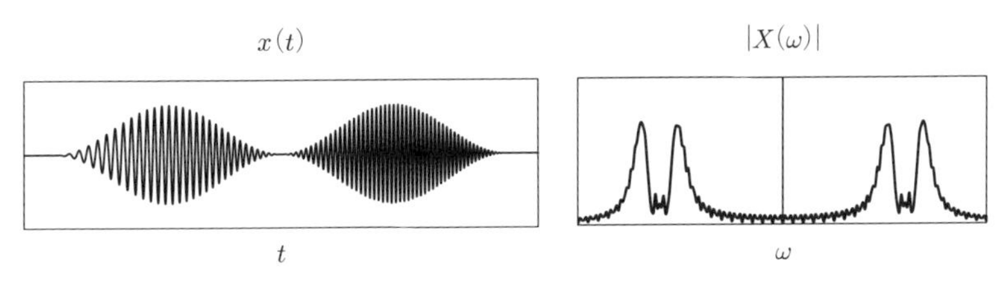

図 7.1 周波数成分が時間によって変化する信号例

この場合，有限幅の窓関数の活用が有効である。時間信号を部分部分に切り出して，それぞれのスペクトルを切り出された区間の中心時刻ごとに示す手法，または周波数スペクトルを部分部分に**帯域通過フィルタ**（BPF, band pass filter）を掛けて，それぞれの出力信号を帯域中心周波数ごとに示す手法の両方が挙げられる。式(7.1) に示すように，時間領域の窓関数 $w(t)$ を利用して，信号 $x(t)$ の一部の FT スペクトルを求める方法は，一般的に**短時間フーリエ変換**（STFT, short time Fourier transform）と呼ぶ。

$$\mathrm{STFT}(f,\tau) = \int x(t)\cdot w(t-\tau)\cdot e^{-j2\pi ft}dt \tag{7.1}$$

式 (7.1) はフーリエ変換に基づく変換であり，振幅 $|\mathrm{STFT}(f,\tau)|$ の 2 次元分布を**スペクトログラム**（spectrogram）と呼ぶ。周波数スペクトルの振幅成分の時間推移が示されるため，位相の分布をさらに利用することはほとんどない。式 (7.1) をもっと一般化に変形し，式 (7.2) に示すように，信号 $x(t)$ の時間周波数解析として，時間と周波数の 2 つのパラメータをもつ関数 $\varphi(t;f,\tau)$ との内積より表せる。

$$\mathrm{WT}(f,\tau) = \langle\varphi(t;f,\tau),\, x(t)\rangle = \int x(t)\cdot\varphi^*(t;f,\tau)dt \tag{7.2}$$

この $\varphi(t;f,\tau)$ は，**カーネル**（kernel）または**ウェーブレット**（wavelet）と呼び，この変換は一般化した**ウェーブレット変換**（WT, wavelet transform）と呼ぶ。ここでカーネル関数の自由度はもっと大きくなり，WT が活躍する応用領域も信号の時間周波数解析に限らない。

時間周波数解析のために，WT に式 (7.3) のカーネル関数は最も多く用いられている。

$$\varphi(t;a,b) = \sqrt{a}\cdot\psi(a(t-b)) \quad (a>0) \tag{7.3}$$

ここで $\psi(t)$ を**マザーウェーブレット**（mother wavelet）と呼ぶ。すなわち，信号との内積を計算するカーネルの周波数と時間のコンセプトは，マザーウェーブレットの時間伸縮と時間シフト量にそれぞれ対応される。カーネル関数は STFT のような正弦波の振幅変調に限らないため，スペクトログラムと区別するために振幅 $|W(a,b)|$ の 2 次元分布を**スカログラム**（scalogram）と呼ぶことがある。なお，スケール係数 a によってカーネル関数の有効時間幅が変化するので，エネルギー規格化のため

に振幅係数 $\sqrt{a}$ が用いられている。

窓関数の形状や取り方は具体的な応用目的によってさまざまある。矩形パルス関数と sinc 関数とのフーリエペア関係に示すように，時間を特定する幅 Δt と周波数を特定する幅 Δf との積 $\Delta t \Delta f$ が一定である。これは，時間周波数解析の**不確定性原理**（uncertainty principle）と考えられる。両極端の場合，時間信号では $\Delta t = 0$, $\Delta f = \infty$，周波数スペクトルでは $\Delta t = \infty$, $\Delta f = 0$ となる。すなわち，時間窓の選択はおもに時間分解能と周波数分解能のトレードオフを考慮する必要があり，有効時間幅の狭い窓関数を利用することで時間分解能を向上できる（Δt は小さくなる）が，周波数分解能は低下する（Δf は大きくなる）。

一例として，次式に示すガウス**正規分布**（normal distribution）の確率密度関数を時間周波数解析の窓関数としてしばしば用いられる。

$$N(\mu, \sigma) = \frac{1}{\sigma\sqrt{2\pi}} \cdot e^{-\frac{(x-\mu)^2}{2\sigma^2}}$$

ここで μ は確率変数 x の平均値，σ は標準偏差である。上式の独立変数を x としたガウス関数の FT スペクトルもガウス関数であり，時間と周波数とも局所収束性がよく，時間周波数解析の分解能についての検討が便利である。なお，係数の $(\sigma\sqrt{2\pi})^{-1}$ は全体確率を 1 にする規格化係数で，窓関数として利用する際には必要としない。この場合の STFT は **Gabor 変換**と呼ばれ，次式に示す。

$$G(f, \tau) = \int x(t) \cdot e^{-\frac{(t-\tau)^2}{2\sigma^2} - j2\pi f t} dt \tag{7.4}$$

これは信号 $x(t)$ に移動窓関数 $e^{-\frac{(t-\tau)^2}{2\sigma^2}}$ を掛けてからのフーリエ変換と理解してよいが，位相項を無視する場合に，振幅分布が同様となる次式に変形でき，信号と移動カーネル関数 $e^{-\frac{(t-\tau)^2}{2\sigma^2} + j2\pi f(t-\tau)}$ との内積と解釈することもできる。

$$G(f, \tau) = \int x(t) \cdot e^{-\frac{(t-\tau)^2}{2\sigma^2} - j2\pi f(t-\tau)} dt \tag{7.4$'$}$$

式 (7.2) と (7.3) に示す WT の場合では，周波数の変化に応じて窓関数の幅も変化させる。これは STFT との大きな相違点である。ガウス関数で振幅変調した複素正弦波を用いた場合，**Morlet 変換**と呼び，マザーウェーブレット関数は次式に示せる。

$$\psi(t) = e^{-\frac{2(\pi t)^2}{\lambda^2} + j2\pi t}$$

実数成分の DC 漏洩を補正する形式は以下となる。

$$\psi(t) = e^{-\frac{2(\pi t)^2}{\lambda^2}} \left(e^{j2\pi t} - e^{-\frac{\lambda^2}{2}} \right)$$

周波数の変化はウェーブレット関数の伸縮より反映されるため，Gabor 変換と異なって窓関数の σ も変化するので，$\lambda = \sigma(2\pi f)$ を導入することでスケールに依存しないパラメータとしてウェーブレットの形状を議論できる。また，λ はウェーブレットの中に取り入れる正弦波の周期の目安であり，3, 4 程度以上でも直流漏洩の補正項 $e^{-\frac{\lambda^2}{2}}$ は非常に小さくなるので，省略することが多い。これより，Morlet 変換は式 (7.5) に示すことができる。

$$M(f, \tau) = \sqrt{f} \int x(t) \cdot e^{-\frac{2(\pi f)^2 (t-\tau)^2}{\lambda^2} - j2\pi f(t-\tau)} dt \tag{7.5}$$

ガウス窓関数を利用した STFT と WT であっても，解析の目的に応じて窓関数の幅 σ や λ を選択することができる。**図 7.2** に一例として Gabor 変換（STFT）と

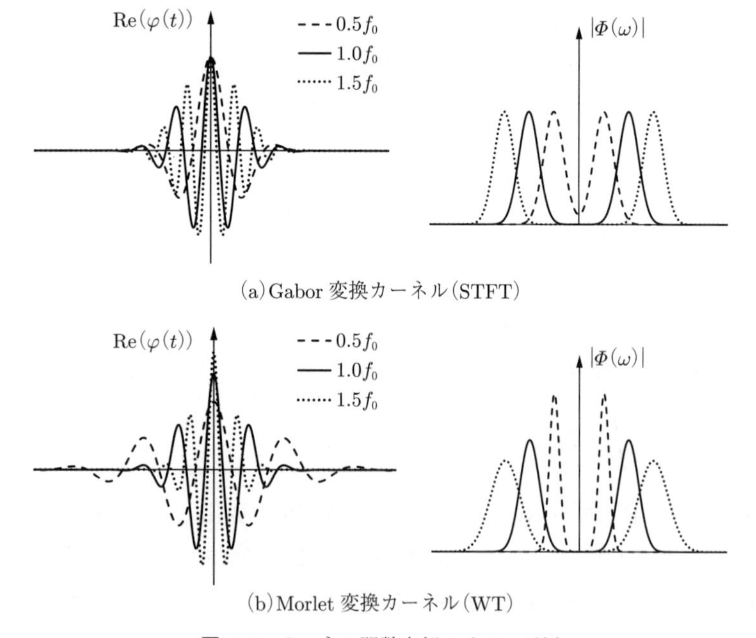

図 7.2　カーネル関数実部のイメージ例

Morlet 変換（WT）の一部のカーネル関数の実部とその FT スペクトルを示す。また，図 7.1 に示す信号にこれらの条件で得られた Gabor 変換のスペクトログラムと Morlet 変換のスカログラムをそれぞれ大振幅ほど黒く輝度表示で**図 7.3** に示す。

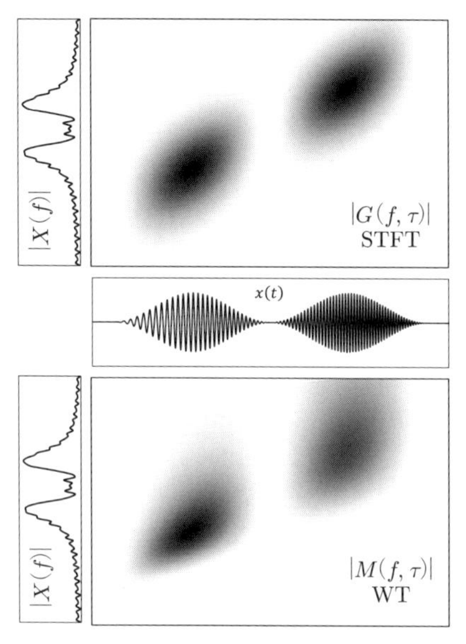

図 7.3 時間周波数解析結果例

STFT では時間分解能と周波数分解能が周波数によらずそれぞれ一定であるのに対し，WT では高い周波数において時間分解能を高く，周波数分解能を低く設定されていることがわかる。これは，人間の感知能力を含めて物理世界での周波数に対する応答の感度はほぼ対数関係に依存することは理由として挙げられる。時間信号の細かい変動こそ高い周波数成分が多く寄与すると直観的に理解してもよい。

7.2 線形時不変システムの非定常応答解析

7.2.1 ラプラス変換の基本概念

複素正弦波は信号の直交基底関数でありながら LTI システムの固有関数でもある。信号の観点から，FT スペクトルは信号の定常成分を表しており，スペクトルから時間変動を読み取りにくい。これと類似で，システムの観点から，周波数応答関数はシステムの**定常状態**（steady state）の周波数特性を示している。

システムの周波数応答関数は時間領域のインパルス応答関数の FT スペクトルであるので，ここの「非定常」問題は，前節に述べた信号の時間周波数解析に帰すことができるように思われるが，システムの応答特性を解析するためにカーネル関数はシステムの固有関数であることが望まれる。これは，非定常問題を取り扱う際の信号本位かシステム本位かによる重要な相違点である。

LTI システムの共通の固有関数は以下の指数信号の関数形に限られている。

$$r(t; s) = e^{st} \qquad (s \in \mathbb{C})$$

ここで複素パラメータの実部と虚部を明示すると

$$s = \alpha + j\omega \quad (\alpha, \omega \in \mathbb{R}), \qquad r(t; s) = e^{\alpha t} \cdot e^{j\omega t}$$

$r(t; s)$ は振幅が時間の指数関数 $e^{\alpha t}$ となる複素正弦波として表せる。フーリエ変換は純虚数の $s = j\omega$ を扱うのに対し，実部 α を非零値に拡張したのは**ラプラス変換**（LT, Laplace transform）である。なお，$\alpha < 0$ の場合に $e^{\alpha t}$ は時間の増加にそって指数的に減衰するので，$-\alpha$ を**減衰係数**（attenuation coefficient）と呼び，応用問題によって**減少率**（decay rate）や**時間定数**（time constant）などと呼ぶこともある。この場合での指数信号 e^{st} はその物理的意味を込めて，**減衰正弦波**（damped sinusoid wave）とも呼ぶ。

ラプラス変換の一般形を式 (7.6) に示す。

$$\mathcal{L}[x(t)](s) = X(s) = \int_{-\infty}^{\infty} x(t)e^{-st}dt = \int_{-\infty}^{\infty} x(t)e^{-\alpha t} \cdot e^{-j\omega t}dt \qquad (7.6)$$

時間窓 $e^{-\alpha t}$ を掛けた信号 $x(t)$ のフーリエ変換と同等である。FT と区別し，$X(s)$ は信号 $x(t)$ の LT スペクトルと呼ぶ。FT は $s = j\omega$ の場合での LT の特例とも考えられ，FT スペクトル $X(\omega)$ をしばしば $X(j\omega)$ と記すこともある。特に，LT スペクトル $X(s)$ と一緒に議論する場合，FT スペクトルの表記として $X(j\omega)$ を用いたほうが，$X(\cdot)$ の関数形が統一され，混乱が避けられる。

基底関数 e^{st} は無名数であるため，複素数変数 s の実部も虚部と同様に周波数の単位となり，LT スペクトル $X(s)$ は FT スペクトルと同じ物理単位となる。

s の物理単位=周波数の物理単位 = 時間の物理単位$^{-1}$

$X(s)$ の物理単位 = $x(t)$ の物理単位 × 周波数の物理単位$^{-1}$

1 次元変数 t をもつ $x(t)$ に掛ける時間窓のパラメータ α を変化させたそれぞれの FT スペクトルとなるため，$X(s)$ は 2 次元の独立変数をもつ関数であり，情報の冗長性がある。その中の 1 つだけの α の LT スペクトル結果より，**逆ラプラス変換**（ILT, inverse Laplace transform）は式 (7.7) に与えられる。

$$\mathcal{L}^{-1}[X(\alpha+j\omega)](t) = x(t) = \frac{1}{2\pi}\int_{-\infty}^{\infty} X(\alpha+j\omega)e^{\alpha t+j\omega t}d\omega \tag{7.7}$$

時間領域信号 $x(t)$ と複素変数 s 領域の LT スペクトル $X(s)$ の変換を明示的に表すよう，ILT は，式 (7.7) から変形した次式より定義されることが多い。

$$\mathcal{L}^{-1}[X(s)](t) = x(t) = \frac{1}{j2\pi}\int_{\alpha-j\infty}^{\alpha+j\infty} X(s)e^{st}ds \tag{7.7$'$}$$

ただし，式 (7.7′) では積分のダミー変数 s は複素数であり，式表現上では $\mathrm{Re}(s)=\alpha$ の縛りがなく，$s=(\alpha-j\infty)$ から $(\alpha+j\infty)$ までの積分経路が無限に存在する。積分結果の一意性を保つために，複素関数の**コーシー積分定理**（Cauchy's integral theorem）によりこれらの積分経路は，複素数 s 平面上の $X(s)$ の**収束領域**（ROC, region of convergence）内に含まれる必要がある。ここでの収束とは，$|X(s)|$ が有限だけではなく，$X(s)$ は連続かつ微分可能も条件とする**解析関数**（analytic function）である必要がある。これに関しては数学的な整合性と応用上の利便性にトレードオフが発生し，LT と ILT の定義にはいくつかの流儀がある。これ以降，特に断らない限り，複素変数 s は収束領域内（$s \in \mathrm{ROC}$）とする。

$\alpha \neq 0$ の限り，$e^{-\alpha t}$ は $t \to \pm\infty$ にそって，片方が 0 に収束し，片方が ∞ に発散する。数学的な観点から，信号の有効時間範囲を ± のどっちか片方に制限すればよいが，定義域がマイナス側のみの応用先がほとんどない。これが要因で，LT の応用範囲は，おもに時間領域の因果的 LTI システムの解析に制限されている。物理世界での時間は一方通行であり，かつ因果性によって入力が始まる前までに出力されないので，種々の応用問題は適宜に時間原点（$t=0$）を決め，それ以後（$t \geq 0$）の特性を議論することで対応できる。

この背景をもとに，ラプラス変換の定義を式 (7.8) とする場合が多い。

$$\mathcal{L}[x(t)](s) = X(s) := \int_0^\infty x(t)e^{-st}dt \tag{7.8}$$

時間積分範囲の違いによって，式 (7.6) は**両側**（two-side）**ラプラス変換**，式 (7.8) は**片側**（one-side）**ラプラス変換**とそれぞれ呼ぶことがある。単位ステップ関数 $u(t)$ を利用して，$x(t)$ の片側変換は，$x(t)u(t)$ の両側変換と等価できる。

$$\int_0^\infty x(t)e^{-st}dt = \int_{-\infty}^\infty x(t)u(t)e^{-st}dt$$

片側 LT を用いると，$X(s)$ の逆ラプラス変換は $x(t)u(t)$ となることがわかる。

$$\mathcal{L}^{-1}[X(s)](t) = x(t)u(t)$$

すなわち，片側ラプラス変換は便利上多く用いられているが，以下の**ゼロ初期化**（zero initial condition）を前提としていることを留意したい。

> 入出力やインパルス応答などすべての時間信号は $t < 0$ において 0 である。

この条件でのシステムの応答は，**零状態応答**（zero state response）と呼ぶ。

ゼロ初期化に基づく片側 LT は主流になっているが，$t = 0$ での扱いはまだ 2 つの流儀に分かれる。その違いを定義式に明記すると以下となる。

$$\mathcal{L}[x(t)](s) = X(s) = \int_{0+}^\infty x(t)e^{-st}dt \tag{7.8$'$}$$

$$\mathcal{L}[x(t)](s) = X(s) = \int_{0-}^\infty x(t)e^{-st}dt \tag{7.8$''$}$$

時間に対する積分範囲は $t = 0$ を含めるか否かのことで，単位ステップ関数の $t = 0$ での関数値 $u(0)$ を 0 とするか 1 とするかに相当する。物理世界にある連続信号であれば特定時刻での瞬時値に関する議論は無意味であるが，このように区別する本質は，信号の初期値やデルタ関数の扱いに対するこだわりにある。すなわち，式 (7.8$'$) の場合では $t = 0$ を含めないことを意味し，インパルス関数 $\delta(t)$ を認めない。インパルス応答を主たる解析対象としているのに，インパルス関数を認めないことは不自然に思われるが，この超関数は数学上の解析関数との整合性に不都合が生じるためである。これに対し，式 $(7.8'')$ の場合では $t=0$ を含めるように定義し，スペクトルを議論しやすいように以下の関係を取り入れる。

$$\mathcal{L}[\delta(t)](s) = 1 \tag{7.9}$$

本書はこれ以降で式 (7.8) を原則とするが，初期値について個別に説明する。まず，零状態応答を直観的に理解するために，次のシステムと入力を例として，**図 7.4** に各信号例を示す。

$$h(t) = u(t)e^{-t}\sin 5t, \qquad x_1(t) = \cos 3t, \qquad x_2(t) = u(t)\cos 3t$$

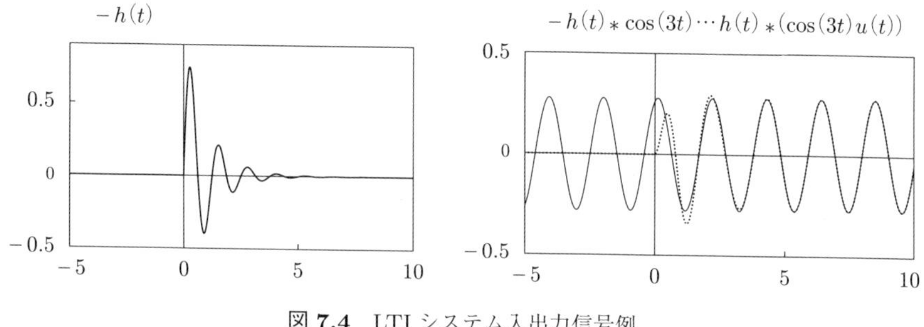

図 7.4　LTI システム入出力信号例

この例では，$x_1(t)$ と $x_1(t)*h(t)$ は同じ周波数 $\omega=3$ の単調波であり，その振幅と位相の違いは FT ベースのシステム周波数応答 $H(3)$ より示される。一方，$x_2(t)$ はゼロ初期化の入力であり，入力し始める直後の振る舞いを議論するために LT ベースの $H(s)$ が有効である。なお，出力 $x_2(t)*h(t)$ が立ち上がってから定常状態に収束する間は**過渡状態**（transient state）と呼ぶ。

7.2.2　ラプラス変換の特性

LT は FT の拡張であり，FT の特性も多く適用できる。なお，LT スペクトルの変数 s を $j\omega$ に置き換えることで FT スペクトルと同等になる場合が多い。以下に，いくつか常用の LT の特性を紹介する。

1)　線形性

$$\mathcal{L}[ax(t)+by(t)](s) = a\mathcal{L}[x(t)](s) + b\mathcal{L}[y(t)](s) \tag{7.10}$$

2)　横軸伸縮

$$\mathcal{L}[x(at)](s) = \frac{1}{a}\mathcal{L}[x(t)]\left(\frac{s}{a}\right) \qquad (a > 0) \tag{7.11}$$

片側 LT のため，時間反転は議論しない。なお，スペクトルの伸縮は s の実部と虚部ともに発生するので，実質上 s 平面の原点を中心に $|s|$ の伸縮となる。

3)　横軸シフト

$$\mathcal{L}[e^{at}x(t)](s) = \mathcal{L}[x(t)](s-a) \qquad (a \in \mathbb{C}) \tag{7.12}$$

$$\mathcal{L}[x(t-\tau)](s) = e^{-\tau s}\mathcal{L}[x(t)](s) \qquad (\tau \geq 0) \tag{7.13}$$

$\tau \geq 0$ の条件については，片側 LT のため，時間シフトは原則遅延に限る。なお，元信号 $x(t)$ にはゼロ初期化条件があるので，一般形であれば，式 (7.13) の左辺の遅延信号は $x(t-\tau)u(t-\tau)$ となる。

4)　共役対称

$$x(t) \in \mathbb{R} \Longrightarrow \mathcal{L}[x(t)]^*(s) = \mathcal{L}[x(t)](s^*) \tag{7.14}$$

5)　畳み込み積分

$$\mathcal{L}[x(t) * y(t)](s) = \mathcal{L}[x(t)](s) \cdot \mathcal{L}[y(t)](s) \tag{7.15}$$

フーリエ変換と同様に，時間信号の畳み込み積分はスペクトルの乗算に対応することは，変換の基底関数 e^{st} は LTI システムの固有関数である特性によるものである。LT スペクトルの複素変数 s は FT の純虚数 $j\omega$ を一般化したもので，インパルス応答 $h(t)$ のラプラス変換 $H(s)$ はシステムの**伝達関数**（transfer function）と呼ぶ。すなわち，LTI システム $H\{\cdot\}$ に対し

$$y(t) = H\{x(t)\} = x(t) * H\{\delta(t)\} = x(t) * h(t)$$

より，伝達関数は入出力信号それぞれの LT スペクトルの除算で表せる。

$$y(t) = x(t) * h(t) \Longrightarrow Y(s) = X(s)H(s) \Longrightarrow H(s) = \frac{Y(s)}{X(s)} \tag{7.16}$$

これより式 (7.9) は自然に考えられるが，前述のように数学理論上の整合性に配慮し，$\delta(t)$ のラプラス変換を定義しない流儀がある。

6) 時間微分

時間微分信号を式 (7.8) に代入し，式 (7.17) の結果が得られる。

$$\mathcal{L}\left[\frac{d}{dt}x(t)\right] = \int_0^\infty \frac{dx(t)}{dt}\cdot e^{-st}dt = \left[x(t)e^{-st}\right]_{t=0}^{\infty} - \int_0^\infty \frac{de^{-st}}{dt}\cdot x(t)dt$$

$$\mathcal{L}\left[\frac{d}{dt}x(t)\right](s) = s\cdot\mathcal{L}[x(t)](s) - x(0) \tag{7.17}$$

時間信号の初期値 $x(0)$ が LT スペクトルに現れる。一方，$X(s)e^{st}$ を $x(t)$ の 1 つの成分との見方であれば，時間微分は以下となり

$$\frac{d}{dt}(X(s)e^{st}) = sX(s)e^{st}$$

s の任意性によって，次の結果が示唆される。

$$\mathcal{L}\left[\frac{d}{dt}x(t)\right](s) = s\cdot\mathcal{L}[x(t)](s) \tag{7.17$'$}$$

このジレンマの発祥は，LT の $t=0$ での扱い方にあり，$x(t)=0$ $(t<0)$ の縛りで $x'(0)$ を議論することはそもそも無理がある。連続関数において 1 点の関数値は無意味であるが，計算上の整合に $u(0)=0.5$ と定義する手法がある。この考え方は数値計算応用での**境界値調整**（boundary adjustment）と類似する。

式 (7.18) と式 (7.18′) に，初期値を考慮する場合とゼロ初期化の場合での n 階時間微分の LT 結果をそれぞれ示す。非零初期値の場合では $(n-1)$ 階までの導関数の初期値が現れる。

$$\mathcal{L}[x^{(n)}(t)](s) = s^n\cdot X(s) - \sum_{k=0}^{n-1} s^{n-1-k}x^{(k)}(0) \tag{7.18}$$

$$\mathcal{L}[x^{(n)}(t)](s) = s^n\cdot X(s) \tag{7.18$'$}$$

7.2.3 ラプラス変換によるシステム解析

e^{st} 関数の特殊性によって，LT は STFT や WT と異なり，特定な信号の解析よりも，LTI システムの応答特性を解析するために利用されることがほとんどである。また，LT スペクトルは FT スペクトルより冗長であるが，ほとんどの応用問題において，LTI システムのインパルス応答関数は，有限個の $r(t;s)$ 関数の線形結合より表せる。その理由は以下となる。

物理世界で LTI システムに帰する物理量の関係は，ほとんど有限階の線形**常微分方程式**（ODE, ordinary differential equation）より記述できる。

LTI システム $y(t) = H\{x(t)\}$ の入出力関係を表す一般形 ODE を式 (7.19) に示す。

$$\sum_{n=0}^{N} a_n y^{(n)}(t) = \sum_{m=0}^{M} b_m x^{(m)}(t) \tag{7.19}$$

式両辺に LT を施すと，ODE を**代数方程式**（algebraic equation）に変換でき，伝達関数 $H(s)$ は，s の**有理関数**（rational function）として示される。

$$\begin{aligned} & Y(s)\sum_{n=0}^{N} a_n s^n = X(s)\sum_{m=0}^{M} b_m s^m \\ & H(s) = \frac{Y(s)}{X(s)} = \frac{\sum\limits_{m=0}^{M} b_m s^m}{\sum\limits_{n=0}^{N} a_n s^n}. \end{aligned} \tag{7.20}$$

式 (7.20) では，式 (7.19) の各微分項に式 (7.18′) を適用しているため，ここでの $H(s)$ は零状態応答であると留意しよう。

非零初期値の場合では，式 (7.18) を適用すると，式 (7.19) の LT 結果に $Y(s)$ と $X(s)$ との線形関係がなくなる。特定な問題に対して，全体解 $y(t)$ は 2 種類の解の合成 $y(t) = y_0(t) + y_s(t)$ より求められる。ここで $y_s(t)$ はゼロ初期化の解であり，$y_0(t)$ は**ゼロ入力**（zero input）解である。

式 (7.19) の $x^{(m)}(t) = 0$ と置くと，次に示す $y(t)$ の**斉次微分方程式**が得られる。

$$\sum_{n=0}^{N} a_n y^{(n)}(t) = 0 \tag{7.21}$$

これに式 (7.18′) を適用し，次式が得られる。

$$Y(s)\sum_{n=0}^{N} a_n s^n = 0$$

これは，$Y(s)$ の非零解での s が N 次多項式の根である。これらを s_{pk} $(k = 1, 2, \cdots, N)$ とし

$$\sum_{n=0}^{N} a_n s^n = a_N \prod_{k=1}^{N} (s - s_{pk}) = 0 \tag{7.22}$$

$y_0(t)$ は N 個の特性根の線形結合として与えられる。

$$y_0(t) = \sum_{k=1}^{N} c_k e^{s_{pk} t} \tag{7.23}$$

$y(t) = y_0(t) + y_s(t)$ の考え方は，線形代数の特異行列 $\boldsymbol{A}$ の問題 $\boldsymbol{Ax} = \boldsymbol{b}$ に置き換えて理解できる。行列 $\boldsymbol{A}$ の $\boldsymbol{Ax}_0 = \boldsymbol{0}$，すなわち零空間解 $\boldsymbol{x}_0$ と，特定な $\boldsymbol{b}$ に対する $\boldsymbol{Ax}_s = \boldsymbol{b}$ の解 $\boldsymbol{x}_s$ との合成も必ず $\boldsymbol{Ax} = \boldsymbol{b}$ を満たす解である。

$$\boldsymbol{Ax} = \boldsymbol{A}(\boldsymbol{x}_0 + \boldsymbol{x}_s) = \boldsymbol{Ax}_0 + \boldsymbol{Ax}_s = \boldsymbol{0} + \boldsymbol{b} = \boldsymbol{b}$$

式 (7.23) に示す解 $y_0(t)$ には N 個の任意係数 c_k があり，これは式 (7.21) の ODE の階数に対する解の自由度，式 (7.22) の多項式の次数に対する根の数，または特異行列の零空間の次元数と一致する。N 階 ODE に記述される問題の解を一意に特定するためには N 個の制約条件が必要である。全体解 $y(t)$ に制約条件を代入して c_k を解くことができる。

ゼロ入力の解 $y_0(t)$ は，数学的に ODE の**一般解**といい，ゼロ初期化の解 $y_s(t)$ は**特殊解**と呼ぶ。入力信号の視点によるものと考えられるが，これらの名称は必ずしも工学的な直感に一致していない。ゼロ入力の定常状態出力もゼロであり，$y_0(t)$ は工学的に純粋な**過渡解**であり，$y_s(t)$ は前述のように一部の立ち上がり過渡解と**定常解**の合成となる。図 7.4 に示した例の $x_2(t) * h(t)$ をゼロ初期化の解 $y_s(t)$ とし，$y'(0) = 0$, $y(0) = 0.5$ を初期値とした場合の諸結果を**図 7.5** に示す。

N 個の制約条件は初期値 $y^{(k-1)}(0)$ であれば，式 (7.19) の ODE に初期値を考慮した式 (7.18) を適用することで，全体解 $y(t)$ の LT 変換 $Y(s)$ を一意に求められる。$N = 2$, $M = 1$ を例として，LT によって ODE は代数方程式になり

$$a_2 \frac{d^2}{dt^2} y(t) + a_1 \frac{d}{dt} y(t) + a_0 y(t) = b_1 \frac{d}{dt} x(t) + b_0 x(t)$$

$$a_2(s^2 Y(s) - s y(0) - y'(0)) + a_1(sY(s) - y(0)) + a_0 Y(s) = (b_1 s + b_0) X(s)$$

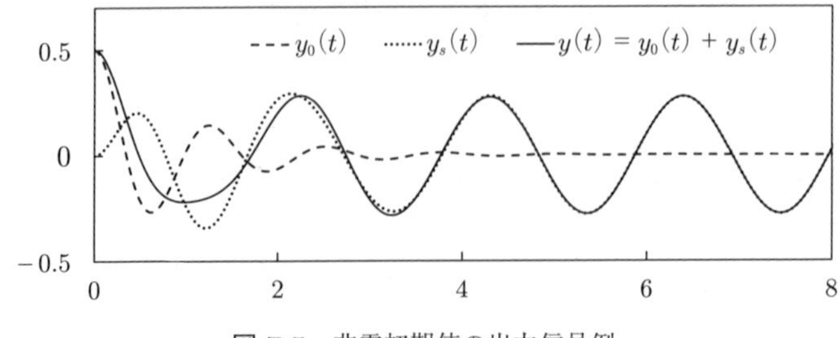

図 **7.5**　非零初期値の出力信号例

特定な初期値と入力に対して $Y(s)$ は以下より求められる。

$$Y(s) = \frac{a_2y(0)s + a_2y'(0) + a_1y(0) + (b_1s + b_0)X(s)}{a_2s^2 + a_1s + a_0}$$

この例ではゼロ入力解とゼロ初期化解はそれぞれ以下となり

$$Y_0(s) = \frac{a_2y(0)s + a_2y'(0) + a_1y(0)}{a_2s^2 + a_1s + a_0}, \qquad Y_s(s) = \frac{b_1s + b_0}{a_2s^2 + a_1s + a_0}X(s)$$

全体解は次の一般形に示される。

$$Y(s) = Y_0(s) + Y_s(s) = Y_0(s) + H(s)X(s) \tag{7.24}$$

これは，ある時刻以前の入出力歴史を調べる必要がなく，その時刻での出力初期値（必要階数までの導関数の初期値を含める）だけで，その時刻以降の LTI システムの出力を議論することができる。特例として，所望な定常状態の $t = 0$ での出力を初期値として与えると，システムは即時に定常状態の出力ができる。

初期値を考慮入れることは特に過渡期の応答特性の解析に重要であるが，問題モデルの複雑化や計算量増大のトレードオフがある。具体的な応用問題によるが，式 (7.20) に示す零状態応答の解析が比較的に多く用いられる。ここで，零状態応答は定常状態応答ではなく，ゼロ初期化から定常状態にわたる過渡特性も含まれていることに留意しよう。

零状態応答を示す式 (7.20) の分子と分母をそれぞれ因数分解し

$$H(s) = \frac{b_M \displaystyle\prod_{l=1}^{M}(s - s_{zl})}{a_N \displaystyle\prod_{k=1}^{N}(s - s_{pk})} \tag{7.25}$$

が得られる。ここで s_z と s_p はそれぞれ，分子と分母が 0 になる s の根であり，**零点**（zero）と**極**（pole）と呼ぶ。伝達関数 $H(s)$ の定義域と値域ともに複素数であり，独立変数は周波数応答関数 $H(j\omega)$ より 1 次元が増え，冗長である。応用上では $H(s)$ の 2 次元分布ではなく，これら有限個の極と零点を利用することで，システムの応答特性を議論できることは，$H(j\omega)$ よりも便利となる。

$M < N$ の場合，式 (7.25) を部分分数に分解すると $H(s)$ は以下に示される。

$$H(s) = \sum_{k=1}^{N} \frac{R_k}{s - s_{pk}} \tag{7.26}$$

ここで $R_k \in \mathbb{C}$ は $H(s)$ の特異点 s_{pk} における**留数**（residue）である。

$$R = \lim_{s \to s_p} (s - s_p) H(s)$$

式 (7.26) の関数形を ILT の式 (7.7′) に代入すると，**留数の定理**によって

$$h(t) = \mathcal{L}^{-1}[H(s)] = u(t) \sum_{k=1}^{N} R_k e^{s_{pk} t} \tag{7.27}$$

が得られる。この結果は，LT の基本特性および次の特殊関数の LT スペクトルによって確認することもできる。

$$\mathcal{L}[t^n] = \frac{n!}{s^{n+1}} \qquad (n \geq 0) \tag{7.28}$$

$n = 0$ の特例では $\mathcal{L}[1] = 1/s$ となり，さらに s シフトの式 (7.12) と線形性の式 (7.10) を用いて，式 (7.26) より式 (7.27) の結果を導くことができる。

すなわち，一般的な LTI システムのインパルス応答は，有限個の $r(t; s) = e^{st}$ の線形結合より表せる。このコンセプトは，$e^{j\omega t}$ を基底関数とするフーリエ級数展開と類似する。いずれも LTI システムの固有関数であるが，e^{st} は直交性をもたない。FT の場合では一般的な信号なら無限の基底関数を必要とするのに対し，LT はインパルス応答の特性を利用して，直交性を犠牲にした少数個の基底関数に分解する。ここで各基底関数の複素係数 R_k はフーリエ係数と類似し，当該成分の振幅と初期位相を示すものと理解してよい。

さらに，FT の場合では $h(t)$ の時間特性は，わかりにくい位相スペクトルに隠されているのに対し，LT では複素パラメータ s の実部と虚部はそれぞれ e^{st} の重要な

物理特性を示している。**図 7.6** に複素平面上の s の位置に対応する e^{st} のイメージを示す。ここで複素共役性 $e^{s^*t} = (e^{st})^*$ のため $\mathrm{Im}(s) < 0$ の部分を省略する。

s の虚部は複素正弦波の周波数を示しており，実部は振幅の減衰または発散の程度を表している。定量評価には留数 R_k にもよるが，伝達関数 $H(s)$ の極の位置だけで，システムの共振周波数（極の虚部）と減衰特性（極の実部）を表せる。長い時間での収束特性を検討するには最も右側（実部最大）の極が支配的となるため，システムの ROC は最も右側の極よりさらに右側の s 平面（極を含めない）と定義することは一般的である。

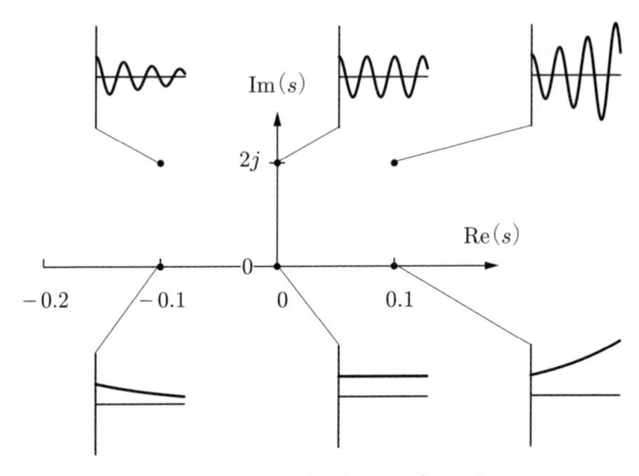

図 7.6　s の位置に対応する指数信号 e^{st} の実部のイメージ

式 (7.25) に示す分子の根である零点は，結合された別のシステムや特定な入力の極を吸収する特性をもっているが，極に比べると伝達関数の特性を明確に表していない。システムの解析や設計においては，s 平面での極と零点の配置を議論することが多い。極の位置に「×」，零点の位置に「○」とそれぞれ示すことが定着し，**極零点図**（pole zero diagram）と呼ぶ。LT はスペクトルの 2 次元分布の全貌ではなく，少数個の極を用いることで，FT スペクトルからわかりにくい時間収束特性を容易に検討できる。

例題 7.1　あるシステムの入力 $x(t)$ と出力 $y(t)$ の関係は次の ODE に示される。このシステムのインパルス応答 $h(t)$，伝達関数 $H(s)$ と周波数応答 $H(j\omega)$ をそれぞれ示せ。

$$\frac{d^2}{dt^2}y(t)+2\frac{d}{dt}y(t)+5y(t)=2\frac{d}{dt}x(t)+3x(t)$$

【解答】 まず，時間領域の ODE の LT によって，s 領域の代数方程式に変換し，伝達関数 $H(s)$ を s の有理関数として求める。

$$s^2Y(s)+2sY(s)+5Y(s)=2sX(s)+3X(s)$$
$$\Longrightarrow H(s)=\frac{Y(s)}{X(s)}=\frac{2s+3}{s^2+2s+5}$$

分子と分母がそれぞれ 0 となる根より，$H(s)$ の零点と極が確認できる。

$$2s_z+3=0\Longrightarrow s_z=-1.5$$
$$s_p^2+2s_p+5=0\Longrightarrow s_{p1}=-1+2j,\ s_{p2}=-1-2j$$

この 2 つの極より $H(s)$ の式を部分分数に分解し

$$H(s)=\frac{2s+3}{s^2+2s+5}=\frac{\dfrac{2s_{p1}+3}{s_{p1}-s_{p2}}}{s-s_{p1}}+\frac{\dfrac{2s_{p2}+3}{s_{p2}-s_{p1}}}{s-s_{p2}}=\frac{1-0.25j}{s+1-2j}+\frac{1+0.25j}{s+1+2j}$$

複素共役ペアの留数 $1\pm0.25j$ を極座標形式に書き換え，式 (7.27) より $h(t)$ は以下に求められる。

$$h(t)=u(t)\left[\sqrt{\frac{17}{16}}e^{-j\tan^{-1}0.25}e^{-t+j2t}+\sqrt{\frac{17}{16}}e^{j\tan^{-1}0.25}e^{-t-j2t}\right]$$

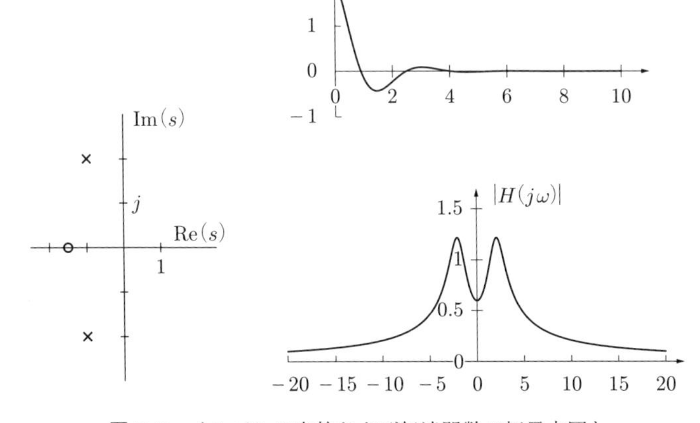

図 7.7 インパルス応答および伝達関数の極零点図と FT スペクトル例

$$= \frac{\sqrt{17}}{2} e^{-t} \cos(2t - \tan^{-1} 0.25) \cdot u(t)$$

周波数応答 $H(j\omega)$ については $H(s)$ の関数形に $s = j\omega$ を代入すればよい。

$$H(j\omega) = \frac{3 + j2\omega}{5 - \omega^2 + j2\omega}$$

これは ODE に $x(t)$ と $y(t)$ をそれぞれ $X(j\omega)e^{j\omega t}$ と $Y(j\omega)e^{j\omega t}$ を代入することよりも確認できる。

図 7.7 に，$H(s)$ の極零点図，インパルス応答 $h(t)$ と振幅スペクトル $|H(j\omega)|$ を示す。$|H(j\omega)|$ より $\omega = 2$ 付近のピークが確認できるものに対し，極零点図は，このような減衰正弦波の減衰特性と主周波数をそれぞれ極の実部と虚部より簡潔に示すことができる。 ◇

式 (7.25) において，$M > N$ の場合では $|s| = \infty$ に極をもち，有効な ROC が存在しない。このようなシステムには**高域通過フィルタ**（HPF, high pass filter）の特性があるが，$\omega \to \infty$ は現実的ではない。$M = N$ の場合では $H(s)$ に定数の加算項が現れ，出力信号の一部は入力信号の定数倍増幅となること（インパルス応答に一部 $\delta(t)$ が含まれる）を意味する。また，s の多項式に重根が現れる場合，理論上では式 (7.28) より，$e^{s_p t}$ のほかに，$te^{s_p t}$, $t^2 e^{s_p t}$ などの基底関数を用いて対応できる。ただし，実際には式 (7.19) の ODE を構成する各係数 a_n, b_m は，物理パラメータや測定値の誤差にも影響されるので，位置の近い複数根が現れることはあるが，応用上では精確に重なることが少ない。

総じて，ラプラス変換は，LTI システムの入出力関係を示す ODE を，s 領域の代数方程式に変換し，伝達関数 $H(s)$ を s の有理関数に表せ，少数個の極と零点よりシステムの周波数，収束などの特性を直観的に検討できる。指数関数のインパルス応答は物理世界の時間領域 LTI システムの共通特性であることに着眼し，ラプラス変換は特殊な時間・周波数解析，すなわち減衰・周波数解析の有効手法である。

7.3 離散時間システムの解析

7.3.1 デジタルフィルタの基本構成

離散時間信号を扱うシステムは自然界になく，利便性などの目的を図る人為的なものであり，一般的に**デジタルフィルタ**（digital filter）と総称する。理論上では，

ODE より表現できない大幅な時間遅延など，伝達関数の設計に自由度がもっと高くなるが，リアルタイムの出力が必要となる場面では，やはり ODE より表せるシステムに基づいた議論がほとんどである。

CT 信号における時間微分の演算は，微小時間幅 dt をサンプリング間隔 T_s に読み替え，DT 信号より以下のように近似できる。

$$\frac{d}{dt}x(nT_s) \approx \frac{x[n]-x[n-1]}{T_s} \tag{7.29}$$

微分の**差分近似**と呼び，具体的に式 (7.29) は**後方差分**（backward difference）である。そのほか，$(x[n+1]]-x[n])$ や $(x[n+1]]-x[n-1])/2$ の取り方もあり，それぞれ前方差分と中央差分と呼ぶ。一般的に滑らかな関数に対して中央差分の精度が最も高いが，リアルタイムの因果性を考慮すれば後方差分を利用することはほとんどである。すなわち，現在の時間微分を求めるには，現在と過去のデータしか使えない。2 階以上の微分については差分の差分などより近似し，その一般形を次式に示す。

$$\frac{d^m}{dt^m}x(nT_s) \approx \frac{1}{T_s^m}\sum_{k=0}^{m}(-1)^k C(m,k)x[n-k] \tag{7.29$'$}$$

ここで $C(m,k)$ は**二項係数**（binomial coefficient）である。

$$C(m,k) = \frac{m!}{k!(m-k)!}$$

後方差分の場合では，どんどん過去のデータに遡り，差分近似の誤差も次第に大きくなる。数値計算において，差分近似の精度を改善する手法もあるが，本書は議論しない。

ここでの要点は，式 (7.19) に示す入出力 CT 信号の ODE より表せる伝達システムは，次式の入出力 DT 信号の**差分方程式**（difference equation）より表現できることである。

$$y[n] + \sum_{k=1}^{N} a_k y[n-k] = \sum_{m=0}^{M} b_m x[n-m] \tag{7.30}$$

ここで，便利上 $y[n]$ の係数を 1 と規格化しているため，出力は以下に表せる。

$$y[n] = \sum_{m=0}^{M} b_m x[n-m] - \sum_{k=1}^{N} a_k y[n-k] \tag{7.30$'$}$$

すなわち，現在の出力 $y[n]$ は，現在と過去の入力 $x[n], x[n-1], x[n-2], \ldots$ および過去の出力 $y[n-1], y[n-2], \cdots$ の線形結合より表せる。同じシステムであっても，DT 信号を用いた差分方程式の各係数 a_k と b_m は，CT 信号を用いた ODE の各係数と異なることは言うまでもない。さらに，差分近似の手法によって，式 (7.19) の微分の階数 M と N は，必ずしも式 (7.30) の加算項の次数と同じではない。

式 (7.30′) より，デジタルフィルタの基本演算は，遅延，増幅，加算の 3 種類となり，これらの帰還型結合より任意のデジタルフィルタを構成できる。**図 7.8** に $M = N = 2$ の例を示す。

$$y[n] = b_0 x[n] + b_1 x[n-1] + b_2 x[n-2] - a_1 y[n-1] - a_2 y[n-2]$$

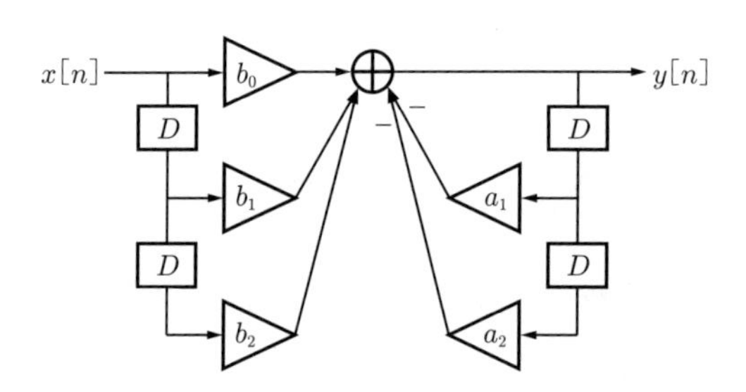

図 7.8　デジタルフィルタのブロック線図例

同じデジタルフィルタ実装回路であっても，各増幅係数を変えることによって異なる機能を実現できる。電子技術の発展も追い風となり，デジタルフィルタは **DSP** (digital signal processor) や **FPGA** (field-programmable gate arrays) などとして幅広い領域にて活用されている。もちろん，広い意味でのデジタルフィルタは，画像処理などを含めているため，時間的な因果性に限らない場合もある。

7.3.2　*z*　変　換

CT 信号を扱うシステムにおいて，ODE の各加算項の係数はシステムを構成する諸要素の物理パラメータに依存し，これらとシステム応答特性との関係はラプラス変換より示される。これに対し，DT 信号を扱うシステムでは，差分方程式の各加算項の係数はデジタルフィルタの構成に直接対応し，これらの係数とデジタルフィルタの応答特性との関係を示すために，**離散時間ラプラス変換**（DTLT）が考えられる。

$$\mathrm{DTLT}\Big[{}_{\mathrm{s}}x[n]\Big](s) = {}_{\mathrm{DT}}X(s) = \mathcal{L}[x(t)\delta_{Ts}(t)](s) = \sum_{n=0}^{\infty} {}_{\mathrm{s}}x[n]e^{-sT_s n} \tag{7.31}$$

DTFT と同様に，時間 t の離散化によって，DTLT スペクトルは s 平面上に虚部 $\omega_s = 2\pi/T_s$ の周期性が現れ，${}_{\mathrm{DT}}X(s)$ の s 平面上の分布は，高さ ω_s の水平帯の周期的な繰り返しとなる。

$$\mathrm{DTLT}\Big[{}_{\mathrm{s}}x[n]\Big](s) = \mathrm{DTLT}\Big[{}_{\mathrm{s}}x[n]\Big](s + j\omega_s) \tag{7.32}$$

便利上，独立変数 z を定義し，DTLT は ***z* 変換**（ZT, z transform）とする。

$$z = e^{sT_s} \tag{7.33}$$

$$\mathcal{Z}[x[n]](z) = X(z) := \sum_{n=0}^{\infty} x[n]z^{-n} \tag{7.34}$$

これより，ZT スペクトル $X(z)$ は，DTLT スペクトル ${}_{\mathrm{DT}}X(s)$ の変形であることがわかる。なお，${}_{\mathrm{DT}}X(s)$ は独立変数の虚部に関して周期関数となるが，$X(z)$ はその 1 周期分の s 平面から z 平面への**写像**（mapping）となる。**図 7.9** にイメージ例を示す。

逆変換に関しては，DTLT の周期性により，式 (7.7′) の積分範囲を 1 周期とし

$$\mathrm{DTLT}^{-1}[{}_{\mathrm{DT}}X(s)](t) = {}_{\mathrm{s}}x[n] = \frac{1}{j\omega_s}\int_{\alpha+j\beta}^{\alpha+j(\beta+\omega_s)} {}_{\mathrm{DT}}X(s)e^{sT_s n}ds \tag{7.35}$$

が得られる。逆 z 変換の場合では，ダミー変数の置換において

$$\frac{dz}{ds} = T_s z$$

を考慮に入れ，次式が得られる。

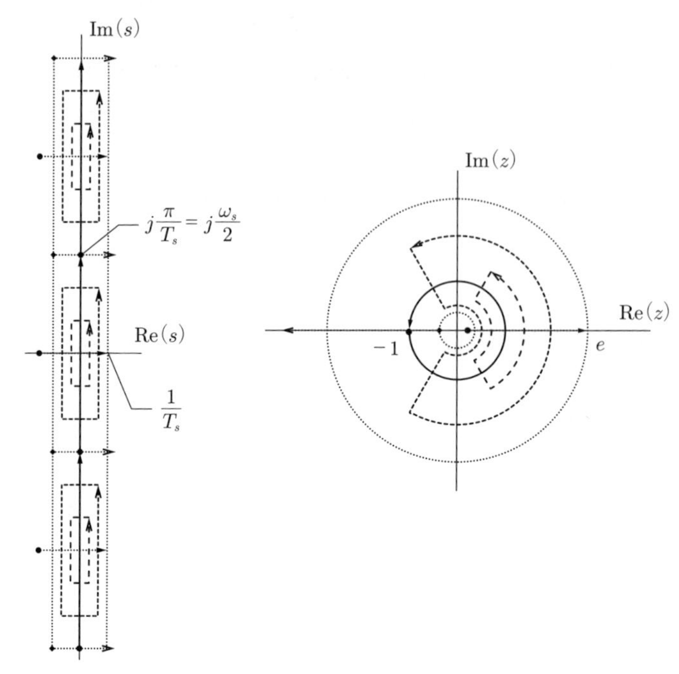

図 7.9　s 平面と z 平面の対応イメージ

$$\mathcal{Z}^{-1}[X(z)] = x[n] = \frac{1}{j2\pi}\oint_C X(z)z^{n-1}dz \qquad (7.35')$$

なお，式 (7.35) に示す積分ダミー変数 s の上下限は同じ z となり，式 (7.35′) の積分経路 C は z 平面上の閉曲線上での反時計廻りの周回積分経路となる。ここで，式 (7.35′) が成り立つための有効な積分経路は，以下の条件を満たす。

- C は収束領域内にある
- $X(z)$ のすべての極は，C の内部に囲まれる

ZT スペクトル $X(z)$ は，DTLT スペクトル ${}_{\mathrm{DT}}X(s)$ の独立変数の変形であり，物理単位は同じく，信号の物理単位と同様である。式 (7.33) よりわかるように，この変形はサンプリング間隔 T_s に大きく依存し，独立変数 z は，周波数の単位をもつ s と異なり，T_s より規格化された s の指数となるため，物理単位なしの無名数である。

z 変換は本質的に DTLT であり，LTI システムの解析手段として重要な線形性や畳み込みなどの特性も LT と同様である。

$$\mathcal{Z}[ax[n] + by[n]] = a\mathcal{Z}[x[n]] + b\mathcal{Z}[y[n]] \tag{7.36}$$

$$\mathcal{Z}[x[n] * y[n]] = \mathcal{Z}[x[n]] \cdot \mathcal{Z}[y[n]] \tag{7.37}$$

さらに，時系列信号の遅延に対して式 (7.38) に示す特性により，DT 信号を扱う LTI システムの時間領域の差分方程式を，z 領域の代数方程式に変換できる。

$$\mathcal{Z}[x[n-k]] = z^{-k} \cdot \mathcal{Z}[x[n]] \tag{7.38}$$

式 (7.30) の両辺を z 変換すると

$$Y(z)\left(1 + \sum_{k=1}^{N} a_k z^{-k}\right) = X(z)\sum_{m=0}^{M} b_m z^{-m}$$

$$H(z) = \frac{Y(z)}{X(z)} = \frac{\displaystyle\sum_{m=0}^{M} b_m z^{-m}}{1 + \displaystyle\sum_{k=1}^{N} a_k z^{-k}} \tag{7.39}$$

伝達関数 $H(z)$ は z の有理関数として表せる。分子分母の多項式の各係数は，デジタルフィルタを構成するパラメータであり，これらの多項式の根は，それぞれ伝達関数の極と零点の z 平面上での位置となる。これらの極と零点の位置は，システムの周波数応答や収束など重要な特性を直観的に表せる。式 (7.33) と図 7.9 に示したように，時系列信号の周波数と収束特性を示す z 平面上の点の位置と s 平面上と異なり，これらの対応関係を**表 7.1** に示す。ここで，LTI システムを解析する固有基底関数 e^{st} は，離散時間の場合は $e^{sT_s n}$ となり，z より次式に表せる。

表 7.1 パラメータ s と z による固有基底信号の特性

スペクトル変数	s	z
対応変換	ラプラス変換	z 変換
扱う信号	連続時間信号	離散時間信号
基底信号関数形	$r(t;s) = e^{st}$	$r[n;z] = z^n$
振幅包絡パラメータ	$\mathrm{Re}(s) \in (-\infty, \infty)$	$\lvert z\rvert \in (0, \infty)$
振幅包絡関数形	$e^{\mathrm{Re}(s)\cdot t}$	$\lvert z\rvert^n = e^{\ln\lvert z\rvert\cdot n}$
周波数パラメータ	$\mathrm{Im}(s) \in (-\infty, \infty)$	$\arg(z) \in (-\pi, \pi]$
角周波数	$\mathrm{Im}(s) = \omega \in (-\infty, \infty)$	$\dfrac{\arg(z)}{2\pi}\omega_s = \omega \in \left(-\dfrac{\omega_s}{2}, \dfrac{\omega_s}{2}\right]$

$$r[n;z] = z^n \tag{7.40}$$

7.3.3 デジタルフィルタの設計

式 (7.39) に示す伝達関数を部分分数展開すると，次式に示す一般形が得られる。

$$H(z) = \sum_{k=1}^{N} \frac{R_k}{1 - z_{pk} z^{-1}} \tag{7.41}$$

ここで z_{pk} と R_k はそれぞれ k 番目の極点位置と留数である。対応する離散時間応答関数は以下に示される。

$$h[n] = u[n] \sum_{k=1}^{N} R_k \cdot z_{pk}^n \tag{7.42}$$

ここでは次の z 変換の結果を利用している。

$$\mathcal{Z}[\beta^n] = \frac{1}{1 - \beta z^{-1}}$$

逆 z 変換の式 (7.35′) に留数定理を適用すること，または z 変換の式 (7.34) よりそれぞれ確認できる。

このように，離散時間信号を基に，ZT を用いたデジタルフィルタの設計と解析の基本コンセプトは，前述の LT を用いたシステムの解析と類似している。特に物理世界の連続時間信号に関わる信号処理の一部だけがデジタルフィルタより賄う場合，所望な CT システムの伝達関数 $H(s)$ にできるだけ同性能の DT システムの伝達関数 $G(z)$ を構築する応用目的がしばしばある。

理論上，式 (7.33) により，以下の変数置換で $H(s)$ を z の関数に替えられるが

$$z = e^{sT_s} \Longrightarrow s = \frac{\ln z}{T_s} \Longrightarrow G(z) = H\left(\frac{\ln z}{T_s}\right)$$

$H(s)$ は s の有理関数である時に $G(z)$ は z の有理関数にならない。式 (7.20) と式 (7.39) に示された有理関数形を前提とし，$H(s)$ と $G(z)$ とを対応させる手法は，おもに**インパルス不変**（impulse invariant）**法**と**双一次**（bi-linear）**法**の 2 種類が挙げられる。

インパルス不変法の主旨は，次式に示すように，時系列の DT システムのインパルス応答は，CT システムのインパルス応答の離散化と同様である。

$$\mathcal{Z}^{-1}[G_I(z)][n] = g_I[n] = {}_{\mathrm{s}}h[n] = \mathcal{L}^{-1}[H(s)](nT_s) \tag{7.43}$$

インパルス不変法を用いた代表例を以下に示す。

$$H(s) = \frac{A}{s-\alpha} \Longrightarrow h(t) = u(t)Ae^{\alpha t}$$

$$g_I[n] = {}_{\mathrm{s}}h[n] = u[n]Ae^{\alpha T_s n} \Longrightarrow G_I(z) = \frac{A}{1-e^{\alpha T_s}z^{-1}}$$

インパルス不変法の問題点は，6.1 節に紹介したエイリアシングである。CT システムのインパルス応答 $h(t)$ に含まれる $\omega_s/2$ 以上の周波数成分は，エイリアスとして低周波数領域に折り返される。

双一次法の主旨は，次式に示すように s と z を双一次変換より対応させる。

$$s = \frac{2}{T_s}\frac{z-1}{z+1}, \qquad z = \frac{2+sT_s}{2-sT_s} \tag{7.44}$$

これより，$H(s)$ と $G(z)$ の有理関数形に変数置換することで対応させる。

$$G_B(z) = H\left(\frac{2}{T_s}\frac{z-1}{z+1}\right), \qquad H(s) = G_B\left(\frac{2+sT_s}{2-sT_s}\right) \tag{7.45}$$

双一次法を用いた代表例を以下に示す。

$$H(s) = \frac{A}{s-\alpha} \Longrightarrow G_B(z) = \frac{A}{\dfrac{2}{T_s}\dfrac{z-1}{z+1}-\alpha} = \frac{AT_s + AT_s z^{-1}}{(2-\alpha T_s)-(2+\alpha T_s)z^{-1}}$$

表 7.1 に示したように，インパルス応答の減衰係数と周波数は，それぞれ s の実部と虚部，または z の大きさと偏角に対応されているが，式 (7.44) より s 平面と z 平面との写像関係が以下となり，**図 7.10** にそのイメージを示す。ここで周波数特性を表すため $\arg z$ に $\mathrm{Re}(s) = 0$ とした。

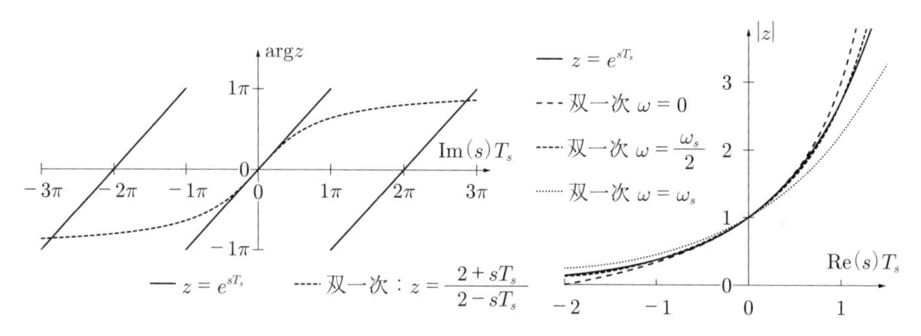

図 7.10 s より z への写像関係イメージ

$$|z| = \sqrt{\frac{(2+\mathrm{Re}(s)T_s)^2 + (\mathrm{Im}(s)T_s)^2}{(2-\mathrm{Re}(s)T_s)^2 + (\mathrm{Im}(s)T_s)^2}}, \qquad \arg z = 2\tan^{-1}\left(\frac{\mathrm{Im}(s)T_s}{2}\right)$$

これより，双一次法は，$\omega_s/2$ 以上の周波数成分も z 平面に対応させ，エイリアスの影響を回避できるが，特 $\omega_s/2$ に近い高周波数においては，周波数特性が $h(t)$ のスペクトルより大きく歪むことが考えられる。

信号処理の分野ではフィルタの相対的な周波数特性を重視する場合は多いが，インパルス不変法と双一次法によって求める ZT スペクトルの関数値に T_s によるスケールの違いがある。インパルス不変法の $G_I(z)$ は，DTLT スペクトル ${}_{\mathrm{DT}}H(s)$ の写像であり，双一次法の $G_B(z)$ は，CTLT スペクトル $H(s)$ の写像であるため，十分に小さいサンプリング間隔 T_S に対し，次の関係が考えられる。

$$T_s \cdot G_I(z) \approx G_B(z) \tag{7.46}$$

IZT によって求めた DT インパルス応答の信号値スケールも T_s 依存になるので，デジタルフィルタの設計時にも留意する必要がある。

例題 7.2　インパルス不変法と双一次法をそれぞれ用いて，インパルス応答 $h(t) = u(t)e^{-0.2t}$ のデジタルフィルタを設計し，それぞれのインパルス応答と周波数振幅特性を示せ。ここで，サンプリング間隔は $T_s = 1$ とする。

【解答】　$h(t) = u(t)e^{-0.2t}$ より，$H(s) = (s+0.2)^{-1}$ が得られ，周波数応答 $H(\omega)$ は s を $j\omega$ に置き換えることで求められ，例題 5.1 と類似な結果が得られる。

$$H(s) = \frac{1}{s+0.2} \Longrightarrow H(\omega) = \frac{1}{j\omega + 0.2}$$

インパルス不変法を用いた場合，インパルス応答と伝達関数は

$$g_I[n] = {}_s h[n] = u[n]e^{-0.2n} \Longrightarrow G_I(z) = \frac{1}{1-e^{-0.2}z^{-1}}$$

と求められ，差分方程式は以下となり，

$$y[n] - e^{-0.2}y[n-1] = x[n] \Longrightarrow y[n] = x[n] + e^{-0.2}y[n-1]$$

デジタルフィルタのブロック線図は**図 7.11**(a) に示す。なお，$g_I[n]$ はこのデジタルフィルタに $\delta[n]$ を入力した場合の出力であることが確認できる。

また，この場合の周波数応答 $G_I(\omega)$ は，$z = e^{j\omega T_s}$ に置き換え

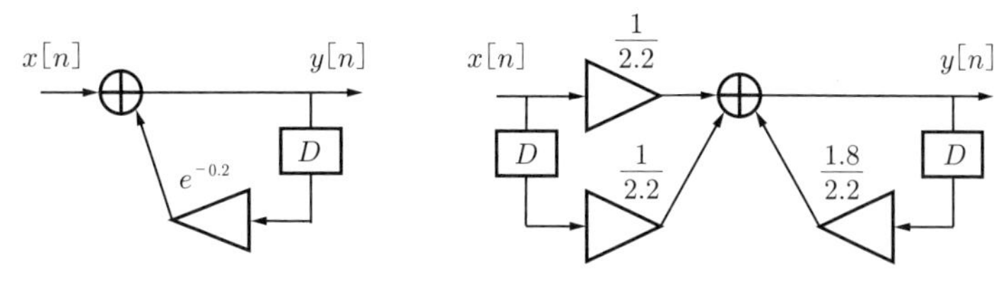

図 **7.11**　例題 7.2 のデジタルフィルタ

$$G_I(\omega) = \frac{1}{1 - e^{-0.2}e^{-j\omega}} = \frac{1}{1 - e^{-0.2}\cos\omega + je^{-0.2}\sin\omega}$$

が求められ，周期 $\omega_s = 2\pi/T_s$ の周期関数となる。

双一次法を用いた場合，$H(s)$ 表現式の s を置き換えて，伝達関数は

$$G_B(z) = \frac{1}{2\dfrac{z-1}{z+1} + 0.2} = \frac{1 + z^{-1}}{2.2 - 1.8z^{-1}}$$

と示され，差分方程式は以下となり，デジタルフィルタは図 (b) に示す。

$$y[n] = \frac{1}{2.2}x[n] + \frac{1}{2.2}x[n-1] + \frac{1.8}{2.2}y[n-1]$$

この場合での周波数応答も $z = e^{j\omega T_s}$ に置き換えることで求められる。

$$G_B(\omega) = \frac{1 + e^{j\omega}}{2.2e^{j\omega} - 1.8} = \frac{1 + \cos\omega + j\sin\omega}{2.2\cos\omega - 1.8 + j2.2\sin\omega}$$

DT 信号につきこれも周期 $\omega_s = 2\pi/T_s$ の周期関数であるが，$G_B(k\omega_s + \omega_s/2) = 0$ はインパルス不変法との違いがわかる。

双一次法のインパルス応答は伝達関数を式 (7.41) のように変形すればよい。

$$G_B(z) = -\frac{1}{1.8} + \frac{\dfrac{1}{2.2} + \dfrac{1}{1.8}}{1 - \dfrac{1.8}{2.2}z^{-1}} \Longrightarrow g_B[n] = \left(\frac{1}{2.2} + \frac{1}{1.8}\right)\left(\frac{1.8}{2.2}\right)^n - \frac{1}{1.8}\delta[n]$$

この結果はデジタルフィルタに $\delta[n]$ を入力した場合の出力によりも確認できる。

これら各インパルス応答と周波数応答の振幅特性を図 **7.12** に示す。サンプリング間隔によるスケールの問題は $T_s = 1$ とすることで回避しているため，2 種類の離散時間インパルス応答は $n = 0$ を除いてよく一致している。また，$g_B[0] \approx 0.5g_I[0]$ は観測できる。周波数領域の振幅スペクトルにおいて，インパルス不変法はスペクトルの折り返し効果によって全体的に大きくなり，双一次法は元の $|\omega| \in [0, \infty)$ にわたる $H(\omega)$ を $|\omega| \in [0, \omega_s/2)$ に対応させていることが見て取れる。

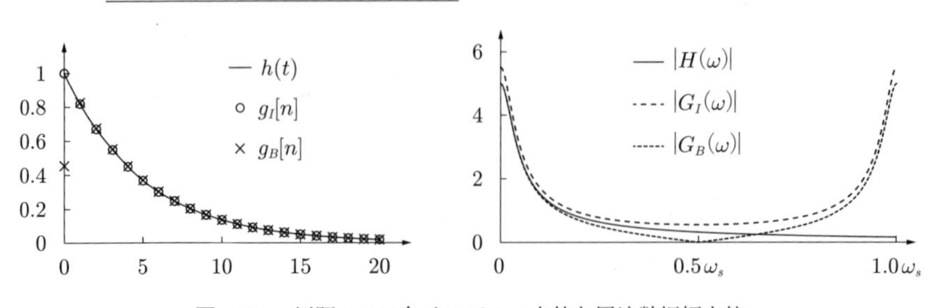

図 7.12　例題 7.2 の各インパルス応答と周波数振幅応答

◇

章　末　問　題

【1】 式 (7.5) に示す Morlet 変換の λ を大きくするとスカログラムの周波数分解能と時間分解能はどのように変化するかを考察せよ。

【2】 以下の各ラプラス変換を証明せよ。ただし，$\mathcal{L}[x(t)](s) = X(s)$ とする。

(1) $\mathcal{L}[u(t)](s) = \dfrac{1}{s}$

(2) $\mathcal{L}[-t \cdot x(t)u(t)] = \dfrac{d}{ds}X(s)$　　ヒント：式 (7.8) を利用

(3) $\mathcal{L}[t^n u(t)](s) = \dfrac{n!}{s^{n+1}} \quad (n \geq 0)$　　ヒント：(1) と (2) の結果を利用

(4) $\mathcal{L}[e^{-at}x(t)u(t)](s) = X(s+a)$　　ヒント：式 (7.8) を利用

(5) $\mathcal{L}[\sin(\omega t)u(t)](s) = \dfrac{\omega}{s^2+\omega^2}$　　ヒント：(1) と (4) の結果を利用

(6) $\mathcal{L}[e^{-at}\cos(\omega t)u(t)](s) = \dfrac{s+a}{(s+a)^2+\omega^2}$

【3】 以下の各 z 変換を証明せよ。ただし，$\mathcal{Z}[x[n]](z) = X(z)$ とする。

(1) $\mathcal{Z}[u[n]](z) = 1/(1-z^{-1})$　　(2) $\mathcal{Z}[a^{-n}x[n]u[n]] = X(az)$

(3) $\mathcal{Z}[\sin(\omega T_s n)u[n]] = \dfrac{\sin(\omega T_s)z^{-1}}{1-2\cos(\omega T_s)z^{-1}+z^{-2}}$

【4】 LT の時間微分特性を示す式 (7.17) と ZT の定義式 (7.34) それぞれより，以下の初期値定理を証明せよ。

$$x(0) = \lim_{s\to\infty} s \cdot \mathcal{L}[x(t)](s), \qquad x[0] = \lim_{\mathcal{Z}\to\infty} \mathcal{Z}[x[n]](z)$$

また，初期値定理を利用して，十分に高いサンプリングレートの条件下，$H(s)$ から双一次法より $G_B(z)$ を求める場合，$g_B[0] \approx h(0)T_s/2$ を証明せよ。

【5】 ある LTI システムの入力 $x(t)$ と出力 $y(t)$ の関係は以下に示される。

$$\frac{d^2}{dt^2}y(t) + 6\frac{d}{dt}y(t) + 25y(t) = 4x(t)$$

(1) このシステムの伝達関数 $H(s)$ とインパルス応答 $h(t)$ を求めよ。

(2) インパルス不変法より $H(z)$ を求め，DT システムの差分方程式を示し，デジタルフィルタを設計せよ。ただし $T_s = 0.1$ とする。

章末問題略解

1章

【1】 (1) $R(x) = \begin{cases} 0, & x < 0 \\ x, & x \geq 0 \end{cases}$

(2)

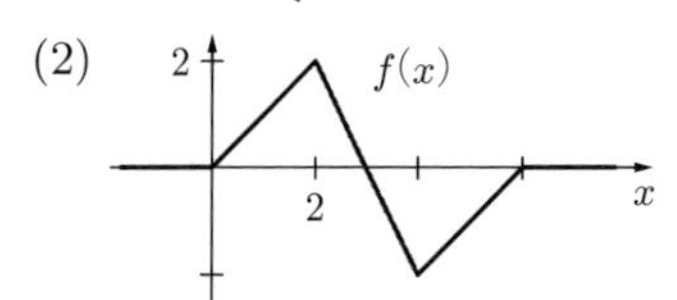

(3)

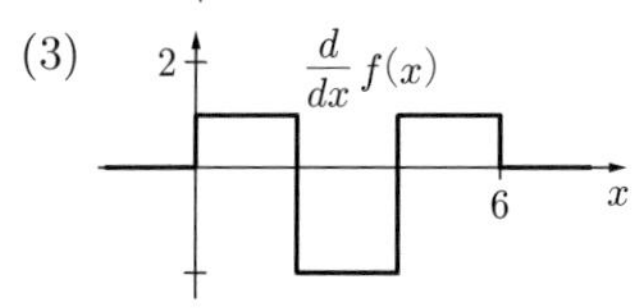

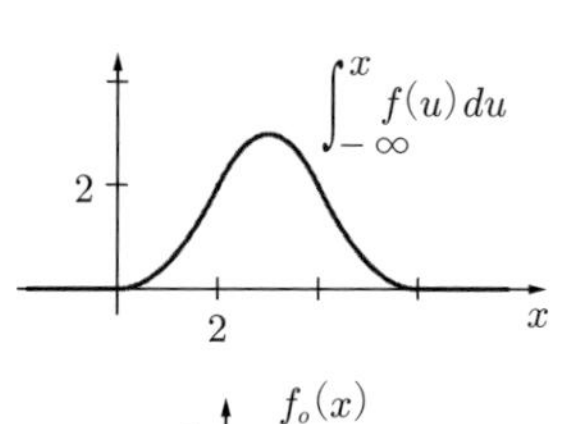

【2】

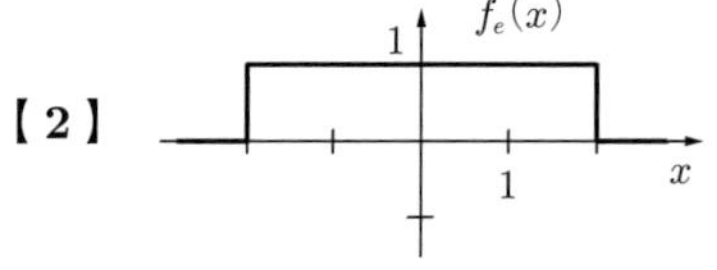

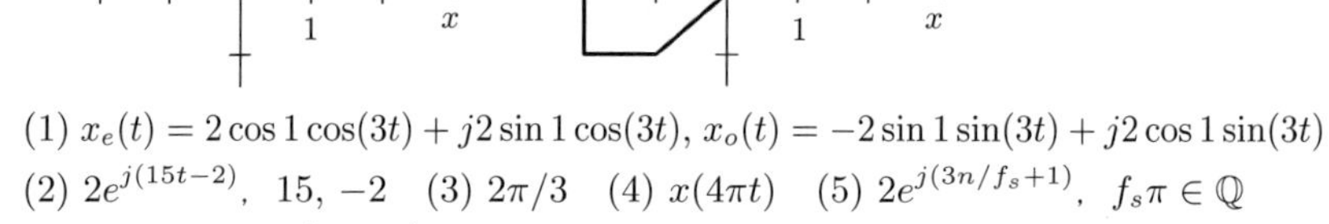

【3】 (1) $x_e(t) = 2\cos 1 \cos(3t) + j2\sin 1 \cos(3t)$, $x_o(t) = -2\sin 1 \sin(3t) + j2\cos 1 \sin(3t)$

(2) $2e^{j(15t-2)}$, 15, -2　(3) $2\pi/3$　(4) $x(4\pi t)$　(5) $2e^{j(3n/f_s+1)}$, $f_s\pi \in \mathbb{Q}$

【4】 $\dfrac{1}{2}\delta(x+2) + \dfrac{1}{4}p\left(\dfrac{x}{2} - 1\right)$

【5】 $0.5\cos\left(2t - 1 - \tan^{-1}\dfrac{4}{3}\right)$

2章

【1】

	(1)	(2)	(3)	(4)	(5)
線形	○	×	○	○	×
時不変	×	○	○	×	○

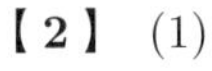

【2】 (1)

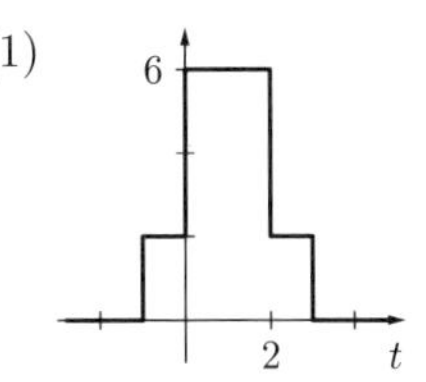

(2)

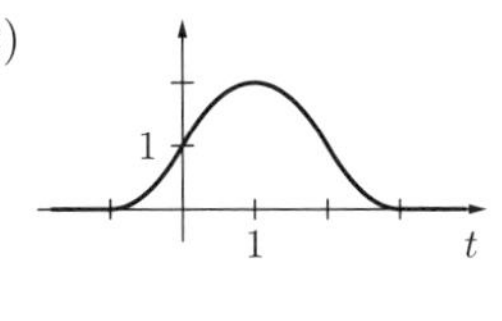

(3)

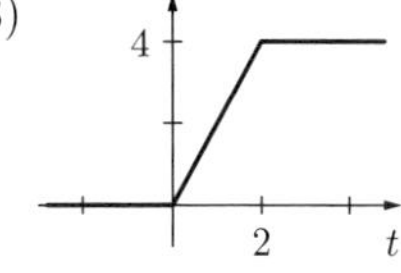

【3】 $3\sin 1\cos(2t+1)$

【4】 $[\mathrm{A}\cdot\mathrm{V}^{-1}\cdot\mathrm{s}^{-1}]$

【5】 (a) $h(t)=h_1(t)+h_2(t)$　　(b) $h(t)=h_1(t)*h_2(t)$

(c) $h(t)*(\delta(t)-h_2(t)*h_1(t))=h_1(t)$

3章

【1】 (1) 2, -3　　(2) $\left(9a+\dfrac{26b}{3}\quad 4.5a-\dfrac{52b}{3}\right)^{\mathrm{T}}$

【2】 (1) $-\dfrac{1}{2}+j\dfrac{\sqrt{3}}{2},\ -\dfrac{1}{2}-j\dfrac{\sqrt{3}}{2}$　　(2) $z_3,\ z_2$

【3】 $\boldsymbol{r}$：直交・非固有，$\boldsymbol{q}$：直交・固有（$\lambda=1,-j,-1,j$）

【4】 (1) 0,　(2) 0,　(3) π,　(4) 0

【5】 (1) $\dfrac{1}{2\pi}\displaystyle\int_0^{2\pi}x(t)e^{-jt}dt,\ \dfrac{1}{2\pi}\int_0^{2\pi}x(t)e^{jt}dt$

(2) $\dfrac{1}{\pi}\displaystyle\int_0^{2\pi}x(t)\cos t dt,\ \dfrac{1}{\pi}\int_0^{2\pi}x(t)\sin t dt$

4章

【1】 (1) $2-2\cos 2t$

(2) $1+2\sqrt{2}\cos\left(2t+\dfrac{\pi}{4}\right)+4\cos 4t$

(3) $1+2\sqrt{2}\cos\left(4t+\dfrac{\pi}{4}\right)+4\cos 8t$

【2】 周期不定の場合 $y(t)=x(at)\ (a>0)$，周期一定の場合 $y(t)=x(2t)$

【3】 (1) $\dfrac{1}{2}\mathrm{sinc}\left(\dfrac{k\pi}{2}\right)$　　(2)（略）

(3) $\mathrm{FS}[y(t)][k]=\dfrac{c_k}{2}$

【4】 (1) $\begin{cases}1/2, & k=0\\ 2/(k\pi)^2, & k=2m+1\\ 0, & k=2m\neq 0\end{cases}$　　(2) $\mathrm{FS}[y(t)][k]=-c_k$

【5】（略）

5章

【1】 (1) $X(-\omega)e^{-j3\omega}$　(2) $\dfrac{j\omega}{2}X\left(\dfrac{\omega}{2}\right)$　(3) $j\dfrac{d}{d\omega}X(\omega)$　(4) $\dfrac{e^{j}}{2}X(\omega+2)+\dfrac{e^{-j}}{2}X(\omega-2)$

【2】 (略)

【3】 $\mathrm{sinc}^2(\omega/2)$

【4】 $\mathrm{sinc}(\pi t/2)$

【5】

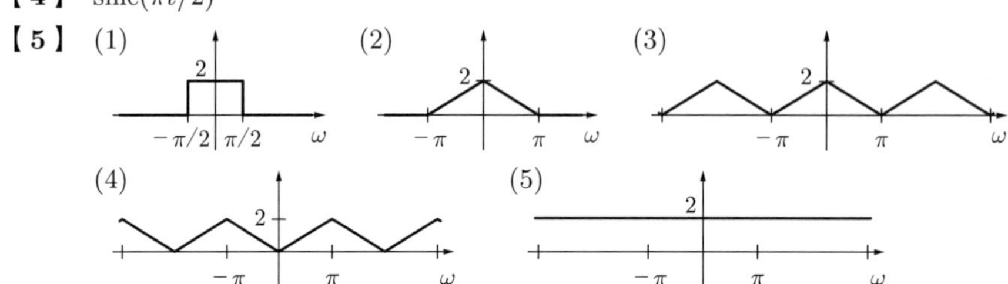

【6】 周波数より低い，窓幅より広い，窓両端より低い

【7】 (略)

6章

【1】 (1) 0～80 kHz，160 kHz　(2) 30～100 kHz，200 kHz　(3) 50～80 kHz，160 kHz

【2】 (1) 4π　(2) 0.25

【3】 (1) $-\dfrac{1}{8}+\dfrac{1}{16}\cos\left(\dfrac{\pi}{4}n\right)-\dfrac{1}{8}\sin\left(\dfrac{\pi}{2}n\right)$　(2) $\{0,0,0,0,8,0,0,0\}$

【4】 20～1980

【5】 (略)

7章

【1】 周波数分解能向上，時間分解能低下

【2】～【4】 (略)

【5】 (1) $\dfrac{4}{s^2+6s+25}$，$u(t)e^{-3t}\sin(4t)$

(2) $\dfrac{\sin 0.4e^{-0.3}z^{-1}}{1-2\cos 0.4e^{-0.3}z^{-1}+e^{-0.6}z^{-2}}$,

$y[n]=\sin 0.4e^{-0.3}x[n-1]+2\cos 0.4e^{-0.3}y[n-1]-e^{-0.6}y[n-2]$

索　　引

―― 著者略歴 ――

1989年　ハルビン工業大学（中国）応用物理学科卒業
1994年　ハルビン工業大学（中国）大学院博士課程修了（一般力学専攻），工学博士
2000年　千葉工業大学講師
2003年　千葉工業大学准教授
2008年　千葉工業大学教授
　　　　現在に至る

思考力を磨く信号処理基礎の仕組み
Insights into the Fundamentals of Signal Processing

2024 年 4 月 22 日　初版第 1 刷発行　★

検印省略

著　　者　陶（とう）　良（りょう）
発 行 者　株式会社　コ ロ ナ 社
　　　　　代 表 者　牛 来 真 也
印 刷 所　三 美 印 刷 株 式 会 社
製 本 所　有限会社　愛 千 製 本 所

112–0011　東京都文京区千石 4–46–10
発 行 所　株式会社　コ ロ ナ 社
CORONA PUBLISHING CO., LTD.
Tokyo Japan
振替 00140–8–14844・電話(03)3941–3131(代)
ホームページ https://www.coronasha.co.jp

ISBN 978–4–339–00990–3　C3055　Printed in Japan　（新宅）